本书获得国家自然科学基金面上项目（71974172）等项目支持

何·以·新·之·丛·书

工程创造力论纲

理论研究与开发实践

姚威　韩旭　储昭卫◎著

CONSPECTUS OF
ENGINEERING CREATIVITY

THEORETICAL RESEARCH
AND DEVELOPMENT PRACTICE

ZHEJIANG UNIVERSITY PRESS
浙江大学出版社
·杭州·

图书在版编目（CIP）数据

工程创造力论纲：理论研究与开发实践 / 姚威，韩
旭，储昭卫著. —杭州：浙江大学出版社，2023.10
ISBN 978-7-308-23401-6

Ⅰ. ①工… Ⅱ. ①姚… ②韩… ③储… Ⅲ. ①工程—
创造教育—研究 Ⅳ. ①T-4

中国版本图书馆 CIP 数据核字（2022）第 243192 号

工程创造力论纲——理论研究与开发实践

姚 威 韩 旭 储昭卫 著

责任编辑	李海燕
责任校对	朱梦琳
责任印制	范洪法
封面设计	雷建军
出版发行	浙江大学出版社
	（杭州市天目山路 148 号 邮政编码 310007）
	（网址：http://www.zjupress.com）
排 版	杭州好友排版工作室
印 刷	杭州高腾印务有限公司
开 本	710mm×1000mm 1/16
印 张	19
字 数	372 千
版 印 次	2023 年 10 月第 1 版 2023 年 10 月第 1 次印刷
书 号	ISBN 978-7-308-23401-6
定 价	79.00 元

序 一

党的十八大以来的十年,是中国科技创新能力提升最快的十年,也是科技第一生产力发挥最突出作用的十年。以习近平同志为核心的党中央以高度的战略眼光和历史担当,坚定不移地实施创新驱动发展战略,大力推动自主创新和科技自立自强,并把建设创新型国家作为新时代中国特色社会主义强国建设的主要内容之一。

整体来看,我国科技、工程实力已经取得显著进步,但是与发达国家相比还存在一定差距。究其根本,在于我国高素质、高层次的工程创新人才仍然存在较大缺口。我国经济发展方式正在从投资、出口拉动转向创新驱动,对高水平工程创新人才的需求越来越大。因此,要实现建设创新型国家目标,就必须加快提高全社会层面工程教育培养质量的步伐,造就一批具有创新精神和创造能力的工程人才。

本书作为创造力领域的研究专著,开创性地对工程创造力及其培养提供了深刻的洞见。创造力是人类社会特有的一种认识客观世界、改造客观世界的能力。它既可以来自遗传基因,也可以来自后天教育。培养创造力需要具有人文关怀和科学精神,需要进行创造性思维训练、培养思维品质、重视科学知识与人文素养的融合渗透和共同成长;同时也要求具备发现问题、分析问题和解决问题的能力以及逻辑思维能力、归纳演绎能力等。

浙江大学的姚威老师及其团队"十年磨一剑",持续开展工程创造力相关研究,为此书的面世奠定了坚实基础。此书对工程创造力进行了全景式的剖析,具有很高的理论价值和实践指导意义。著书立说,是以为序。

乌克兰国家工程院外籍院士,俄罗斯自然科学院外籍院士,

河北工业大学原副校长,

国家技术创新方法与实施工具工程技术研究中心终身名誉主任

檀润华 教授

序 二

工业化程度高的国家在发展过程中会孕育独具特色的"工程师文化",包括美国、德国在内的世界主要制造强国都有自身的"工程师文化"。我国传统文化中也具有工程思维雏形,如"天人合一""道法自然"等,近现代中国开始逐步树立"工匠精神""科学精神",并从传统文化中汲取智慧,运用于现代国家建设之中。有人认为,工程师文化的内涵是"规范"和"约束";也有人认为,在信息和智能时代,工程师文化的内涵是"自由"与"创新"。我们通过工程领域的创新管理实践逐渐领悟到,工程师文化的核心特征是在现实约束条件下创造性地解决问题。

此书作为工程创造力领域的学术专著,明确提出重要观点,即"创造力领域特异性"——工程创造力不同于基础研究中的创造力,也与艺术创造力有所区别。工程师最重要的工作,是通过技术手段和系统方法,实现创造性的工程设计理念、目标。这种工程领域的创造力高度强调打破约束、挖掘资源,通过系统化的分析过程实现最终的创新产出。

工程创造力是推动工程创新的核心驱动力,主要体现在其"创造性、探索性"以及"高投入、高风险、高收益"的特征上。深入研究工程创造力,并将其逐步运用到教育、科技、人才三位一体强国事业中,能够为国家和民族培养出更多具有全球视野和创新思维、熟练运用现代科技和技术工具、能够进行高水平创新性工作并对其充满热情和热爱的工程人才。建设现代化制造强国,有效提升工科人才创造力是推进中国特色社会主义伟大事业的必由之路。

作为此书作者的博士导师,我与作者相识多年。作者长期深耕工程创造力及创新方法研究,此书是他多年研究成果的集大成之作,对工程创造力的概念、测评及提升机理进行了深入浅出的详细探讨。此书对广大工程师、工科学生以及工程教育从业者具有很好的理论及实践参考价值,是以为序。

清华大学经济管理学院教授
清华大学技术创新研究中心主任

前　言

当前,我国已经建成了世界最大规模的工程教育体系,每年培养的工程师的数量相当于欧美日等发达国家的总和。在我国新生人口量逐年下降的背景下,"工程师红利"作为"人口红利"的升级版,将成为未来我国产业转型升级和经济社会可持续发展的基石。同时也应该看到,我国工业在高端领域落后于欧美日等传统工业强国仍是不争的事实,我国部分关键核心技术受制于人,被"卡脖子"的局面还时有发生。以上种种现实问题的凸显,其中一个重要原因源自对工程创造力的研究一直未得到足够重视和充分研究。

纵览为数不多的与工程创造力相关的现有理论研究,发现至少存在三个理论瓶颈:第一,工程创造力具有领域特异性,但其内涵仍未被明确界定;第二,缺乏真实工程情境下工程创造力的有效测评方法;第三,工程创造力提升手段及内在机理不明确,导致工程创造力的系统性培养缺乏理论支撑。因此,基于我国现阶段对工程创造力培养的现实和理论需求,本书聚焦于"工程创造力是什么(What)"、"工程创造力为何能得到提升(Why)"以及"如何培养工程创造力(How)",并进一步提炼为"工程创造力的内涵及测评研究"、"工程创造力的提升机理研究"以及"工程创造力的培养研究"三个环环相扣、层层递进的科学问题。围绕上述研究问题,本书共分八章,安排如下:

第一章,绪论。本章对"工程创造力"研究的现实和理论需求展开讨论,并提炼相应的科学问题。通过合适的研究方法、技术路线图以及对应的章节安排,实现本研究的目标,并阐述所取得的创新点。第二章,相关概念和理论综述。本章首先界定"创新"与"创造"两个概念的区别,后续综述创造力的基本概念、测评手段,以及不同领域创造力所具有的不同特点(即创造力的领域特异性),揭示现有工程创造力测评手段的不足。

第三章,工程创造力的内涵及测评研究。在回顾以往创造力研究的基础上,通过深入分析工程活动的特性,本章提出:工程创造力是发现工程问题或工程需求,且在满足特定功能要求和资源约束的条件下,产生多种新颖且有用的工程问题解决方案的能力。并在此基础上开发了向真实工程情景的工程创造力测评方法(Assessment of Creativity in Engineering,缩写为 ACE),具体分为创造维度

（包括流畅性、丰富性以及原创性三个子维度）和工程维度（包括可行性、经济性和可靠性三个子维度）。ACE测评以最终工程产品方案作为主要测评对象，运用客观测量法考察流畅性和丰富性两个维度，运用多专家测评法考察原创性、可行性、经济性和可靠性四个维度，整体测评流程简单易实施，信度效度较高，且可重复使用，并可用于对个体创造力动态变化的持续追踪。

第四章，系统化创新方法综述及效果评价。系统化创新方法一直被认为是能够快速改善个人创造能力的最有效手段，本章着重对系统化创新方法的研究进展及效果评价展开综述。

第五章，真实工程情境下工程创造力提升的实验研究。本章通过实验研究验证了提升工程创造力现有手段的有效性。首先，提炼提升工程创造力现有的十一种手段所包含的四个共性要素（分别为工程问题图示化表达、过往工程经验提炼总结、跨领域知识引入启发、遵循系统化的思考流程）。通过对十一种现有手段的比较分析发现，"发明问题解决理论（英文缩写为TRIZ）"是唯一一个同时包含四个要素的手段。因此，本研究选用"发明问题解决理论"作为提升工程创造力的手段，通过控制变量法开展实证研究，验证该手段的有效性。实验共收集工程师解决工程问题的项目报告428份，剔除内容不完整的无效报告12份，最终得到416份有效项目报告。结果表明，经过"发明问题解决理论培训"后，被试的工程创造力的六个维度（流畅性、丰富性、原创性、可行性、经济性、可靠性）均有统计学意义上的显著提升。

第六章，工程创造力提升的机理研究。在实验研究验证了实验假设的基础上，本章基于C-K理论的解释框架，首先深入剖析在工程创造力提升过程中存在哪些障碍，以及运用"发明问题解决理论"克服这些障碍的内在机理。本研究得到机理一："工程问题图示化表达"能够克服固着效应，提升流畅性、丰富性；机理二："过往工程经验提炼总结"能够促进发散性思维，提升流畅性、丰富性；机理三："跨领域知识引入启发"能够跨越知识壁垒，提升原创性；机理四："遵循系统化的思考流程"能够打破约束思维，提升可行性、经济性、可靠性。最后选用学生解决的真实工程案例对机理予以验证。

第七章，工程创造力的培养研究。本章首先对国内外提升工程创造力的典型案例予以分析，总结现有实践举措的亮点，在宏观上反思我国培养工程创造力过程中存在的问题和不足，基于培养理念、培养过程、学习产出和支撑条件4P框架，提出了促进工程创造力培养的对策建议。同时通过案例研究，结合已开展的相关培养课程实践，揭示了创新方法教学的本质和特征，总结推进工程创造力培养的相关经验，并提出了促进高校创新方法教学和工程创造力培养的相关建议。

第八章,总结及展望。本章对全文研究结论进行梳理归纳,并探讨本研究存在的不足之处,展望未来研究的改进方向。

本书的理论及现实贡献可概括为以下几点。

第一,明确了工程创造力的内涵。长期以来我国工程教育一直委身于科学教育,其本质就是在理念上并不认同工程创造力是与科学创造力完全不同的能力,导致我们的工程教育培养了规模庞大、能够熟练书写论文、掌握理论知识但不善于创新和解决实际问题的人才。本研究证明了工程创造力在理论上是一种客观存在的领域创造力,它可以被测量,也可以在科学方法的指引下被培养和提升。可以预见本研究所提出的"工程创造力"这一概念将会对于工程人才培养及工程教育评估等领域的研究与实践产生深远的影响。工程创造力理论将为工程教育理念的变革以及人才培养目标的拓展留下丰富的想象空间,并将会为创新型工程科技人才的批量培养提供理论指导。

第二,本研究开发了新的测评方法(ACE),能够有效测量真实工程情境下的工程创造力,并监测其提升过程。通过实验研究发现结果在统计意义上具有可重复性。之前测评工具的缺乏使得我们仅能以论文或分数等单一维度来评估工程人才,无法预测和评价其在解决真实工程问题时的能力表现。ACE测评工具可以动态地,多维度地,综合评价学生在真实工程情境下的创造行为,为工程教育效果的评价提供了有力的工具。此外对论文或分数等静态结果的评估不具有预测性和可重复性(即客观性),而本文工程创造力理论与ACE测评体系有利于全程监测与干预工程创造力的提升过程,可以渗透到工程教育几乎所有学科的专业教学、工程实践及其他人才培养环节中,从而提高工程创造力培养的针对性,有效提升工程人才的创造力。

第三,基于C-K理论的视角,分析得到工程创造力提升过程中存在的四个障碍,并提出"发明问题解决理论(TRIZ)"提升工程创造力的四条机理,填补了理论研究空白。长期以来,TRIZ被誉为能够快速提升个体创造能力的"点金术",但关于其提升效果以及提升机理的研究非常有限。本研究应用多种方法证明了接受TRIZ培训能够在短时间内显著提升工程师的工程创造力,并打开了工程创造力提升机理的黑箱,揭示了工程创造力提升的原因,从而为工程创造力的培养探索了可行的路径。

走笔至此,百感交集,回望一路走来,若没有各方杰出人士的倾心相助,本书不可能得以问世。这里首先要感谢的就是中央和国家机关工委副书记、机关党委书记,浙江大学原党委书记邹晓东教授。从选择了这个略显小众的研究主题伊始,邹晓东教授就是最坚定的支持者,在百忙中仍抽出时间从选题立意、研究设计、章节逻辑、学术规范等诸多方面给予悉心的指导和点拨。

　　同时衷心感谢浙江大学中国科教战略研究院(原科教发展战略研究中心)的所有老师和同学们。正是无数次的例会交流、当面讨论甚至辩论，才成就了本书。

　　此外参与本书编写工作还有负责数据清洗和处理的胡顺顺博士、谢雯港博士，以及承担了大量排版和校对工作的钱圣凡博士与邢嘉岩同学，还有为本书出版付出了大量心血的浙江大学出版社李海燕编辑等，在此一并表示感谢。

　　回想 2015 年 1 月，我随团队师生在广东潮汕调研时，无意间发现在石碑上镌刻的一段佛偈，将其中的"念佛"二字改为"研究"，竟隐隐发现多年从事研究与潜心修行的心境有异曲同工之妙。特将此段慧语摘录于此，与即将和正在从事科研工作的同仁共勉：

　　"真能念佛(研究)，放下身心世界，即大布施；不复起贪嗔痴，即大持戒；不计是非人我，即大忍辱；不稍间断夹杂，即大精进；不复妄想驰逐，即大禅定；不为歧途所惑，即大智慧。"

姚　威

2023 年 6 月于启真湖畔

目　录

1 绪 论

1.1 研究背景

1.1.1 现实背景

一、提升工程创造力,是应对百年未有之大变局的战略基石

2018年4月,美国商务部宣布禁止中兴通讯向美国企业购买芯片制造相关的核心零部件,禁令期限为七年。突如其来的严厉制裁给中兴通讯造成了严重影响,最终"中兴事件"以缴纳数亿美元保证金,并按美方意愿重组董事会和管理层告终。

2018年12月,华为公司首席财务官孟晚舟在加拿大被捕,美国随即提出引渡要求,宣称华为公司违反了美国国内制裁伊朗的法案。2019年5月,美国商务部更进一步,将华为公司正式列入美国出口管制名单,全面禁止美国企业与华为公司贸易往来,其打压中国高端制造,尤其是芯片行业企业的用心昭然若揭,手段与中兴事件如出一辙。

面对美国的封锁和围堵,华为公司针锋相对,随即宣布华为旗下自主研发的海思芯片由"战略储备"转正,在美国芯片不可获得的情况下,尽全力保证公司大部分业务的战略安全。2019年12月,华为公司总裁任正非在接受采访时说,公司已经做好应对美国长期制裁的准备,美国的极限施压并未阻止华为科技创新的脚步。

习近平总书记指出,"当今世界正经历百年未有之大变局",①新一轮科技革

---

① 习近平.习近平:关于《中共中央关于坚持和完善中国特色社会主义制度 推进国家治理体系和治理能力现代化若干重大问题的决定》的说明[EB/OL].(2019-11-06)[2023-08-23]. htpp://china.cnr.cn/news/20191106/t20191106_524846556.html

命和产业变革带来激烈竞争前所未有。全球创新版图竞合关系日趋复杂,我国关键核心技术受制于人的脆弱性显现。[①] 无论是中兴事件还是华为事件,两起事件都充分揭示了在工程科技领域提升自主创新能力的重要意义和战略价值。

为应对新一轮科技革命的挑战,抓住中华民族伟大复兴难得的历史机遇,从2012年党的十八大首次提出"实施创新驱动发展战略",到2017年党的十九大进一步明确"创新位列新发展理念之首,居于国家发展全局的核心位置",再到2022年党的二十大首次单独提出"实施科教兴国战略,强化现代化建设人才支撑",无不体现我国对推进科技自强自立、创新驱动发展战略的高度重视。随着我国不断加强工程科技领域的创新投入,与传统发达国家相比,我国工程科技创新已经从原来的"跟跑为主",进入"跟跑、并跑、领跑三跑并存"的新阶段。[②] 对于与发达国家"并跑"的领域,要找到突破点形成领先优势,比拼的是国家间的创新能力;对于已在世界范围内"领跑"的领域,没有前人的经验可以借鉴,要巩固并扩大领先优势,更需要依靠自身的创新能力。

然而在取得巨大成就的同时,我们也应该清醒地认识到,当下中国还有相当一部分工程科技领域处于"跟跑"的落后状态,美国依然是全球工程科技创新中心,中国与美国仍存在较大差距(见图1.1)。"中兴事件"折射中国创新"切肤之痛",集中凸显了我国部分关键领域核心技术仍然受制于人的事实。中国工业整体落后于日本及欧美等传统工业强国仍是不争的事实,我国工程科技领域中关键核心技术受制于人的局面还没有得到根本性改变(邹晓东等,2019)。

部分关键领域创新成果的缺失,成为我国大国崛起路上的绊脚石。《科技日报》曾于2001年和2018分别梳理发布了我国工程科技领域"亟待攻克的核心技术"清单,对比这两份清单,可以清晰地体现出我们制造业发展的两个不同阶段。2001年的报告涉及钢铁、化工、建材、有色金属、煤炭、纺织、汽车、船舶、电力等17个领域。分析结果表明,在当时的初级阶段,我国在产业领域面临着全方位的、结构性的落后。而2018年的报告则涉及国产工业机器人、航空软件、射频器件、高端光刻机、火箭发动机等,非常精准地指出了我国现阶段在各个细分领域所面临的技术瓶颈。由此可以看出,在当前的中级阶段,国外技术封锁对我国产业发展的束缚和限制逐步加深。在"跟跑"和追赶的过程中,想要突破国外愈发

---

① 周陈.努力创建社会主义现代化强国的城市范例[EB/OL].(2020-01-17)[2023-06-14].http://theory.people.com.cn/n1/2020/0117/c40531-31552650.html.

贾晋京,望海楼:创新需要"拉手"而不是"筑墙"[EB/OL].(2019-11-15)[2023-06-14].http://theory.people.com.cn/n1/2019/1125/c40531-31471848.html.

② 李克强.李克强:我国科技创新由跟跑为主转向更多领域并跑、领跑[EB/OL].(2018-03-25)[2023-06-14].http://ip.people.com.cn/n1/2018/0305/c179663-29848240.html.

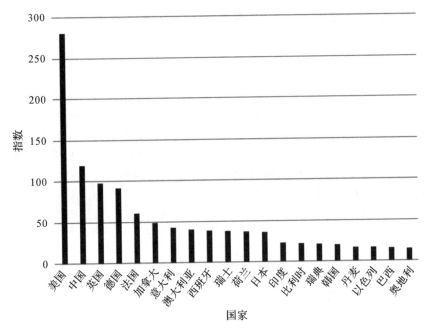

图 1.1　世界各国"工程创新指数"对比

资料来源:《2017 研究前沿热度指数》,中国科学院科技战略咨询研究院(2018 年 11 月)。下载链接 http://clarivate.com.cn/research_fronts_2017/report.htm。图中的纵坐标为综合工程创新指数,由研究报告所选定的 143 个前沿领域中的综合得分汇总而成。

严密的技术封锁,靠一味跟随模仿已不可能有出路(朱亚宗、黄松平,2013),自主创新和知识产权的重要性尤其凸显,这就需要我国自身具备更加强大的工程创新能力。

由以上论述可以得知,无论是"领跑""并跑"还是"跟跑",都要求进一步切实增强我国国家层面的工程创新能力。当前,国家创新能力和综合国力的竞争,归根结底是人才的竞争。提升国家工程科技领域的创新能力,其根基在于培养大量具有创造力的工程人才。创造力(creativity)是创新(innovation)的前提条件和核心构成要素,没有创造力,就不会有创新(West,2002;Villalba,2008)。具体而言,创造力指的是工程师所具备的能力素养,偏重微观层面、个体能力层面;创新指的是最终产生社会效益的成果产出,偏重宏观层面、最终效果层面(庄寿强,2008)。想要增强国家层面的工程创新能力,必要前提就是提升个体层面的工程创造力水平,所以对工程创造力的研究,理应成为社会关注的重要课题。

二、提升工程创造力,是"中国制造"升级为"中国智造"的必由之路

第四次产业革命在全球范围内方兴未艾,这是中国实现制造业转型升级的关键战略节点,是提升国家核心竞争力的重大历史机遇。然而在这一新的历史阶段,由于人口老龄化的不断加剧以及青壮年劳动力占比下降,我国的劳动力成本优势已经不再,传统的劳动密集型生产方式难以为继,曾助推我国制造业一举成为"世界工厂"的"人口红利"正不可逆转地消失。数据表明,我国制造业的劳动力成本已经趋近美国(见图1.2),与若干东南亚国家相比已无明显优势(见图1.3),这就导致了在全球范围内,中低端制造业向新兴国家"分流",以及高端制造业向以美国为首的发达国家"回流",如此"双向挤压"对我国制造业提出了巨大挑战,转型升级迫在眉睫。

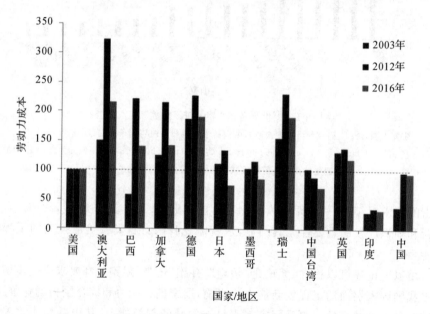

图 1.2　世界各国/地区劳动力成本对比

资料来源:牛津大学研究报告,2016。图中以美国的劳动力成本为标杆,数值为100。

在这样关键的历史机遇期,"工程师红利"将成为未来我国制造产业转型升级的基石。"工程师红利"是升级版的"人口红利",指的是在我国制造业就业市场,接受过高等教育的工程科技人才数量相当可观,成为亟待开发的创新人力资源,能够推动我国制造业从"劳动密集型"升级为"技术密集型"。

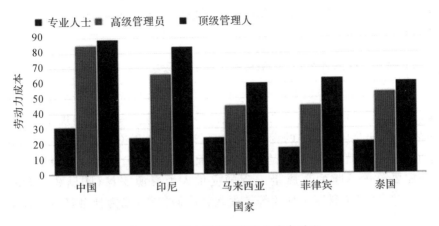

图 1.3　亚洲主要国家劳动力成本对比

资料来源：Willis Towers Watson 研究机构报告，2016。

数据显示,我国的工程教育规模已位居世界第一。2018 年 11 月,教育部高等教育司司长吴岩在"第 13 届科教发展战略国际研讨会"的报告中指出,我国高等工程教育占整个本科教育在校生的 1/3,工科毕业生占全世界总数的 1/3 以上。整体来看,我国工程人才储备量非常可观,中国已形成了世界上最大的工程教育供给体系(吴岩,2018)[①]。然而,根据教育部印发的《制造业人才发展和规划指南》,我国十大制造业重点领域的人才缺口,在 2025 年仍然将近 3000 万人,各个领域人才缺口比例都将近一半。此外,瑞士洛桑国际管理发展学院于 2016 发布的《世界竞争力年鉴》则明确指出,中国的技能型人才可获得性(availability)在共计 61 个参评国家中排行第 43 位,处于中下游。[②]

我国工程人才培养的数量已经位列全球首位,却仍然无法弥补重点制造业领域巨大的人才缺口,在国际横向比较中也落于下风。这显著的反差就要求在工程人才培养的过程中,在保证数量的基础上更要提升质量。在党的十八大会议期间,中国工程院院长周济接受采访时提出:"中国每年培养的工程师的数量,相当于美国、欧洲、日本和印度培养出来的工程师的总数。规模很大,关键是提高质量,提高整体创新能力,这是真正实现创新驱动发展的最根本力量。"因此,想要使"工程师红利"的潜力转化为现实,激活我国的"人才富矿",使之成为未来

[①]　资料来源：中华人民共和国教育部官方网站：http://www.moe.gov.cn/s5142/s6074/201812/t20181227_365129.html。

[②]　资料来源：瑞士洛桑国际管理发展学院官方网站。报告下载链接：https://www.imd.org/globalassets/wcc/docs/talent_2016_web.pdf。

三十年"中国创造""中国智造"源源不断的推动力,就要对如何培养、提升工程创造力进行深入研究。

三、提升工程人才创造力,是高等工程教育实现内涵发展的急迫要务

当今世界正处于百年未有之大变局,变与不变深刻交织:变化的是科技革命浪潮之变,全球经济增长方式之变;不变的是背后的创新驱动发展规律——国际竞争的本质,仍是创新人才的竞争(吴朝晖,2019)。① 无论是在国际层面对高端制造业主导权的激烈争夺,还是在国内层面对传统制造业转型升级的迫切需求,都需要源源不断的高质量工程师提供人力资源支撑(陆国栋、李拓宇,2016)。建设"新工科",实现高等工程教育内涵发展,成为社会经济发展的现实需求。

高等工程教育的内涵发展主要体现在,从侧重于培养工程科学家的传统科学教育范式,向侧重于培养工程师的现代工程教育范式的转变。传统工程学科内部的科学教育范式与现代工程教育范式相比,前者以理论性、学术性为导向,后者以实践性、创新性为导向(马廷奇,2018)。因为未来工程师所面对的,不仅仅有工业生产中的简单的常规问题,更需要着力解决复杂的未知问题。在已有方案不能满足新需求的常规问题,以及已有知识不能解决的未知问题面前,工程师创造性解决工程实践问题的能力是至关重要的,提升工程人才创造力,成为高等工程教育实现内涵发展的急迫要务。

在高等工程教育变革的浪潮中,已经有一部分院校意识到了培养工程人才创造力的重要性,并将其纳入培养目标。然而在实际的课程设置和培养过程中,大多数院校仍停留在工程科学的知识性传授。对于例如"工程创造力与科学创造力的区别""如何评价学生的工程创造力""在培养工程创造力的过程中存在的障碍"等问题,在理论上没有清晰的解答,在实践上也没有探索出行之有效的方式。因此,在实施创新驱动发展战略、推动产业转型升级成为高等教育所面临的历史任务的今天,培养和开发工程人才的创造力将具有深刻的时代特征和战略意义。

1.1.2 理论背景

工程师的英语单词"engineer"来自拉丁语"ingeniatorum",其词根"gen"的含义就是指"创造(create)"。因此,工程师一词的内涵就是"能够创造的人",工

---

① 资料来源:人民网理论专刊 http://theory.people.com.cn/n1/2019/1126/c40531-31474684.html

程师所需要的其他综合能力,实质上也是为更好地发挥其创造力服务的。因此,创造力的研究自 1950 年左右开始兴起(Guilford,1950),最初就自然而然地关注工程师身上所体现出的创造力。但随着世界范围内"科学至上(scientism)"浪潮的兴起,对科学领域创造力的研究得到了美国国家科学基金会的大力资助,而对工程创造力的研究则退居次席甚至隐匿不见(Ferguson,1994)。直至近年来,先进制造业的发展成为世界各强国的必争高地,对工程领域创造力的研究才重新得到人们的重视。

一、工程创造力具有领域特异性,其概念内涵仍未被明确界定

20 世纪 90 年代开始,越来越多的研究者认识到,由于面临问题的类型以及解决流程的不同,不同领域的创造力有所不同(Ayas & Sak,2014),不同领域的创造力需要不同的认知技能,某一领域的创造力很难迁移到其他领域(Baer,1998)。这被称为创造力的领域特异性(domain specificity)。领域特异性正成为创造力研究领域新的研究热点(Simonton,2003;Weisberg,2015),已被研究验证的结论是个人可以在某一特定领域(如文学)非常具有创造性,但在其他领域(如数学)则不具备明显的创造性(Baer,1994)。

创造力的领域特异性证明,相比于科学、艺术等领域,工程领域的创造力具有不同的概念和内涵,已有的科学创造力理论并不适用于工程创造力,而对工程创造力的内涵,研究者们并未达成共识。Larson 等(1999)、Thompson 和 Lordan(1999)、Shah 等(2003)认为工程创造力应包含原创性(originality,或称新颖性 novelty)和有用性(usefulness);Besemer 和 Oquin(2011)认为除"新颖性"外,还应包括"辨识度""精细化"和"综合"等特征;Cropley(2016)则认为应包含相关性、有效性、优雅性以及通用性。可以认为,现今对工程创造力仍没有清晰明确的概念界定,对其内涵仍需做进一步的理论研究。

二、工程创造力的已有测评手段,仍未置于真实工程情境中

研究者们对工程创造力的概念内涵界定虽有分歧,但仍开发了多样化的测评方法。其中"普渡创造力测试"(Purdue Creativity Test,缩写为 PCT)(Feldhusen, et al., 2011)的测试手段是尽可能多地列举一种或两种形状的用途,以测量流畅性和灵活性。来自俄亥俄州立大学的 Charyton 等(2011;2015)将工程创造力细分为原创性、实用性和功能性,并据此开发了创造性工程设计测评问卷(creative engineering design assessment,缩写为 CEDA),用于测量工程创造过程中的发散性思维、收敛性思维、满足约束条件、问题发现以及问题解决等多种能力,信度和效度相对较好,但是测试题目仅仅是比较初级的工程应用,

并不是真实的复杂工程问题。

Oman 等(2013)为提高测量效率,开发了比较性创造力评估(comparative creativity assessment,缩写为 CCA)和多点创造力评估(multi-point creativity assessment,缩写为 MPCA)测评手段。其中 CCA 测评针对的是"新颖性"维度,比较特定方案在所有解决方案中出现的概率;MPCA 则是要求评委在二选一的选项选出重要的关键词。上述两种方法虽省时省力,但对可行性和实用性关注不足。

基于 Shah 等(2003)的工程创造力研究框架,Toh 和 Miller(2016)开发了设计评级调查问卷(design rating survey,缩写为 DRS),对于给定的工程问题"改进牛奶发泡机",设计了 24 个问题,从新颖性和可行性两个维度对被试的工程创造力水平进行考察。DRS 的优势在于浅显易懂、易于实施,但如果更换工程问题则要重新设计问卷,通用性较差。目前国内仅有姚威等(2014)给出了工程创造力的要素模型,并据此设计了测评问卷。但是问卷是被试对自身创造力水平进行主观的量表评估,并未结合真实工程情境。

横向比较已有工程创造力测评方法,可以归纳出以下三项不足:第一,最重要的问题在于,现有测评手段普遍采用特定的、浅显易懂的题目,所有被试解决同一个题目进行比较,而非针对解决实际工程问题的客观表现进行评估,导致测评结果脱离实际工程情境;第二,对工程创造力概念界定的分歧,导致了不同测评方法之间缺乏可比较性;第三,除 CEDA 外,目前测量大多仅关注新颖性和可行性两个维度,而对工程创造力的其他维度(如问题提出等)缺乏有效测量手段。也就是说,在真实工程问题情境下(而非简化的教科书例题),如何有效测评所展现出的工程创造力,现有研究仍未得出结论。

三、工程创造力提升机理不明确,优化工程人才培养模式缺乏理论支撑

如何回应国家对工程创新的重大需求,推动"新工科"的实施建设,优化现有或构建新型工程人才培养模式,是每一个教育研究者和实践者都关心的议题。将课程体系和课程内容重塑,培育学生的创造力,已经有一些初步的尝试和探索。例如 Zappe 等(2012)将创造力培养融入工科课程;Zhou(2012)将创造力训练与基于项目的学习(project based learning,PBL)相结合。然而,在这一过程中,对工程创造力的提升机理研究非常匮乏。

纵观国内学界,我国现阶段对创造力的研究,其重点一般侧重于通用创造力或科学创造力的内涵及测评方式。研究对象以中小学生为主,偶有涉及在校大学生。研究范式大多以心理学为主。例如,燕京晶(2010)以现代创造力理论为视角,对中国研究生创造力测评与培养进行了研究。实际操作过程中,很多仍以

论文产出为创造力的测评指标,这本质上是对科学创造力的测评,并不完全适用于工程领域。再以中国知网的检索结果为例,以"创造力"作为关键词进行检索,年均研究文献数量约为 500 余篇(检索时间为 2022 年初);以"工程创造力"为主题进行检索,年均研究文献数量仅 2 篇。

因为缺乏理论框架的支撑,课程体系的改革和对现有培养模式的优化无可依靠(Scott et al.,2004;Murdock & Keller-Mathers,2011)。对个体层面工程创造力培养过程中可能存在的障碍还不明晰;是否有行之有效的手段克服这些障碍、克服障碍的机理等方面的研究缺失,成为高等工程教育应对时代变革的制约因素。

1.2 研究问题

在提出本书的研究问题之前,需要对研究对象进行清晰的界定。本书研究的核心议题为"面向工科人才的工程创造力及其培养研究",故研究对象为"工科人才",尤其关注产业一线的企业工程师,以及工程学科的研究生。以上对象已经掌握了相当程度的工程及科学基础知识,能够运用这些知识尝试解决实际的工程问题,在问题解决过程和最终成果中体现工程创造力。

在明确了核心研究议题以及研究对象的基础上,进一步梳理研究背景中发掘的现实及理论需求,提炼其背后的科学问题,可以得出本书所关注的三个研究问题,具体表述如下。

研究问题一:工程创造力的内涵是什么? 工程创造力的测评如何实现?

本书在回顾国内外创造力研究的基础上,通过深入分析工程活动的特性,结合文献述评和专家访谈,从"创造"和"工程"两个维度,界定工程创造力的内涵。在对"工程创造力"的内涵形成系统认识的基础上,开发与工程创造力内涵契合的、适用于真实工程情境的测评方法。后续通过实证研究,验证新的测评方法的信度和效度。

研究问题二:提升工程创造力存在哪些障碍? 哪些手段能够克服这些障碍? 克服障碍的内在机理是什么?

本研究通过收集提升工程创造力的现有手段,提炼多种手段所具有的共性要素。随后在工科学生群体中开展实证研究,通过控制变量法,尝试验证现有手段提升工程创造力的有效性。并在此基础上进一步回答以下问题:提升工程创造力的过程中存在哪些障碍? 如果现有手段被证明能够有效提升工程创造力,则克服障碍的内在机理是什么?

为了深入研究提升工程创造力的内在机理,引入 C-K 理论作为解释框架,能够打开工程创造过程的黑箱,将"破除障碍"的过程加以详细剖析,总结工程创造力的提升机理,并通过相应案例予以验证。

研究问题三:如何培养工科人才的工程创造力?

本书首先通过现有国内外培养工程创造力的案例分析,总结提炼其实践举措中的亮点,在宏观上反思我国现有工程教育在提升工程创造力方面的不足,同时结合已开展的相关培养课程实践,总结推进工程创造力培养的相关经验。在明确了工程创造力的内涵、测评手段,以及提升机理的基础上,本书致力于从培养理念、培养过程、学习产出和支撑条件四个方面,提出培养工程创造力的对策建议。其中重点关注在"培养理念"中体现工程创造力的内涵,在"培养过程"中融入工程创造力提升机理,在"学习产出"中运用工程创造力测评手段,以及为以上三方面的实现提供系统而全面的"支撑条件"。

1.3　研究设计

为了回应以上三个研究问题,本书采用的研究方法、对应的章节安排以及技术路线图如下所示。

1.3.1　研究方法

一、文献研究

通过回顾国内外关于不同领域创造力的内涵及测评方式、工程活动基本特征、现有工程创造力提升手段的文献研究和综述,分析现有研究的脉络、贡献与不足,为工程创造力的内涵、测评方式、提升机理和培养研究打下坚实的理论基础。

二、多案例研究

多案例研究能通过多个案例多角度重复支持研究的结论,形成更完整的理论(Eisenhardt,1989)。本书将运用若干验证性案例,检验工程创造力提升过程中存在的若干障碍以及现有手段克服障碍的内在机理。同时,也将在面向工科人才的工程创造力培养研究中,通过国内外案例分析,总结工程创造力培养实践中的亮点及不足。

三、实验研究

本书将运用实验法,验证现有手段提升工程创造力的有效性。传统的实验设计为:第一步,在学生中选择一批人作为实验组,选择另一批人作为对照组,要求两组人员的人口统计学变量(如年龄、性别构成、受教育水平、工作/学习年限等)无显著差异;第二步,进行前测,分别对实验组和对照组进行工程创造力测评,记录前测成绩;第三步,对实验组实施工程创造力提升培训。培训结束后,对两组人员再次进行工程创造力的跟踪测评,记录后测成绩。在以上步骤完毕后进行统计分析,比较两组工程创造力的差异。

以上传统实验设计的缺陷体现在以下几个方面。第一,创造力的影响因素相当复杂,包括人格要素、学科知识、任务动机等等,而人口统计学意义上的一致性(如年龄、受教育水平等),并不能保证被试的学科知识、任务动机等是一致的。相反,每个人的创造力水平是千差万别的。如果无法控制实验组和对照组的创造力水平是一致的,那么传统的实验设计就失去其效度。第二,传统的实验设计需要让所有被试解决同一个工程问题,以比较不同个体的工程创造力水平。然而,为了照顾不同工程学科知识的差异性,所选取的工程问题通常比较生活化、简单化,这与实际工程问题的复杂性大相径庭。

因此,考虑到传统实验设计所存在的缺陷,本书采用的实验设计为:选取企业工程师或工科研究生为被试,待解决问题为真实工程问题。前测过程为考察工程师们对工程问题的初步解决方案,后测过程为参加培训之后对工程问题的后续解决方案。前测后测间隔时间一般为 1～3 个月,因此可以较好地保证前后测时其他变量的稳定性,从而验证培训前后提升工程创造力的效果。

1.3.2 章节安排

本书共有八章,具体安排如下。

第一章绪论。本章讨论对"工程创造力"研究的现实和理论需求,并提炼相应的科学问题。通过合适的研究方法、技术路线图以及对应的章节安排,实现本书的研究目标,并阐述所取得的创新点。

第二章相关概念和理论综述。本章首先界定"创新"与"创造"两个概念之间的区别,明确本书针对的是"工程创造力"而不是"工程创新能力"。后续综述创造力的基本概念、测评手段,以及不同领域创造力所具有的不同特点(即创造力的领域特异性)。着重对比工程创造力和科学创造力在内涵及测评手段上的区别,揭示现有工程创造力测评手段的不足,为工程创造力内涵及测评研究打下坚实的理论基础。

第三章工程创造力的内涵及测评研究。本章结合工程活动的基本特征,从"创造"和"工程"两个维度,对工程创造力的内涵进行界定,并相应提出切实可行的测评手段。

第四章系统化创新方法综述及效果评价。系统化创新方法一直被认为是能够快速改善个人创造能力的最有效手段,后续实验研究将比较接受系统化创新方法培训前后工程师工程创造力的纵向变化,因此本章着重对系统化创新方法的研究进展及效果评价展开综述。

第五章真实工程情境下工程创造力提升的实验研究。本章首先汇总能够提升工程创造力的十一种现有手段,研究表明这些手段的实际效果是存在争议的。本书提炼了现有手段的四个共性要素,并发现 TRIZ 是唯一一个包含全部四个共性要素的手段,随即结合以上结论及文献提出假设:TRIZ 对提升工程创造力的测评维度具有正向影响。为了验证上述实验假设,采取控制变量法,针对工科学生开展实验研究,最后对实验研究结果进行分析和讨论。

第六章工程创造力提升的机理研究。在实验研究验证了实验假设的基础上,本章运用 C-K 理论解构工程问题解决过程,同时运用 C-K 理论识别解决工程问题过程中的潜在障碍,最后提炼现有手段提升工程创造力的机理,并选用学生解决的真实工程案例对机理予以验证。

第七章工程创造力的培养研究。本章首先对国内外提升工程创造力的典型案例予以分析,总结现有实践举措中的亮点,在宏观上反思我国在培养工程创造力过程中存在的问题和不足,从培养理念、培养过程、学习产出和支撑条件四个方面,提出培养工程创造力的对策建议。同时结合已开展的相关培养课程实践,总结推进工程创造力培养的相关经验。

第八章总结及展望。本章对研究结论进行梳理归纳,并探讨本书存在的不足之处,展望未来研究的改进方向。

1.3.3　技术路线图

综上,本书技术路线图见图1.4。

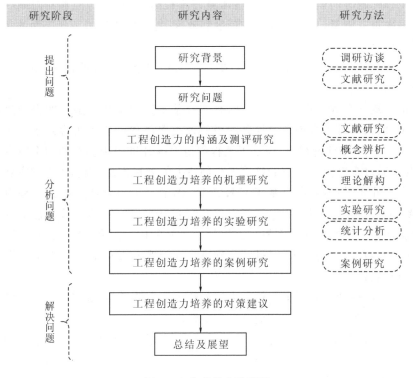

图 1.4　本书技术路线图

1.4　研究创新点

创新点一：明确了工程创造力的内涵，开发了新的测评方法。

人类对创造力的研究有很长的历史，已从创造性人格、产品、过程、能力等多重视角，对创造力的培养和开发进行了深入研究。但工程领域的创造力与其他领域的创造力大为不同，这是由"工程"活动自身特性所决定的。因此，在前人创造力理论研究的基础上，本书结合"工程"活动的自身属性和新时代对工程人才的新需求，界定了工程创造力的内涵，同时开发了相对应的定量测评方法。

鉴于已有测评方法脱离真实工程情境，只能测评学生在简化的教学例题中的表现，且无法面向同一对象重复多次测量等诸多弊端，本书设计了面向真实工程情境的工程创造力测评（assessment of creativity in engineering，缩写为ACE）。该测评方法包括了"工程"和"创造"共计六个子维度，评价学生在解决真实工程问题时的创造性表现。整体测评流程简便易实施,能够面向同一对象进行多次重复测量,且具有较高的信度和效度,对工程创造力测量方面的相关研究是一种有益的补充。

创新点二:基于 C-K 理论视角,揭示了工程创造力提升的机理,填补了理论研究空白。

由于缺乏有效的理论或方法,已有研究基本都把工程创造力的提升过程视为一个"黑箱",对工程创造力提升的障碍及克服障碍的内在机理缺乏认识。本书首先基于 C-K 理论视角,识别了工程创造力提升过程中存在的四个特有的障碍;其次通过全面梳理现有的培养工程创造力的多种方法,提炼了不同方法之间的四大共性要素;最后本书基于 C-K 理论,揭示了工程创造力提升过程中"(共性)要素引入"—"障碍克服"—"能力提升"的逻辑机理,并通过验证性案例研究加以验证。以上成果深入剖析了工程创造提升的内在过程,增加了对工程创造力提升的内在机理的认识,对进一步推进工程创造力研究和培养,具有鲜明的理论价值和实践指导意义。

创新点三:针对我国工程创造力培养整体存在的不足,提出了一系列针对性的对策建议,为高等工程教育变革提供实践启示。

在我国现有工程教育实践中,针对工科人才创造力的培养,缺乏清晰的理论框架支撑和经验借鉴,本书着力弥补以上空缺。在工程创造力的内涵及测评研究、工程创造力培养的机理研究、实验研究,以及国内外工程创造力培养典型案例分析所取得的研究成果的基础上,本书针对我国工程创造力培养整体存在的不足,提出了一系列针对性的对策建议。

这些对策建议,致力于推动高等工程教育的评价导向从"以教师为中心,重视知识"转变为"以学生为中心,重视过程和创造力";同时,建议各高校的工科院系深化产教融合,推进基于真实工程项目的学习,并为克服学习过程中存在的障碍、提升学生的工程创造力提供了多种切实可行的方法,有助于推动形成高等工程教育改革的新范式。

2 相关概念及理论综述

2.1 创造与创新的区别

在前文研究背景中,分别提及"创造"和"创新"两个相关但是不同的概念,对二者的内涵和外延进行清晰的界定,才能明确本书所关注的,工程领域"创造力"和"创新能力"的区别。

一、内涵不同

创造的概念出现得较早,研究得也比较充分。现今被广泛接受的定义是"创造就是产生新颖且有用的想法、流程或产品,而创造力就是产生新颖且有用的想法、流程或产品的能力"(Charyton et al.,2011;Sternberg & Kaufman,2012;Weisberg,2015),其核心特征为"新颖性(novelty)"和"有用性(usefulness)"。

相比之下,创新的概念则出现得较晚。Schumpeter 在 1912 年出版的《经济发展理论》一书中首次提及创新的概念,他认为:"创新是指新技术、新发明在生产中的首次应用。"具体包括以下五个方面的内容:第一,引入全新产品或以前没有的方式提升现有产品的质量;第二,采用新工艺或新生产方式;第三,拓展原料供应商,开辟新的原料或半成品的供给来源;第四,拓展产品受众,开辟出新的细分市场;第五,在组织内部进行变革,实施新的组织形式(路甬祥,1998)。

由此可见,创新不仅强调"新颖性""有用性",更强调其"价值性",即创新所产生的实际的"成果效益"(庄寿强,2008)。也就是说,创新是一个将新想法付诸实践,产生社会影响力和经济价值的过程(Oman et al.,2013)。而在这个过程中,创造力是至关重要的前提条件(Thompson & Lordan,1999)。创造力(creativity)是创新(innovation)的前提和基础之一,可以说没有创造力,就不会有创新(West,2002;Villalba,2008)。创造力是创新能力的必要条件,不是充分条件。

二、要素构成不同

"创新"应该包括新产品的构思、设计、试制、反馈调整、批量生产、进入市场并产生经济价值的整个过程,其中新产品的构思、设计等核心环节属于"创造"的范畴(庄寿强,2008)。此外,"创新"还包括知识、技术、能力、动机、环境等多种要素,见图 2.1。

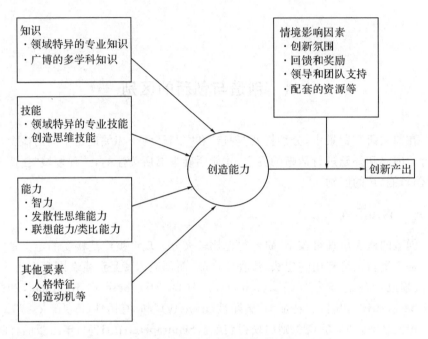

图 2.1 创造和创新的构成要素
资料来源:作者根据 Hunter 等(2012)整理。

结合图 2.1 可知,创造能力(产生新颖的、有用的产品或流程的能力)＋创业能力(将新产品或新流程付诸实践的意愿及能力)＋环境要素(以上过程涉及的外部影响因素)＝最终的创新成果(Ames & Runco,2005)。因此,只有在个体层面的创造力可定义、可测量、可提升的条件下,才能进一步结合组织情境、社会环境等因素研究宏观层面的创新能力。

三、针对层次不同

现今"创新"概念应用范围已经从"技术创新"推而广之,延伸出"体制创新""科技创新""管理创新"等概念。但由于创新要求能够产生实际的"成果效益",创新活动的完成通常需要多群体协作以及多种社会资源支持,是一个系统性工程,并不是个人单打独斗能够完成的。因此严格来说,创造力指的是工程师所具备的能力素养,偏重微观层面、个体能力层面;而创新指的是最终产生社会效益的成果产出,偏重宏观层面、最终效果层面。可以描述某个人具有很强的创造力,但不宜随便说他具有很强的创新能力(庄寿强,2008)。也就是说,创造力一般用于描述个体层面的能力,而创新能力适用于群体、组织乃至国家,例如经常见诸报端的"增强企业创新能力、国家创新能力"等等。个体所展现出的创造力是企业和国家层面创新能力的基石(Fischer et al.,2016),二者的区别见表 2.1。

表 2.1　创造和创新的区别

	创造(creativity)	创新(innovation)
内涵	创造就是产生新颖且有用的想法、流程或产品(Charyton 等,2011;Sternberg & Kaufman,2012;Weisberg,2015),其核心特征为"新颖性(novelty)"和"有用性(usefulness)"	创新是指新技术、新发明在生产中的首次应用(Schumpeter,1912)。创新不仅仅强调"新颖性""有用性",更强调其"价值性",即创新所产生的实际的"成果效益"(庄寿强,2008;Oman et al.,2013)
要素构成	新产品的构思、设计等核心环节属于"创造"的范畴(庄寿强,2008)	"创新"应该包括新产品的构思、设计、试制、反馈调整、批量生产、进入市场并产生经济价值的整个过程(Ames & Runco,2005)
针对层次	创造力一般用于描述个体层面的能力(Fischer, et al.,2016)	创新活动的完成通常需要多群体协作以及多种社会资源支持,是一个系统性工程,并不是个人单打独斗能够完成的(庄寿强,2008)

综上所述,创造力是"产生新颖且有用的想法的能力"(Birdi et al.,2012),而创新能力是"将新颖且有用的想法付诸实践,并产生经济价值或社会影响的能力"(Amabile,1988;Birkinshaw & Crainer,2008)。将新想法付诸实践,是一个需要他人配合的过程,因此创新过程不完全是创造力个体能完全控制的(Erez et al.,2015)。Amabile(1996)认为,个体层面的创造力是可培养的,对组织层面的创新能力有直接影响,是提升组织创新能力的出发点(Kobe & Goller,2009)。因此,本书聚焦工程师在个体层面的工程创造力,而不讨论宏观层面的整个组织或社会的"工程创新能力"。

2.2 创造力研究综述

2.2.1 创造力的基本概念

人们对创造力的关注由来已久,而真正对创造力进行科学系统研究的开端,当属 1950 年 Guilford 当选美国心理学会主席时发表的就职演说。他在演说中提到创造力研究的重要价值和心理学范式,拉开了创造力研究的序幕(傅世侠,1995)。

因研究兴趣和角度不同,不同学者对创造力的定义有很大区别。当前研究者主要从创造性人格(Csikszentmihalyi,1996;邹枝玲、施建农,2003;Selby et al.,2005;Shane & Nicolaou,2015;Puryear et al.,2017;张洪家等,2018)、创造过程(Lubart,2001;Zhou & Shalley,2003;周丹、施建农,2005;丁琳,2017;Rubenstein et al.,2017;Rojas & Tyler,2018)、创造能力(Sternberg & Lubart,1991;陈朝新,2002;顾学雍,2009;Wierenga,2010;刘建准等,2017;Mccrum,2017)等不同维度对创造力进行定义。

综合来看,对以上创造力研究不同视角进行整合的是创造力投资理论(Sternberg & Ludart,1996)。该理论认为,创造力需要认知和非认知的要素,包括智力(intelligence)、知识(knowledge)、思维方式(thinking style)、人格(personality)、动机(motivation)以及环境要素(environment)。具有创造力的人群就是"愿意并且能够在创造性观点方面'低买高卖',故谓之'投资'"(Sternberg,2006)。Sternberg 和 Lubart(1999)认为创造力研究的整合视角是必要的,不同要素综合作用才会导致创造力的出现,仅仅关注单一要素是不充分的。创造力整合视角的观点意义非凡,然而在整合之后如何进行创造力的测量,仍然存在巨大的挑战(Villalba,2008)。

另一个对不同研究视角进行总结的是创造力的 4P 模型(Rhodes,1961;Krippner & Arons,1973;Runco & Kim,2011,2013;Cropley & Cropley,2012;Jordanous,2016;Pitta-Pantazi,2018)。该模型认为,创造力涉及创造性人格(person)、创造性过程(process)、创造性产品(product)和创造力产生的环境(place)四个视角。该模型能够描述创造力的各类影响因素以及最终结果,因此下文即从这四个视角梳理创造力研究的脉络。

人格视角：创造力是个人天赋及能力的体现

Guilford(1950)的研究,强调了发散性思维能力的重要性,提出了认知能力、动机因素(兴趣和态度)以及气质因素(temperament)和创造力之间的相关性。Guilford研究的主要贡献在于,首次将科学的范式引入创造力研究领域,改变了原先人们普遍接受的"创造力只属于少数天才""是天才的灵光一现""属于上帝的恩赐"等固有认知。Davis(2004;2011)则认为,创造力通常被人们等同于"想象力"。想象力是创造力的重要特征,但是将二者等同是不正确的。他收集了50份具有创造力个体的个人经历以及他人评价,从中提取了超过200个形容词,并最终汇总了创造力个体所具有的16类性格特征。例如,对新知识或经历的开放态度(openness to experience)、拥有广博的兴趣爱好(wide interests)、不服从权威(non-conformity)、独立自主(automony)等。这些特征之间存在一定的逻辑联系,如独立自主的人通常不服从权威,拥有广博的兴趣爱好就会对新知识或经历持开放态度。

Amabile(1997)对创造力的研究则强调,创造相关的技能、特定领域的技能以及任务动机是构成创造力的三个基本要素。其研究认为,之前的研究者主要关注内在动机(intrinsically motivated)而不是外在动机,外在动机通常包括外部评估、外部监督、同行竞争、上级命令或获得奖励。

Oman等(2013)认为创造型人格可以分成心理测量(psychometric)和认知能力(cognitive)两个方面。前者探讨的是个人性格特征的差异;而后者探讨的是心理过程和结构(Sternberg,1985),包含了上述提到的任务动机等要素。

产品视角：创造力蕴含在创造性的产品中

随着对创造力本质理解的深入,许多研究者倾向于从产品(product)角度来定义和研究创造力,因为仅仅有创造性人格或态度,而没有实际产出,是没有任何意义的。因此Mayer(2014)认为,创造力一定具有社会属性,因为创造产品需要他人的接受和认可才有价值。尽管不同的人对创造力的描述角度和定义不同,但是无论是同一领域内的专家或是普通人,对一个产品是否具有创造力是有共识(也译为共感的),即人们对创造力产品具有共同的内在评价标准(宋晓辉、施建农,2005),这称之为创造力的内隐理论(Sternberg,1985;Runco & Bahleda,1986;Runco & Johnson,2002)。既然不同的人对同一个创造性产品有基本一致的看法,这种同感可以成为评价产品创造力水平的基础。

基于此,Amabile以及其他研究者(Amabile,1982;Hennessey et al.,1999;Epstein et al.,2008;衣新发等,2018)提出了同感评估技术(consensus assessment technique，缩写为 CAT），通过邀请多个相关领域专家，对被试产品的创造性进行评价，从而反映被试的创造力水平。研究者进一步对这种共识（同感）展开研究，认为创造性产品应具备新颖性（novelty，要求产生的产品是原创的并且出人意料的）和有用性（usefulness，要求产生的产品在满足特定约束条件下，能够实现既定功能）两个本质特征（Solomon，et al.，1999；Gajda et al.，2017）。一个产品如果新颖但并没有用，或者有用但并不新颖，都不能被认为具有创造性（Piffer，2012）。

过程视角：创造力蕴含在创造的过程中

Runco（2007）批判创造力研究方面单一的产品视角，提出"创造力需要产生有形的产物"是一种偏见，建议在创造力研究中不仅要关注产品本身，更要关注产品产生的过程。最早提出这一建议的当属 Wallace（1926），其在《思想的艺术》一书中描述了创造力过程的四个阶段：准备（preparation）、孵化（incubation）、启发（illumination）和验证（verification）。

在"准备"阶段，个人识别问题、定义问题并收集可能有助于解决问题的各类信息。准备工作可能涉及观察、倾听、询问、阅读、收集、比较、对比和分析。第二阶段是"孵化"，这使个人可以从问题中退后一步，可能考虑替代方案或之前的相关经验。在此阶段，个人会放松，并花时间来思考问题如何解决，具体花费的时间因人而异。第三阶段的"启发"发生在突然产生解决方案的瞬间。Gruber（1988）在对著名科学发现的案例研究中提到，启发可能是突然的，但是导致启发的过程却是漫长的。其中最典型的实例就是阿基米德发现浮力原理，以及凯库勒领悟苯环的结构。最后阶段是"验证"，在此阶段要仔细评估并测试新的想法或解决方案，以确保它们有效。如果某个想法或尝试性解决方案无效，应重新回到准备或孵化阶段，这被称为递归（recursion）。

新的研究继承了 Wallas 的基本思路，Beecroft 等（2003）认为创造性的问题解决过程包含问题分析、方案产生及评价、方案落实、改进及提升四个阶段。Mumford 等（2003；2012）则提出了八阶段模型，分别为发现问题、信息收集、信息组织、概念组合、想法产生、想法评估、实施计划和解决方案监控。Puccio 等（2002；2011）进一步整合研究了在不同阶段中，不同创造能力及人格特征是如何对应的。虽然不同研究者的提法不同，但基本包括了问题分析、方案产生、方案汇总评估以及实施反馈等步骤。

环境视角：环境因素将影响一个人的创造力

至此，研究者对创造力构成要素的理解更加全面。"一个人在某环境中有创造力，但换个环境就没有了"，这句话很好地体现了影响创造力的外部环境因素。仅仅有创造性人格特征、经历创造性的过程，是不足以实现创造性产出的，因为所有的创造潜力，都要在特定的环境中才能得以实现。Schneck(2013)认为外部环境因素具体来讲包括：①动态环境要素（顾客或股东的要求、技术进步、经济条件、法律以及规章制度的约束等等）；②创造氛围（团队或组织内自由、信任、开放、承担风险、有效领导等氛围）。

Rushton 等(1983)最初将环境因素称为"外部压力(press)"，并且将其具体分为 α 压力和 β 压力。其中 α 压力指环境对客体施加的影响；β 压力是 α 压力的结果，但是 β 压力只有在被个体感知并赋予其重要性时才会产生影响。这样的区分很有必要，因为面对同样的压力，每个人都有不同的观点和解释倾向，并以独特的方式对环境做出反应。也就是说，相同的环境可能会对某些人产生积极影响，而对其他人产生消极影响或基本没有影响。

在实践中，β 压力比 α 压力更常见，对创造力的影响也更加重要。例如不同的个体对同一种音乐的感知并不相同——舞厅中高分贝的摇滚乐，客观上都会刺激人产生不适反应，这就是 α 压力，同时对于不喜欢摇滚乐的人同时会有 β 压力，而对于摇滚乐狂热粉丝就完全没有这种压力；同样在教育情境中，不同学生对提升创造性的外部环境、要求不尽相同，例如设置完成作业的时间节点也是一种 β 压力，因为有限的时间可能会激励一些学生，但会让另一些学生产生焦虑，从而抑制了创造力。从中可以发现，α 压力更类似于创造力个体所处的广义的环境(place)，而 β 压力则更具有针对性，特指环境中对创造力个体产生明确影响的压力(press)，无论这样的影响是正面的还是负面的。

Simonton(1995)认为，最初的"4P框架"已不足以涵盖创造力相关研究，他将"说服力(persuasion)"作为一个补充角度加入进来。这个角度的核心是具有创造力的人或产品能够改变他人的思维方式（也即有"说服力"），强调创造性产品对他人和社会产生的持续的影响力，而不仅仅是他人如何评价产品的创造性（单一的 product 角度）。Csikszentmihalyi 和 Robinson(1990)的研究考察了具有创造性的产出是如何进一步产生"说服力"的。首先，个人从现有领域中汲取灵感，产出创造性成果，该成果可能吸引同一领域的其他个体，改变他们对解决相同问题的原创性和有效性的看法。一段时间之后，整个领域都吸收了这些新的创造性成果。这些成果已经被认可并实践，成为该领域知识的一部分。此时，这些现存的知识和想法可能会影响该领域的其他人，整个创造循环周而复始。

显然,在创造循环的初始,创造性产品需要具有"说服力",才能说服他人接受其原创性和有效性。

Runco(2008)的研究则重构了创造力多个要素之间的关系,组成了金字塔层次模型。该模型的主要贡献就是将创造力的多个要素分为两个层级:创造力潜力和创造力产出。详见表 2.2 和图 2.2。

Runco 的研究有一个基本假设就是,创造力潜力是创造力产出的必要条件,而不是充分条件,也就是说拥有创造力潜力不一定产生创造力产出。这样的思路有两个好处:第一,能够探讨儿童的创造潜力,因为儿童并不一定有创造力产出;第二,能够研究创造力产出的影响因素,使得每个个体或群体的创造力潜力得以实现,而不仅仅研究已经存在的创造力产出。

表 2.2　创造力不同要素的层次分类

创造力潜力 (creative potential)	个体	人格特质(traits)、态度(attitudes)、动机(motives)
	过程	问题发现、问题解决等
	环境和压力	时代精神(zeitgeist)、社会文化、组织文化、团队文化、奖惩设置等
创造力产出 (creative performance)	产品	立即得到的概念方案(ideas) 最终产生的产品,包括出版物(publications)、专利(patents)以及发明(inventions)等
	说服力	对他人的影响,最终对整个领域的影响

资料来源:作者根据 Runco(2008)整理。

综上所述,创造力的研究就像盲人摸象,不同研究者触及的角度不同,得到的结论和看法也不尽相同。但是不同研究者在以下五个方面已经达成了共识(Villalba,2008)。第一,创造力的基本内涵是,产生新颖且有用的产品或想法的能力。第二,不同领域的创造力既有交集,也有不同之处。交集是所有领域创造力的内涵都强调原创性(originality)和有效性(effectiveness)。不同之处在于不同领域创造力的产生过程不同、最终产品的形态不同、外部环境的影响因素也不同。第三,创造力是可以被测量的。第四,创造力是可以被培养的。第五,虽然在理论上,人们已经深知创造力的重要性,但是在实际中,创造力可能反而被压制,因为人们对新生事物不确定性的本能排斥(Sternberg,2006)。在接下来的部分,我们将探讨创造力是如何测评的,不同领域的创造力内涵及测评手段有何不同。

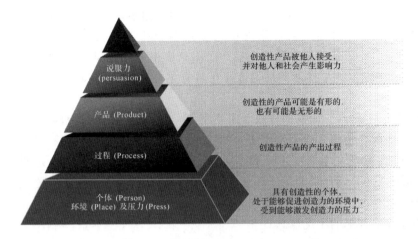

图 2.2　创造力不同要素的金字塔模型

资料来源:作者根据 Runco(2008)整理。

2.2.2　创造力的测评

Houtz 和 Krug(1995)、Elmurad 和 West(2004)、Lubart 和 Maud(2017)对创造力测评的若干手段进行了考察、分类和汇总,结果表明现有创造力测评手段包括:创造性人格倾向性测试、创造兴趣以及态度测试、产品创造力自我评价、产品创造性专家或同行评价、发散性思维测试等等。可以看出,对创造力的测评仍然可以从 4P 模型的角度进行分析,具体分为以下几个方面。

人格(Person)视角:关注的是具有较高创造力的个体所具有的人格特质、创造态度、创造动机等。与此相应的测量手段主要有人格测评、动机量表、传记调查等(徐雪芬、辛涛,2013),采用的多为自我评价或他人评价的方式。

使用自我报告作为评估创造力的手段,对于评估一些更稳定的人格要素(例如个性和动机)比较有效(Hough & Dilchert,2007),且成本较低容易实施。实际上,自我报告的评价手段使用广泛,已经开发的量表也具有相当不错的信度和效度(Hough & Oswald,2000;Spector,1984),其中比较经典的是人格倾向性测量问卷 MBTI(Houtz et al.,1994;Dollinger et al.,2011)、Hennessey(1994)的工作偏好量表,以及 Costa 和 Mccrae(1992)的 NEO-PI 量表(用来衡量五种跟创造力有关的人格特质)。

然而,自我报告的评价手段也存在缺陷。Kaufman 等 (2010)的研究发现,将同一个体的自我评价结果与专家评估结果进行对比之后,自我报告评分对创造性表现的预测能力较低。这预示着自我报告的创造力,更多的是一种自我效能感(self-efficacy)和自信(self-confidence)的表现,而不是真实的创造力。尽管在某些情况下,自信等人格要素对取得创造性成果有正向促进作用(Feist,1998),但是自我评价的结果和创造性产品不直接相关,很多时候存在难以避免的自我认知偏差,即人们会下意识地往更具有创造力的方面描述自己(Larson et al.,1999)。

使用他人报告(一般指同行或上级主管)作为评估工程创造力的手段,常常与自我报告配合使用。但是使用诸如"某人的创造力水平如何?"这样的宽泛措辞只能得到宽泛的答案,并且很容易受到组织或团队内隐形偏见的影响(Mumford,2000),例如"天使光环效应"(halo effect,指一个人身上存在的大优点会掩盖其他的小缺点)或"恶魔犄角效应"(horns effect,指一个人身上存在的大缺点会掩盖其他的小优点)。

此外,管理者可能根本无法实际见证不同形式的创造性活动过程,从而限制评估的准确性和实用性。作为组织内最常用的评价方法——面试,大多数面试的目的都是为了评估候选人的性格或个性(Moscoso,2000)。研究表明,与开放性等不太明显的特征相比,外向性等更明显的特征更容易评估(Dilchert,2008),工程创造力相关的特征(例如新颖性)在面试中很难得到体现。

个人履历分析(biographical data/biodata)是基于先前行为显著预测未来行为的一种评价形式(Guthrie,1944)。它可以被视为一种比较客观的自我报告,其格式和评分可以根据评估者的需求有所调整。文献表明,个人履历分析可以用来预测创造力绩效(Albright & Glennon,1961;Mcdermid,1965)。不同行业的个人履历分析内容不尽相同,但大都要求被试提供作品集(portfolio)。例如作家的一系列写作样本、教师制定的一系列教案,或者是平面设计师编写的一系列设计;对于工程师,则为一系列工程产品以及相关专利证明。评估者可以检查这些内容,基于以前的经验对候选人的创造性潜力做出判断。此外,评估者还可以将被试的风格与当前员工的风格进行比较,看看他们是否为自己的团队添加了独特的元素(Wright et al.,1999;Clarke & Boud,2018)。

历史事件计量方法主要关注对已经得到广泛认可的杰出的创造性个体的研究,正如 Simonton 和 Lebuda(2019)所说,这些创造性个体的名字已经"载入史册"。通过对这些个体的传记和历史经历的定量分析,研究者试图测量创造力。历史计量学(historiometrics)被定义为"通过对历史个体的数据进行定量分析,来检验关于人类行为的假设的科学学科"(Simonton,1990)。这一定义有三个要素:第一,关注的对象是历史上真实存在的个体;第二,通过定量分析手段(例如多元回归、因子分析和潜在变量模型等各种统计技术),将历史上通常丰富、模糊和定性的事实转化为更精确、更清晰的数字测量;第三,最终的目标是发现超越历史记录特殊性的一般规律或统计关系。

个人履历分析、杰出人物传记分析以及历史事件计量方法(historiometric approaches)与创造性个体所取得的成果及其背景的研究有关。个人履历分析和杰出人物传记分析主要采用定性研究方法,描述创造性个体所处环境和经历的整体图景(Plucker & Renzulli,1999)。Gruber 和 Wallace(1999)认为此类研究的研究者有两个核心角色:一个是描述性的,另一个是评价性的。第一个角色要求研究者"进入"被研究对象的世界,试图重建研究对象的经历,在这样的角色中,研究者尽可能重现真实的经历;另一个角色是评价性的,研究者站在"外界"对重新现出的经历进行评价、解释和解构。

产品(product)视角:无论自我报告、他人报告、个人履历分析、作品集分析、杰出人物传记分析还是历史事件计量方法,均为用曾经的创造性成果来预测未来的创造力表现,并不是真实情境下体现出的实时创造力产出,对克服创造力存在的障碍也无所裨益。因此,直观地考察被试的创造性回应或成果成为研究者关注的重点。

情境判断测试(situational judgment tests)为被试提供一个场景或情境,并要求他们提供一个回答,说明他们在该情境中会如何表现(Weekley & Polyhart,2005)。尽管基于网络或远程视频的评估手段有助于提升效率,但实践中通常仍采用面试的形式,以纸和笔的方式要求作答,然后根据预先确定的程序和标准对候选答案进行评分(Chan & Schmitt,2002)。这样的评估手段,相比之前的创造力潜力判断更加优越,能够切实有效地判断被试的创造力产品水平。

与情境判断测试类似的是模拟和评估中心(assessment centers),该方法的典型特征是将被试置于各种复杂而真实的情境中,要求他们做出响应,并表现得跟真实工作一样。经过培训的专家负责全过程观察被试,然后使用预先确定的维度对被试表现出的创造力进行评估(Motowidlo et al.,1990)。

过程(process)视角:与创造力发挥相关的认知过程主要包括发散性思维、收敛性思维、联想思维等。对发散性思维能力进行测评的主要是智识结构模型 SOI(Guilford,1988;Sternberg & Grigorenko,2001),该方法主要是通过大量题目,测量发散性思维所产生创意的数量、种类、新颖性以及精致程度(粗浅想法还是精雕细琢之后的成品),对收敛性思维能力进行测评的主要是托伦斯创造力思维测试 TTCT(Torrance,1976;Kim,2006;Bart et al.,2017),该方法主要是让被试在有限的时间内产生尽可能多的创意方案。对联想思维进行测评的主要是 RAT(Datta,1964;王烨等,2005;Mednick,2011;Lee et al.,2014;Marko et al.,2019),该方法主要是给出若干词条,让被试尽可能联想它们之间的联系。

以上测评手段可能包含的不足有：首先，以最著名的托伦斯创造力思维测试（TTCT）为例，问题呈现的不同顺序（Lissitz & Willhof，1985），以及不同条件下进行测试（Hattie，1980）均可能导致不同的测试结果；其次，创造力是由发散性思维和收敛性思维过程有序组成的（Runco，2008），对发散性思维的单一测评仅仅是对创造力潜力的估计，并不能代表被试真的能有创造性产出（Runco & Acar，2012）。对收敛性思维的测评并不充分，这些都需要研究者进一步探索。

环境（place）视角：组织或社会环境要素能够促进或抑制创造力，因此对相应环境要素进行测评，能够预测人们在相应环境中的创造潜能。但是对环境要素的测评，不能脱离创造力其他测评维度单独存在。Amabile 等（1996）开发了创造力氛围测评表，对组织环境对创造力的影响进行了考察。Lauer（1999）以及 Isaksen（2007）发展并完善了情境预期问卷（SAQ），该问卷从风险承担、开放信任、支持新想法等九个方面衡量组织环境对个体创造力的支持程度。

总结来讲，因为创造力内涵以及维度的丰富性，对创造力的测评也应从不同角度进行，任何单一创造力测评手段都无法涵盖创造力的全部内涵。有研究者另辟蹊径，从创造力的个人视角切换至创造力的集体视角，开发出不同国家或地区层面的创造力整体水平的测评手段（Florida，2002；Fischer，2007；Andersen et al.，2010；Hospers，2010；Tohmo，2015；Ostbye et al.，2017）。然而，回到创造力研究的个人角度，本书认为从创造力的产品角度进行测评是最重要的，因为获得具有创造性的产品并将其付诸实践是创造力的最终目标，其他人格特征、创造过程、创造力产生的环境，都是为这个最终目标服务的。

2.2.3 创造力的领域特异性

20 世纪 90 年代开始，越来越多的研究者认识到有些领域的创造力很难迁移至其他领域（Baer，1998）。如果和创造力相关的认知技能在不同领域之间通用，则称之为领域一般性（Plucker，1998）；反之，则称之为领域特异性（domain specificity）。现今大多数研究者接受，由于面临问题的类型、所需知识、技能以及问题解决流程的不同，不同领域的创造力是有差异的（Ayas & Sak，2014）。

具体来讲，不同领域的知识结构、思维方式、任务目标和问题解决过程都是不同的，这就导致不同领域创造力的概念和测评方式也是不尽相同的。例如，科学家们关注的是前沿科学理论的探索，面对的一般都是抽象的公式和定理；艺术家们关注的是审美价值，面对的是具体的艺术作品；而工程师们则又不一样，他们关注的重点不是全新科学现象的发现，不是现象背后抽象的科学原理，他们关注的是实际存在的工程问题如何解决，创造的是具有实用性的工程系统（Baer，

1998)。

　　诸多研究也支持创造力领域特异性的存在。Kaufman 和 Baer(2005)的实证研究表明,个人可以在某一特定领域(如文学)非常具有创造性,但在其他领域(如数学)则不具备明显的创造性。Kobe 和 Goller(2009)的研究发现,艺术家对创造力的描述,更多侧重于忠实地表达自我意识及感情(self-realization);而工程师则是在明确的约束条件下,寻找实际工程问题的创新性解决方案(finding solutions)。Charyton(2009)认为工程师不仅需要像艺术家一样展现美学特征,还需要解决问题,防止潜在问题,并在指定的约束和参数内突出实用性。Horenstein 和 Ruane(2002)明确指出工程研究的是"能够实现功能或解决问题的工程设备或系统"。Burghardt(1995)认为在艺术领域展现创造力"不具备功能意图,只有审美意图"。

　　可以看出,不同领域的思维方式可谓大相径庭,利用相同的方式去评价科学家、艺术家和工程师的创造力是明显不合适的。Kaufman 和 Baer(2005)以及 Plucker 和 Dasha(2009)则进一步批评通用创造力的测评,认为其对预测现实生活中的创造力是没有效率的,建议使用领域特定的创造力测试,发展出科学创造力、艺术创造力等主要分支的研究。

　　对创造力的领域特异性形成明确支撑的是 Spearman 等人提出的 G-S 理论(Spearman,1946;Burt,2011;Kovacs & Conway,2016)。该理论认为,创造力分为通用因素(general factors)和特异因素(specific factors)。不同领域的创造力共享通用因素(例如,创造性人格是通用的,如不畏失败、敢于尝试、联想能力强等个性特征),而工程具有其独特的问题情境(如知识结构、思维方式、任务类型等),与科学、艺术等领域有较大区别。此外 Amabile 等(2005)的研究也表明,创造力是创造性技能、特定领域相关知识以及完成创造性任务的动机三个要素综合作用的结果。其中第二个要素(特定领域相关知识)进一步为创造力领域特异性的存在提供了佐证。

　　因此,对工程领域所体现的创造力(即工程创造力)的内涵界定及研究势在必行。然而,由于科学和工程的密切关系,工程创造力经常与科学创造力混为一谈,人才培养过程中也对二者的区分并不明确,很多情况下,工程人才的培养有相当浓厚的科学范式(王文娟、雷庆,2017)。因此,首先应明确辨析工程创造力与科学创造力的概念及内涵区别。

2.2.4　工程创造力的领域特异性

　　Weisberg(2015)认为,创造力的领域特异性是由任务模式、思维方式、知识领域三个方面的差异综合导致的。其中任务模式差异是由问题类型、任务目标和解决流程综合导致的。工程领域的任务是在特定约束条件下的问题求解,驱动力是社会经济效益,解决过程的集体性、实践性、综合性和目标性很强(王沛民等,2015)。其次是思维方式,长期面对相同任务模式的个体会形成固定的认知模式和思维方式,从而导致创造力有所不同(Ayas & Sak,2014)。相比于其他领域,工程领域的思维方式具有三个鲜明的特点:第一,有明确的约束,情境性很强;第二,注重综合方法,强调事物的综合配置;第三,工程任务通常有多个解决方案,但更注重效率和最终效益(潘云鹤,2009)。所以,在长期的工程实践中容易形成固有的思维方式并最终形成工程创造力(Simonton,2003)。最后是知识领域,G-S 理论认为知识结构上的差别直接导致了领域特异性(Kovacs & Conway,2016),工程领域强调运用工程知识实现资源配置也导致了工程创造力的领域特异性(Amabile et al.,1996)。综上所述,约束性的任务模式、效率导向的思维方式以及强调资源配置的实践知识共同塑造了工程创造力的领域特异性。

2.3 工程创造力的研究综述

2.3.1 工程创造力的基本概念

对工程创造力的研究,根植于创造力研究的深厚基础,尤其关注工程领域创造力的特异性。不同学者基于对工程活动本质认知的不同视角对工程创造力给出了不同的定义。

首先是功能观,Larson 等(1999)最早注意到相比于文学、绘画及其他职业的创造力,工程领域的创造力更关注功能性和有用性。而功能性的发挥必须在既定的约束和参数范围内进行,通过工程实体对象、复杂系统或工艺流程等工程产品来实现,并预防潜在问题的发生。Cropley(2011)从功能的角度出发,提出了"功能创造力(functional creativity)"的概念即"工程师设计的产品或流程,通常要在一定的约束和参数条件下,实现特定的、有用的功能"(Cropley & Cropley,2005)。

其次是技术观,技术是工程的实现手段,工程是技术在具体情境中的深化和综合运用(胡卫平,2011)。因此有研究者从工程的微观活动角度提出了技术创造力,认为技术创造力"是个体或组织在技术领域中,根据一定的目的,运用一切已知信息,在独特地、新颖地且有价值地(或恰当地)产生某种产品的过程中,所表现出来的智能品质或能力"(Wang & Murota,2016)。

此外,还有设计观,Hay(2017)认为设计是工程的方法,是工程活动实现的具体环节之一。工程师在工程设计过程中体现出的创造力被定义为工程设计创造力(engineering design creativity)。

最后是过程观,认为工程创造力不仅仅体现在解决问题中,也体现在发现问题的过程中(Charyton,2015)。

综合上述研究,可以发现工程创造力具有如下特征:在约束条件下综合运用具体技术实现特定功能或产出解决方案(而非理论观点或假说),该特征在问题发现和解决中均有体现。

Larson 等(1999)注意到工程领域的创造力与文学、绘画及其他职业的创造力存在不同的可能性,不同之处在于工程师关注功能和有用性。工程师不需要像艺术家一样回应人类情感需求,工程师需要在既定的约束和参数范围内,通过工程产品的创造(产品包含工程实体对象、复杂系统或工艺流程等)实现功能,并预防潜在的问题(Cropley,2011)。

袭承创造力的基本概念,研究者们(Larson et al.,1999;Thompson & Lordan,1999;Shah et al.,2003)认为工程创造力的核心要素也应包括原创性(originality,有时也称之为新颖性 novelty)和有用性(usefulness,有时也称之为适用性 applicability)。但除此之外,工程创造力应有自身的独特内涵。

Cropley 和 Cropley(2005)提出了"功能创造力(functional creativity)"的概念来描述在工程领域展现出的创造力。"功能创造力"是指工程师设计的产品或流程,通常要在一定的约束和参数条件下,实现特定的、有用的功能,与艺术创造力注重审美价值、科学创造力注重知识创造不同(Charyton & Merrill,2009)。

Cropley 和 Kaufman(2012)则进一步完善了功能创造力的内涵,见表 2.3。其中"常规的产品"只具有"有效性","创新的产品"则同时具备"有效性、新颖性、优雅性以及起源性"。关于四种性质的内涵见表 2.4。

表 2.3 功能创造力的产品种类以及不同范畴

范畴 criterion	产品种类 kind of product			
	常规的 routine	原创的 original	优雅的 elegant	创新的 innovative
有效性 effectiveness	+	+	+	+
新颖性 novelty	−	+	+	+
优雅性 elegance	−	−	+	+
起源性 genesis	−	−	−	+

资料来源:作者根据 Cropley 和 Kaufman(2012)整理。

表 2.4　功能创造力四种性质的内涵

1. 有效性	2. 新颖性			3. 优雅性		4. 起源性
	问题解决	现存知识	新知识	外部评价	内部评价	
正确满足既定功能	问题描述清晰	知识重复使用	知识重新定位	外部认可	完善性	奠定行业基础
性能良好	问题解决前景明确	知识整合	知识重构	外界信服产品效果	优雅性	可转移至其他情境或领域
适合使用情境	问题诊断准确	知识循序渐进增加	知识重启	为他人带来愉悦感	和谐有序	能够萌生一系列其他想法
操作性好			知识重新定义		可持续性	系列产品的种子
安全可靠			知识生产			有长远的发展愿景
耐久性好						探索前所未有的发展路径

资料来源:作者根据 Cropley 和 Kaufman(2012)整理。

　　Charyton(2011;2014)则明确界定工程创造力的内涵,将其分为原创性、实用性以及功能性。此外,工程创造力不仅仅体现在创造性地解决问题,也体现在发现新问题的过程中。也就是说,问题发现(problem finding)和问题解决(problem solving)都与工程创造力有关。然而,这两个要素在传统的工程创造力研究方面都没有进行过深入的研究(Charyton,2015)。

　　除了以上两个要素之外,Charyton(2011;2014)的研究共提出工程创造力应该包含的五个要素:满足约束(constraint satisfaction)、问题发现(finding)、发散性思维(divergent thinking)、收敛性思维(convergent thinking)以及问题解决。因此和科学创造力相比,工程创造力从寻找问题到满足约束等要素都有区别。

　　Oman 等(2013)认为真实的工程问题是开放的、答案不唯一的(open-ended),这一点跟学校所讲授的例题有很大区别,与此同时工程问题的结构并不清晰(ill-structured),导致问题的原因并不明确(Yamamoto et al.,2000)。因此,工程师需要先明确用户需求和成本约束(上述要素 1:满足约束),寻找现有方案或原型机(可能寻找不到)。因为问题的根源并不清楚,所以需要对问题进行详尽的分析(上述要素2:问题发现)。然后通过发散性思维(上述要素3)提出尽可能多的创造性方案,通过收敛性思维(上述要素4)对方案进行筛选和整合,最终满足要求、解决问题,体现出解决问题的能力(上述要素5)。

除了工程创造力之外,有的研究者提出了技术创造力(周林等,1995;罗玲玲、王峰,2009;胡卫平等,2011;Mujika et al.,2014;Wang & Murota,2016)、工程设计创造力(Sarkar & Chakrabarti,2008;Kratzer et al.,2010;Reich et al.,2012;Onarheim,2012;Kemppainen et al.,2017;Hay,2017)的概念。

关于技术创造力,Shah等(2003)曾汇总了若干相关研究,包括Dubitzky等(2012)的社会双因素(bisociation)理论、Simonton(1988)的创造机会—创造资源配置理论、Finke等(1992)的创造力认知发展模型。国内周林、施建农(1993),施建农等(1999)曾运用从德国引进的青少年技术创造力测验(中国科学院修订)对中国和德国儿童的技术创造力进行了跨文化比较,并得到了一系列比较结论。胡卫平等(2011)在以往研究的基础上编制了儿童青少年技术创造力测验,共包括五个项目:产品设计、材料应用、功能设计、技术方法、科技想象。另外,Jonassen(2000)以及Ferguson和Ohland(2012)的研究认为人们需要解决的问题类型总共可以分为十一类,每一类都需要产生多种解决方案并且衡量其中的最优解。具体包括逻辑问题(logical problems,例如汉诺塔问题、传教士和野人过河问题)、算法问题(algorithms,例如摄氏度转化为华氏度、平分任意一个角)、故事情节问题(story problems,例如两辆车追击问题)、运用规则问题(rule-using problems,例如将英语陈述句转化为虚拟语气)、决策问题(decision-making problems,例如孩子上学选择、高峰期应该走哪条路线问题)、故障检修问题(troubleshooting problems,例如修理无法工作的设备、解决产量降低问题等)、诊断原因问题(diagnosis-solution problems,例如绝大多数医疗诊断都属于此类问题)、战略绩效问题(strategic performance problems,例如拉力赛中在不同的地形高速驾驶赛车)、情境案例以及相应政策问题(situated case-policy problems,例如各种商业案例、大型公司应该如何分为不同的事业部问题)、设计问题(design problems,例如设计一座大桥、一款新能源汽车、一门学校的课程、谱写一首圆舞曲等)以及左右为难矛盾问题(dilemmas,例如设计一款眼镜,以满足部分老年人既有近视又有远视的需求)。

具体而言,其中工程设计问题的特征包括:问题定义不清晰、结构不明确(ill defined and poorly structured)、衡量标准不清晰(lack of evaluation criteria)、问题的答案不唯一(open-ended)、最终方案不评价对错只评价优劣(no right or wrong answers, only better or worse answers)、信息永远无法穷尽(never have enough information)但可用资源有限(limited resource)、客户的需求经常变化并难以满足(always-changing requirements and hard-to-satisfy client)。工程师在解决工程设计问题的过程中,体现出的创造力被定义为工程设计创造力(engineering design creativity)。

对以上几个概念(工程创造力、功能创造力、工程设计创造力、技术创造力)进行总结,我们可以发现:第一,功能性是工程创造力的特征之一;第二,工程代表着各项具体技术在具体工程情境和任务中的深化拓展和综合运用,技术是工程的子集(关西普、沈龙祥,1992;杨水旸,2009),因此,工程创造力的概念内在包含了技术创造力,工程创造力的概念和适用范围更加广泛;第三,工程设计创造力特指工程设计问题的解决,设计固然是工程师的主要工作之一,但工程创造力的研究理应关注其他多种类型的工程问题,包括但不限于设计问题、矛盾问题、故障检修问题等(Jonassen,2000)。

综上,现今对工程创造力内涵的研究,研究者们普遍接受工程创造力应包含原创性和有用性(Larson et al.,1999;Thompson & Lordan,1999)。然而其他内涵,研究者们并未达成共识,Besemer 和 Oquin(2011)认为工程创造力还应包括"辨识度""精细化"和"综合"等特征;Cropley(2016)则认为应包含相关性、有效性、优雅性以及通用性。总结来看,现今对工程创造力仍没有清晰明确的内涵界定,这是由工程活动的基本特征以及在工程情境下对创造力的特殊需求不明晰所导致的。基于以上原因,本书聚焦探索"工程创造力"的概念和内涵。

2.3.2 科学创造力的基本概念

结合创造力的领域特异性,科学创造力即创造力在科学领域的具体表现(Boxenbaum,1991;Huang et al.,2017;Brainerd & Reyna,2018),是一般创造力与科学学科的有机结合(胡卫平、俞国良,2002),科学创造力的特征与科学活动的特征高度相关。根据经合组织的定义[①],科学能力包括三项维度:第一,掌握科学知识并且据此提出科学假设;第二,设计科学实验验证假设;第三,依据实验或基于证据的推断提出结论,解释科学现象(Lin et al.,2003)。

Lin 等(2003)提出,科学活动包括发现问题、产生假设、设计实验和得出结论等过程,因此对科学创造力的研究是必要的。科学研究需要创造力,才能够超越(现有)知识、创造一个理解世界的新方式以及用非传统的方式解决科学问题(Garcia et al.,2016)。从创造力 4P 模型中的产品视角出发,Ayas 和 Sak

---

① 资料来源:经济合作与发展组织 2006 年报告,https://stats.oecd.org/glossary/index.htm.

(2014)将科学创造力定义为"产生新颖并有用的想法或产品的能力"。这样的定义很好地体现了创造力定义中"新颖性"和"有用性"两个特征。此外,由于科学家从事的主要工作为知识创造,科学领域的主要产品为知识,可以将 Ayas 和 Sak(2014)的定义进一步细化,将科学创造力理解为产生新颖并且有用的知识的能力,科学创造力是知识生产的基础(Yamin,2010)。

因为领域特殊性,通用的创造力评价并不适用于科学创造力的评价(Hu & Adey,2002)。因此,针对科学创造力开发了评价方法,比较经典的有基于科学创造力结构模型 SCSM 的创造力测试 TSC(Hu & Adey,2002)的问卷测验和创造性科学能力测试 C-SAT(Sak & Ayas,2013)。创造性科学能力测试 C-SAT 包括两个部分:通用创造能力[流畅性、灵活性和创造性、创造性复合能力(由流畅性和灵活性的结合产生)],与科学相关的能力(产生假设、通过设计实验来评估假设、对实验证据的评估)。

但这些测验的对象大多是在读学生(甚至儿童),测量结果更多反映的是科学创造潜力,而非真实的科学创造力(Aktamis et al.,2005)。能够反映真实科学创造力的,仍然是科学创造产品。于是科学创造力评测逐渐开始关注知识产品,即通过对科学出版物、专利等承载科学创造力的知识载体进行评测,来间接衡量科研个体或团体的科学创造能力(王军辉,2017)。

2.3.3 艺术创造力的级别概念

艺术创造力是指在艺术方面的创造力表现,包括视觉艺术、音乐、文学、舞蹈、戏剧、电影和混合媒体等方面(Alland,1977),是个体产生新颖、独特而具有审美或艺术价值产品的能力(沈汪兵等,2010)。

Heilman 和 Acosta(2013)认为视觉艺术创造力是指在绘画、雕塑和摄影等视觉艺术领域的创造力,伟大的视觉艺术创作作品,如绘画,是一种体现不同形状、纹理和颜色间独特关系的艺术。基于 Wallas(1926)提出的包括准备、孵化、照明和验证创造力产生过程的四个阶段,Heilman 和 Acosta(2013)将视觉艺术创造力看成一个过程。在准备阶段,个人需要拥有视觉艺术方面的知识和技能,需要知道已生产的艺术作品的类型;在孵化阶段,经过一段时间的有意识或无意识的考虑,他们可能会突然意识到已经达成了创造性的解决方案。在明晰化和验证阶段,要通过系统观察或进行实验,并根据这些研究的结果来呈现关于他们的假设、测试方法和结果的作品。这三个或四个阶段往往是混合的,如艺术家在绘画的时候,就会展现他们想要描绘的想法,在此过程中也会经常改变他们的计划。典型的视觉艺术创作活动主要以新颖的视觉效果表现某个特定的观点,具有较强的求新性和社会建构性(衣新发、胡卫平,2013)。李吉品和刘秀丽(2015)

从创造力内隐理论视角出发,以为艺术创造力的内涵可从领域限制性和创造突破性两方面把握,领域限制性包括的特征有规范性和价值性,规范性又含技术性、适宜性,价值性含亲和性、情感性、审美性;创造突破性包括的特征有想象性和新颖性。

2.3.4　工程创造力与科学创造力及艺术创造力的辨析

常见的易与工程创造力混淆的领域创造力还有艺术创造力和科学创造力等,将工程创造力与科学创造力混为一谈的现象尤为明显,这也直接导致了当前工程人才的培养往往是直接移植科学范式(王文娟、雷庆,2017)。为了提高工程人才培养的针对性,有必要进行对比和区分。

首先,工程创造力与科学创造力有区别。Boxenbaum(1991)认为,科学创造力即创造力在科学领域的具体表现,科学创造力的特征与科学活动的特征高度相关,需要基于海量的知识(理论的和实验的)来产生原创的想法(Baer,1998;Lin et al.,2003)。由于科学家的主要工作是知识创造,可以将科学创造力理解为产生新颖并且有用的知识的能力(Yamin,2010)。科学研究需要创造力,才能够超越现有知识,创造一个理解世界的新方式,以及用非传统的方式解决科学问题(Sierra-Siegert et al.,2016)。科学创造力依赖科学知识和技能,目的是知识创造(Hu & Adey,2002);工程创造力的目的则是工程产品的设计及工程问题的解决。工程问题的解决需要依靠相关学科领域的科学和工程知识,二者不能混为一谈。因此对科学创造力的已有研究,并不适用于工程创造力。原因有以下两点。

一方面,二者在内涵方面有区别。如"科学创造力"依赖科学知识和技能,目的是知识创造(Hu & Adey,2002;Lin et al.,2003);而工程创造力具有"功利性"与"公益性"相结合,"阶段性"与"长期性"相结合及"普遍性"与"约束性"相结合的显著特征(张武城等,2014),"问题发现"和"问题解决"都与工程创造力有关,然而这两个维度在传统的科学创造力领域都没有进行过深入的研究(Charyton et al.,2009)。

另一方面,对科学创造力的测量侧重于知识产品的角度,即通过对科学出版物、专利等知识载体的评测来间接衡量科学创造力(王军辉、谭宗颖,2017),针对对象一般是青少年学生或科学家;而工程创造力应该以实际的工程问题解决为衡量标准,针对对象应该是在真实工程实践情境中发现和解决问题的一线工程师或工科学生。

因此,由于创造力的领域特异性,对科学创造力的已有研究并不适用于工程创造力。二者的内涵虽具有相关性,但不可混为一谈。从问题类型、创造基础、创造过程、创造结果、成果评价方式等角度,对科学创造力和工程创造力进行对比,见表2.5。

表 2.5　科学创造力和工程创造力的对比

	科学创造力	工程创造力
问题类型	科学前沿问题	工程技术问题、设计问题、矛盾问题等(张武城等,2014)
目标	前沿科学问题,是用新颖的方式解读已有的世界	工程问题是用多样化的方式满足特定功能需求,是创造未知的世界(王沛民、顾建民,1994)
创造基础	自然现象、科学知识、逻辑推理思维(Gruber,1975)	工程系统原型机/已有产品、科学知识、工程知识、工程经验(Nguyen & Shanks,2009)
约束条件	理论缺陷、认知模型缺陷,资源约束不是主要限制条件(与工程创造力不同)	有资源约束、成本约束,审美价值不是必要条件(与艺术创造力不同)
创造过程	提出假设、收集科学证据、验证假设、发掘机理(Simonton,2003)	识别问题、确定约束、方案构思、方案综合、方案评价、方案实施、改进提升(Charyton et al.,2009)
创造结果	产生科学知识是主要目的(Hu & Adey,2002;Lin et al.,2003),包括科学理论、科学定理、公式等	工程系统、工程产品、专利,也有可能是无形的生产工艺等。在此过程中可能会附带产生工程技术知识,但是产生知识并不是主要目的
评价方式	论文、科学理论成果(王军辉、谭宗颖,2017)	专家评价、用户评价、实际运行效果

综上,工程创造力的目标是"形成能够实现特定功能或解决特定问题的工程系统或工程方案"(Horenstein & Ruane,2002)。而科学创造力依赖科学知识和技能,其目的是产生新颖且有用的知识(Hu & Adey,2002)。著名工程学家冯·卡门曾一语道破科学和工程的区别:"科学家探索已有的世界,工程师创造全无的天地。"相较于科学创造力以发现科学规律、创造科学知识为目标,工程创造力则强调将想法变为现实,创造出有价值的存在物或者实现对现有存在物的改善(Janina,2008)。此外,Burghardt曾指出艺术领域的创造力"不具备功能意

图,只有审美意图"(1995)。Kobe等(2010)认为艺术家的创造侧重忠实地表达自我意识及感情,而工程师则是在明确的约束条件下,寻找实际工程问题的创新性解决方案。Charyton(2009)认为工程师不仅需要像艺术家一样展现美学特征,还需要解决问题,防止潜在问题,并在指定的参数内突出实用性。可见,相比于科学创造力和艺术创造力,工程创造力面临的约束更多,更强调利用已有知识,其实践过程是充分利用资源来创造未曾有过的事物。而科学创造力的实践过程则是发现和认识"已经存在的"知识,艺术创造力则更强调个人情感和意识的外在表达。

2.3.5　工程创造力的测评

对工程创造力的有效测评是评价工程人才培养质量的关键。当前对工程人才的评价基本委身于科学人才的评价范式,这是用科学创造力的测评替代工程创造力测评的必然后果。对科学创造力的测评侧重于知识产品的角度,即通过对科学出版物、专利等知识载体来间接衡量科学创造力(王军辉、谭宗颖,2017),测评对象是青少年学生或科学家。而工程创造力的测评应当以是否解决了实际工程问题为标准,测评对象应该是真实工程情境中的工程师或工科学生。

对工程创造力的关注促进了相应测评手段的发展。最初,工程创造力的测评手段是非常有限的(Baillie & Walker,1998),只有少数以"普渡创造力测试"(Lawshe & Harris,1960;Feldhusen et al.,2011)为基础的测评手段可用于评估工程创造力。普渡创造力测试是尽可能多地列举一种或两种形状的用途,能够测量的维度是创造力的流畅性(指方案的数量)和灵活性(指方案处于不同领域的丰富性)。其局限是:第一,方案鲜有工程领域的应用;第二,不直接测量原创性;第三,只评估发散性思维而没有收敛性思维。Charyton等(2009;2011;2014;2015)则明确界定工程创造力的内涵(原创性、实用性、功能性),并据此开发了工程设计创造力评估(creative engineering design assessment,缩写为CEDA),用以测评工程创造力。CEDA经过实际检验有较好的信度和效度,能够测量工程创造过程中的发散性思维(divergent thinking)、收敛性思维(convergent thinking)、满足约束条件(constrain satisfaction)、问题发现(problem finding)以及问题解决(problem solving)五种能力。接下来对CEDA进行详细的介绍。

一、CEDA 的基本内容

要求被试在20~30分钟的时间内,完成以下两个设计任务。设计任务一:用以下三个形状(见图2.3)构成一个设计,能够实现通信功能;设计任务二:用以下四个形状(见图 2.4)构成一个设计,能够实现移动/运动功能。

要求 1:运用题目中的一个或多个三维图形完成原创性设计,每个图形最多只能用一次;

要求 2:这些图形可以是任何材料、任何尺寸,可以是实心或者中空,也可以按需要任意操控,可以添加额外的一些组件,但是设计的主体必须是由题目中给定的图形构成的;

要求 3:画出设计草图,并用文字简要描述你的设计(材料、结构、针对的用户等);

要求 4:识别并确定你的设计能够解决的额外的问题,以及其针对的用户。

图 2.3   CEDA 设计任务一

资料来源:作者根据 Charyton 等(2009;2011;2014;2015)整理。

图 2.4   CEDA 设计任务二

资料来源:作者根据 Charyton 等(2009;2011;2014;2015)整理。

二、CEDA 的评价标准

CEDA 只有四个方面的评价标准:流畅性、灵活性、原创性、有用性,具体如下。

流畅性分为以下几个子维度:产生设计方案的总数量、运用材料的数量、能够解决的问题数量、针对用户的数量;灵活性与流畅性的子维度分类相同,考察产生方案的不同类型。

原创性方面,给设计任务一和设计任务二分别打分,最后综合两个方案再评价一个综合分数,评分采用 11 级量表,分值从 0~10(其评分描述分别为:庸俗不堪的 dull、平平无奇的 commonplace、略有趣味的 somewhat interesting、比较有趣的 interesting、非常有趣的 very interesting、有洞见的 insightful、与众不同的 unique and different、卓尔不群的 exceptional、充满创新性的 innovative、对领域有较大价值的 valuable and beneficial to the field、天才的 genius)。

有用性方面,给设计任务一和设计任务二分别打分,最后综合两个方案再评价一个综合分数,评分采用 5 级量表,分值从 0～4(其评分描述分别为:毫无用处的 not useful、有点用处的 somewhat useful、中等有用的 moderately useful、非常有用的 very useful、不可或缺的 indispensable)。

三、CEDA 测评的内在理论框架

CEDA 借鉴了普渡创造力测试的一些基本特征并加以改进,也吸纳了 Guilfold(1988)的发散性思维模型。然而 CEDA 和普渡创造力测试的不同之处在于,前者不是仅仅为了测试通常意义上的发散性思维,而是为了工程创造力特别设计的。CEDA 要求参与者画出设计草稿,这对产生创造性方案是有促进作用的(Goldschmidt & Smolkov,2006)。Gustafson 和 Sparacio(2010)的研究也认为,工程师以图像化的方式思考,因此 CEDA 要求画出素描草图是独具工程特色的。

CEDA 能够测量工程创造过程中的发散性思维、收敛性思维、满足约束条件、问题发现以及问题解决五种能力。具体来讲,通过产生多种解决方案评估"发散性思维",通过解决提出的问题来评估"收敛性思维"。要求只能使用题干给定的形状(但是可以在此基础上变形或加入额外的元件)则考查"约束满足"的能力;通过识别设计方案其他潜在用途,来考查"问题发现"的能力;通过提出创新设计方案来解决题干中的问题,考查"问题解决"能力。而以上这五种能力恰恰是创造性地解决工程问题过程中必不可少的(Charyton, et al.,2008)。

CEDA 测评的优势在于:第一,发散性思维和收敛性思维结合。心理学领域的创造力研究一直强调的是发散性思维能力(对特定问题给出多种解决方案),而工程创造力既包含发散性思维(面对问题作出多种应对,产生多个答案),也包含收敛性思维(面对问题,产生并确定一个合适答案),在 CEDA 中收敛性和发散性思维均被整合起来;第二,发现问题和解决问题的能力并重。拥有解决问题的能力对于发挥工程创造力是重要的。然而,确定哪一个才是真正要解决的问题可能更为关键(Ghosh,1993)。对于问题发现能力的测评,现有研究比较匮乏(Baillie & Walker,1998),而 CEDA 则弥补了这一空白(Charyton,2014)。

除了以上重点介绍的 CEDA 之外,Oman 等(2013)研究者对已有工程创造力的测评手段进行了横向比较,认为现有测评手段存在两个缺点:第一是过于依赖评价人的主观看法;第二是想要获得详细的评价比较费时费力,效率低下。并

据此开发了比较性创造力评估(comparative creativity assessment,英文缩写为CCA)和多点创造力评估(multi-point creativity assessment,缩写为 MPCA)测评手段,对以上问题进行改进。

其中 CCA 测评针对的是"新颖性"维度,其特点在于对新颖性的测评不依赖评委专家的主观判断,而是统计所有被试的工程问题的解决方案。方案在整体中出现的概率越低,则代表其新颖性越高。该思路能够客观评价某个方案在整体中的分布,但是其缺陷在于他人想不到的奇思妙想固然有较高的新颖性,但是不一定有实用性和可行性。因此,MPCA 是测评实用性和可行性的有力补充。该问卷全部为二选一的选项,要求评委选出例如"原创的、令人惊讶的、有逻辑的、功能性的、制作精良的"等关键词,从而迅速对设计方案作出评价。

设计评级调查问卷(design rating survey,缩写为 DRS)是由 Toh 和 Miller(2016)设计使用的工程创造力测评方法,针对的是设计一个牛奶发泡机的工程问题。这个问卷的设计基于 Shah 等(2003)的工程创造力研究框架,从新颖性(novelty)和可行性(feasibility)两个角度,对被试的工程创造力水平进行考察。其中,DRS 问卷包含 24 个问题。前 20 个问题是衡量新颖性的,后 4 个问题是衡量可行的。测量新颖性的基本手段为,以一些常见的产品特征为标准,如果被试的设计超出了已有特征标准,那么就认为其具有较好的新颖性。测量可行性的基本手段为问答(例如询问:"这个设备能给牛奶打泡沫吗?""技术上可行吗?"),请评审确定设计方案的可行性。DRS 测评手段的优势在于浅显易懂、易于实施,但其限制在于只能针对"设计牛奶发泡机"这一工程问题,如果更换题目,则需要全部重新设计 DRS 问卷里面的 24 个问题。

除了以上重点介绍的几类测评手段之外,还有为人力资源管理者开发的测评体系(Kobe & Goller,2009),具体包含对工程师发散性思维能力、智能水平、专业性、性格特征、创造动机、创造性产品以及之前创造成果的综合评估。Cropley 和 Kaufman(2012)开发了测量功能创造力的体系 CSDS,该测评体系基于 CAT 的思想,由非领域专家进行测评。此外,还有一部分测评手段得到研究者的关注(Toh & Miller,2016),包括有用性和新颖性测评(Moss,2012)、Sapphire 新颖性模型(Sarkar & Chakrabarti,2011)、创造力潜力评估 EPI 模型(Chulvi et al.,2012)、创造性产品语义量表 CPSS(Besemer,1998;Oquin & Besemer,2006)等。

2.4 文献述评

现有研究对工程创造力的内涵，从不同角度加以描述。具体来讲，"新颖性""辨识度"描述的是工程产品的原创程度（Larson et al. ,1999；Thompson & Lordan,1999）；"有用性""有效性"关注的是工程产品能否满足特定用户和实际场景的功能需求（Shah et al. ,2003）；"精细化""综合"则侧重于工程产品是否成熟（仅仅有概念构思，视为成熟度较低；有详尽的图纸和方案，视为成熟度较高）；"通用性""综合"关注的是特定工程产品中蕴含的创造性想法，能够举一反三，应用在其他不同的情景和工程产品中（Besemer & Oquin,2011）；"优雅性"则从审美和艺术设计的角度，提出工程产品应具有外形和外观上的美感（Cropley,2016）。

综上所述，针对工程创造力的内涵和测评手段，现有研究仍然存在以下三个方面的缺陷。

第一，现有工程创造力测评手段（如 CEDA）普遍脱离真实工程情境。为了扩大被试范围，普遍采用特定的、浅显易懂的工程例题，让所有被试解决同一个题目进行比较。由于并非针对解决实际工程问题的客观表现进行评估，导致测评结果脱离实际工程情境，也无法真正评估个体在工程实践中的表现。

第二，无法测量工程创造力的动态变化。由于第二次测试的结果会受到第一次测试结果的干扰，所以特定的工程例题无法进行二次测量，因此 CEDA 在评价工程创造力提升方面存在缺陷（没有办法进行前后效果对比）。这样的情况在 Morin 等（2018）的研究中被观察到。参加实验的 17 个学生中，有 5 个汇报提出即使在 11 个星期之后，被试学生仍清楚地记得第一次测试时的答案和思路，很难在第二次测试中摆脱第一次测试的影响，思考新的方案。

第三，现有工程创造力内涵和测评手段无法全面反映工程创造过程，从而无法支撑工程创造力提升机理的研究。除 CEDA 外，目前测量大多仅关注新颖性和可行性两个维度，对工程创造力的其他维度（如问题发现等）缺乏有效的测量手段。而 CEDA 中的问题发现能力，主要指的是产品的其他用途，找到其他能解决的问题。在真实工程情境中，问题发现能力指的是找到工程问题产生根源的能力，二者相去甚远。

综上所述，现今研究对工程创造力仍没有达成共识，其内涵仍需进一步清晰界定。同时在真实工程问题情境下所展现出的工程创造力如何测评，现有研究仍未有效回应。

3 面向真实工程情境的工程创造力测评研究

3.1 工程活动的基本特征

工程创造力的领域特异性,来自工程和科学活动不同的性质和特征。不同研究者对工程的概念界定见表 3.1,从中可以总结出工程活动的共性特征,对工程创造力内涵的界定具有决定性作用。

表 3.1 不同研究者对工程的概念界定

研究者	概念界定	关键词提炼
路甬祥和王沛民(1994)	工程是有关科学知识和技术的开发与应用,以便在物质、经济、人力、政治、法律、文化等背景限制下满足社会需要的一种有创造力的专业	科学知识与技术的应用 存在背景限制 满足社会需要
王沛民和顾建民(1994)	认为工程是人类为了生存以及为生活的更加美好而解决问题的一种实践活动,即创世造物以谋天下利的实践活动	解决问题的实践活动 创造事物谋求特定利益
Burghardt(1995)	工程问题就是弥补现实状况和期望状况之间的差距(narrow the gap),就是寻找问题的创造性解决方案	弥补差距 寻找创造性解决方案
Zhou(2012)	工程就是创造性地应用科学原理和科学知识去建造事物、构造工程系统	应用科学知识和原理 构造事物和工程系统

续表

研究者	概念界定	关键词提炼
Sheppard 和 Silva(2001)	工程师聚焦问题,产生新颖的解决方案(新观点)并进行整合、筛选和评价,最后实现设想,构造新的工程系统	产生新观点 构造新系统
Dym 等(2005)	工程问题解决是一个系统性的、智识的过程。在这个过程中,设计者们针对某些设备、系统或过程,产生、评价并且使一些概念具体化。这些设备、系统或过程的形态及功能要达到客户目标/用户需求,与此同时还要满足其他一些约束条件	针对系统、设备或过程 达到用户目标 满足用户要求 满足其他约束条件

　　对以上概念界定进行研究,可以提炼出工程活动的基本特征。第一,科学更多地是在探索客观世界并发现规律,而工程则是经济、可靠地去实现科学技术;工程是基于科学原理,运用科学知识,构建创造新的事物(工程系统)。第二,工程活动具有目的性,强调功能导向,工程系统要实现特定功能。第三,工程活动强调约束,在实现特定功能的过程中要满足各种约束。

　　工程创造力作为工程活动过程中所体现的一种能力,需要反映出以上工程活动的基本特征。而工程创造力是创造力的从属概念,对其研究也要遵循创造力研究的基本脉络。在第二章已经介绍过,对于创造力的研究,学界一般从创造性人格(Person)、创造性过程(Process)、创造性产品(Product)和创造力产生的环境(Place)四个视角入手。具体到工程领域,本书认为,工程创造力内涵的界定及测评,应该重点关注创造性产品维度;而对工程创造力的提升机理的深入研究,则应该关注创造性过程维度。

　　在创造力研究的四个视角中,创造性人格是相对稳定的(Gough,1979;Oldham & Cummings,1996)。个人的认知能力是由个人智能水平、认知风格等因素决定的,这些因素难以在短时间内产生变化(Menold & Alley,2016)。Charyton 和 Snelbecker(2007)认为,个体性格中的风险承受度比较灵活多变,主要是受到外部环境不确定性和评价要素的影响。但创造性环境则是外界影响因素,个体难以决定。

　　Cropley 和 Kaufman(2012)认为,创造性产品不仅仅是创造性过程的结论和产物,更是创造力的最终体现(embodiment of creativity)。Helson(1999)也区分了"创造潜力(creative potential)"和"创造产出(creative productivity)",并

指出现在很多测评倾向于前者,但前者并不一定导致后者。这意味着创造潜力仅仅是必要而非充分条件。Sarkar 和 Chakrabarti(2008)认为,即使个体拥有创造力人格并处于有利于创造力发挥的环境中,且遵循了一定的创造力过程,除非最终的结果是具有创造力的,否则任何前三个要素都不能体现出创造力。也就是说,前三个要素(人格、环境、过程)仅仅是创造力潜力,只有产品才是最终结果,这在工程领域更是体现得淋漓尽致,工程师只有拿出最终的产品/专利,才会被认为有创造力。

现有一些有关工程创造力的研究,关注工程师个人和所处环境的维度。例如,王瑞佳(2018)研究了构成工程人才创造力的因素,包括内部因素与外部因素。具体而言,内部因素包括:第一,创新思维能力;第二,创新方法与策略的掌握;第三,个人特质,如情感、意志、性格等。外部因素包括:创造性的工作环境与氛围,以及投入程度与外界压力。但是此类研究(Mumford & Gustafson,1988;Cummings & Oldham,1996)认为创造力的产生是个体和外界环境的交互作用(the interplay between the context and the individual),忽视了创造力的过程维度,难以深入探索创造力发挥的机理。

结合现有文献基础以及专家访谈,本书提出:工程创造力是创造力在工程领域的体现。具体来讲,工程创造力是发现工程问题或工程需求,且在满足特定功能要求和资源约束的条件下,产生多种新颖且有用的工程问题解决方案的能力。工程创造力(engineering creativity)是个体在工程领域展现出的创造力,它是在工程领域进行创新活动的前提条件和核心构成要素(Villalba,2008)。因此,研究工程领域个体创造性活动的规律、明晰工程师创造力的提升机理是真正实现我国工程人才培养"质量并进"的有力抓手,其内涵需要兼顾创造和工程两个维度,缺一不可。

3.2　工程创造力的"创造"维度

结合相关理论综述,在创造力的若干测评手段中,得到广泛认可和运用的是对创造产品/结果的测评,其中比较具有代表性的就是同感评估技术(CAT)。在工程问题的解决过程中,必定有工程产品、工程系统或者具体的工艺流程的开发和改进,因此对这些创造产品/结果进行测评,是反映被测对象工程创造力非常可行的手段。此外,工程创造力的内涵和测评密切相关,给工程创造力下一个便于客观测评的定义,是科学而深入地研究工程创造力的前提(Torrance,1988)。因此,本书对工程创造力的内涵界定,也从创造性的解决方案入手,具体分为以下几个方面。

3.2.1 "流畅性"的内涵及测评

流畅性(fluency)(number):衡量工程问题产生不重复的概念解决方案的数量,是客观的、定量的数据反映。

一般来讲,针对特定工程问题,产生不重复的概念解决方案的数量越多,创造力水平越高。Purcell 和 Gero(1996)的研究表明,产生的问题解决方案数量越多,就越有可能打破已有思路的束缚,获得问题的创造性解决方案。

Mumford 和 Hunter(2005)的研究则进一步表明,取得创造性成就的一般经验法则是,每 10～20 个创意中最终有 1 个成功取得经济效益,而其余的则是不成功的尝试。但与此同时也应注意到,可行的创造性的方案,本来就需要大量的不可行的方案的支撑(Estrin,2009)。这意味着,不可能只产生 1 个方案就成为最终的成功方案,产生多个方案作为备选和整合是必要的。因此,衡量流畅性(也即产生概念方案的数量),是工程创造力内涵的构成要素之一。

3.2.2 "丰富性"的内涵及测评

丰富性(flexibility)(category):衡量不重复的概念解决方案的差异性。产生的概念方案的数量很多(流畅性高),但有可能都是同一种类,所以这个维度衡量的是创新解的种类的多样化程度。例如,解决人类的交通运输问题,改变汽车车轮的数量,无论是一个车轮,还是增加到六个车轮,解决方案都属于同一种类。但如果从飞行器的角度考虑解决方案,与更换轮子数量这类方案明显属于不同种类,所得到方案的创造力水平也相应提升。

Nonaka 等(1996)的研究总结了组织内部知识创造的五个条件,包括创造意图(intention)、自主性(autonomy)、脱离稳定进入创造的混乱状态(creative chaos)、数量上的冗余(redundancy)以及必要的差异性(requisite variety)。其中第四个条件"数量上的冗余"对应工程创造力内涵的"流畅性",第五个条件"必要的差异性"对应工程创造力内涵的"丰富性"。Kulkarni 等(2000)也认为外部的知识引入,能够作为催化剂(catalyst)提升丰富性,最终促进具有创造力的概念方案的产生。

Cassotti 等(2016)在鸡蛋飞行器案例的丰富性测评中,将所有方案细分为 54 个类别,Agogue 等(2014)也曾将鸡蛋飞行器的方案分为 10 大类,然后由测评专家对被试方案进行对应。但是这样的测评手段仅仅适用于所有被试解决相同的问题。Shah 等(2003)曾提出"特征树"的测评手段,将工程问题解决方案的种类按照不同的科学原理（physical principle）、工作原理（working principle）以及具体实现手段（embodiment）加以分类，见图3.1。

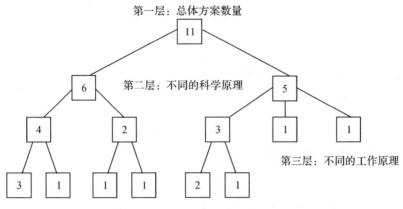

图 3.1　丰富性测评之特征树

资源来源：作者根据 Shah 等（2003）整理。

Craft（2005）以及 Zhou（2012）的研究提出，不同的科学原理和不同的工作原理通常来自不同的学科领域，跨学科领域将提升工程方案的丰富性和原创性，从而在整体上提升创造力水平。我国教育部通行的学科门类如表3.2所示。

表 3.2　教育部通行的三十二个学科门类

0801 力学(可授工学、理学学位)	0812 计算机科学与技术	0823 交通运输工程
0802 机械工程	0813 建筑学	0824 船舶与海洋工程
0803 光学工程	0814 土木工程	0825 航空宇航科学与技术
0804 仪器科学与技术	0815 水利工程	0826 兵器科学与技术
0805 材料科学与工程	0816 测绘科学与技术	0827 核科学与技术
0806 冶金工程	0817 化学工程与技术	0828 农业工程
0807 动力工程及工程热物理	0818 地质资源与地质工程	0829 林业工程
0808 电气工程	0819 矿业工程	0830 环境科学与工程
0809 电子科学与技术	0820 石油与天然气工程	0831 生物医学工程

续表

0810 信息与通信工程	0821 纺织科学与工程	0832 食品科学与工程
0811 控制科学与工程	0822 轻工技术与工程	

资料来源：中华人民共和国教育部官方网站：http://www.moe.gov.cn/s78/A22/xwb_left/moe_833/201804/t20180419_333655.html。

因此，在工程创造力"丰富性"维度的评价过程中，主要衡量跨学科领域的数量，参考表 3.2 中教育部通行的 32 个学科门类，衡量概念方案在不同学科的分布情况，即得到"丰富性"量值。

3.2.3 "原创性"的内涵及测评

原创性 originality（uniqueness）：衡量最终采用的概念解决方案的新颖程度。一般请多位专家评估，然后保证专家之间的一致性。

其中"新颖程度"指特定技术方案在此之前有没有出现过，在同一行业内有无类似的技术解决方案，依据相似程度来判别。在具备新颖性的同时，特定的概念解法和技术方案需要能够针对性地解决现有问题。

在进行方案原创性（也可称为新颖性）的测评时，如果没有其他产品方案采取同样手段、实现相同功能、达到相同效果，则应考虑被测的某一产品方案具有最高的原创性（五级量表中的最大值）。如果被测的某一产品方案与现有产品或其他方案没有不同，则其原创性应为最低（五级量表中的最小值）。实际操作中，一般分为客观法和主观法（Sarkar & Chakrabarti，2008）。

第一，客观法之频率统计，适用于多个被试解决同一问题。收集所有被试产生的所有方案，衡量某一方案在整体中出现的频次，或者将方案拆分为单独的功能特征（Toh & Miller，2016），衡量功能特征出现的频次。无论哪种方式，出现频率越小则新颖性越高，反之，出现频率越大则新颖性越低。

第二，客观法之多轮实验，适用于多个被试解决同一问题。做多轮平行实验，将第一轮的实验结果（即被试所产生的所有方案），带入第二轮。将第二轮中被试的方案和第一轮中已有的方案进行比较（或提炼第一轮中方案的一些共有特征进行比较），如果第二轮中被试的方案不包含在第一轮已有的特征中，那么就是比较新颖的。

以上两类方法存在两个缺点。第一，出现频率极低的、完全与众不同的奇思妙想，对解决问题不一定真的有效或可行（Cassotti et al.，2016）。也就是说，一个具有创造性的想法一定是新颖的，但是一个新颖的想法不一定是具有创造性的。例如，一个用萤火虫发出的光作为能量源进行发电的系统是新颖的奇思妙想,但是却不可行,因此不具有创造性。第二,此类评价方式适用于所有人解决同一个问题,实际中待解决问题的选取通常是浅显易懂的、非真实情境的工程教学例题,并不是真实情景的复杂工程问题。因此,Agogue 等(2014)建议使用类似同感评估技术的专家测评法,也即主观法。

第三,主观法之提前赋值,请多位专家探讨、汇总某一工程问题的常见解决方案并进行赋值。容易想到的常见方案赋值比较低,不易想到的罕见方案赋值比较高,然后根据提前赋值的内容,对被试方案进行评价。

第四,主观法之自我评价,请被试自己对所产生的方案进行评价。采用此方法的前提是被试自己就是领域内专家,对相应的工程情境和背景知识比较了解。

第五,主观法之专家评价,请多位专家对方案的新颖性进行衡量,保证多位专家的统计一致性。采用此方法的前提假设是专家对特定工程问题的常见解决方案了熟于心(包括方案演化过程、类似产品特性)。该方法的缺点也类似同感评估技术的缺点,可能是昂贵的(获得多个专家评分),繁琐的(所有产品必须由专家单独查看),和耗时的(Kaufman et al.,2008)。

第六,主观法之新手评价。Cropley 和 Kaufman(2012)的研究探讨了专家评价和非专家(即外行或新手)评价的区别。外行或新手评价适用于比较浅显易懂的常识性问题评价(例如老鼠夹的设计)。对于复杂工程问题,外行评价者可能因不了解最终方案和最初问题的相关性(即最终方案是否有效解决了最初问题),也不了解现存方案,从而无法判断被试方案的新颖性。因此,整体来看并不适合工程创造力的评价。

对以上六种涉及工程创造力中"原创性"测评手段的横向比较,见表3.3。因为本书关注的是实际工程问题的解决,因此前三种测评手段不予考虑,在后三种测评手段中,专家评价的缺点为耗时耗力、实施成本较高。但是如果能够寻找到合适的专家团队,该方法能够详细准确地评价被试产生的最终综合方案的创造力水平。

在实际中较为可行的方法是借鉴 TRIZ 理论的发明问题分级方法,通过如表3.4所示的原创性评价参考标准(Altshuller,1996;1999;2002;李大鹏、罗玲玲,2016),为专家评价确立统一的客观标准,更能准确地反映方案的原创性水平(其中原创性低赋1分,原创性高赋5分)。

表 3.3 工程创造力中原创性测评手段横向比较

		优点	缺点
客观法	频率统计	客观反映某方案的原创性	只适用于多个被试解决同一个问题
	多轮实验	客观反映某方案的原创性	只适用于多个被试解决同一个问题
主观法	提前赋值	主客观结合,反映某方案的原创性	只适用于多个被试解决同一个问题
	自我评价	可以适用于每个被试解决不同问题	存在被试的自我认知偏差
	专家评价	可以适用于每个被试解决不同问题。能够详细准确地评价某方案的原创性	耗时耗力、实施成本较高
	新手评价	可以适用于每个被试解决不同问题	只能适用于粗浅的常识性问题的解决,不适用于专业工程问题

表 3.4 原创性评价参考标准

原创性	重要特征	
第 1 级 合理化建议	原始状况	带有一个通用工程参数的课题
	问题来源	问题明显且解题容易
	解题所需知识范围	基本专业培养
	困难程度	课题没有冲突
	转换规律	在相应工程参数上发生显著变化
	解题后引起的变化	在相应特性上产生明显的变化
第 2 级 适度新型革新	原始状况	带有数个通用工程参数、有结构模型的课题
	问题来源	存在于系统中的问题不明确
	解题所需知识范围	传统的专业培训
	困难程度	标准问题
	转换规律	选择常用的标准模型
	解题后引起的变化	在作用原理不变的情况下解决了原系统的功能和结构问题

续表

原创性		重要特征
第3级 专利	原始状况	成堆工作量,只有功能模型的课题
	问题来源	通常由其他等级系统和行业中的知识衍生而来
	解题所需知识范围	发展和集成的创新思想
	困难程度	非标准问题
	转换规律	利用集成方法解决发明问题
	解题后引起的变化	在转变作用原理的情况下 使系统成为有价值的、较高效能的发明
第4级 综合性 重要专利	原始状况	有许多不确定的因素, 结构和功能模型都无先例的课题
	问题来源	来源于不同的知识领域
	解题所需知识范围	渊博的知识和脱离传统概念的能力
	困难程度	复杂问题
	转换规律	运用效应知识库解决发明问题
	解题后引起的变化	使系统产生极高的效能,并将会明显地导致相 近技术系统改变的"高级发明"
第5级 新发现	原始状况	没有最初目标,也没有任何现存模型的课题
	问题来源	来源或用途均不确定
	解题所需知识范围	运用全人类的知识
	困难程度	独特异常问题
	转换规律	科学和技术上的重大突破
	解题后引起的变化	使系统产生突变, 并将会导致社会文化变革的"卓越发明"

资料来源:作者根据 Altshuller(1996;1999;2002)整理。

3.3 工程创造力的"工程"维度

杨毅刚等(2016)认为,企业以技术发明创造成果为基础,将其用于经济活动中,这是企业技术创新的本质。企业技术创新产生的经济回报,是用来衡量创新成果成败与否的核心指标。也就是说,与高校或科研院所不同,企业的技术创新最终是采用经济和收益的评价角度,用经济回报进行衡量,而不是采用学术角度评价(例如论文、获奖等)。因此,衡量实际情境中的工程创造力,需要考虑经济性因素(主要指创造性方案的实施成本)。

除了技术性能达标和生产成本之外,企业技术创新所追求的目标还包括客户满意度,这就要求创新成果具有容易生产、安装、维护,在使用过程中较为可靠,产品寿命达到一定时长,在产品寿命内故障率满足特定要求的特点(朱高峰,2007;朱高峰,2015;李培根,2006;李培根等,2012)。这些要素都应体现在工程创造力的内涵中,因此,本书认为工程创造力的"工程"维度应该包含以下三个要素。

3.3.1 "可行性"的内涵及测评

可行性 availability (feasibility):衡量最终采用的概念解决方案在实施方面的难易(可行性)。由多位专家对最终方案进行评估,采用五级量表,可行性低赋1分,可行性高赋5分(结合现有技术和工艺水平以及实际生产条件进行评判)。具体从以下四个方面综合考虑。

第一,技术现在的实现程度。从科学原理和工程技术实现角度,考查特定方案是否已经可以实施。例如,利用汽油、柴油或新能源驱动的汽车,在技术上是已经可以实现的。利用可控核聚变驱动的汽车,在技术上暂时未实现。第二,技术专有性程度,公司或工程师有没有掌握某种已经实现的技术。例如,现已知通过某种热处理工艺可以提升材料的性能,但是该工艺被国外某企业作为技术秘诀垄断,某公司或工程师并不可知,这就导致特定技术的专有性程度高,最终方案的可行性较低。第三,关键资源(包括但不限于人才、设备、原料、生产方法、环境等种类的资源)获取的便利程度。例如,从国外进口的高精尖设备,其维护和保养国内工程师无法胜任,只能从国外高价聘请专家,这就意味着维护人员作为技术实现的关键资源,可获取的便利程度较低。第四,工艺步骤实现的难易程度、仪器维护和调试的便利程度、人员管理的难易程度等。

3.3.2 "经济性"的内涵及测评

经济性 cost:衡量最终采用的概念解决方案实施所需的成本。从技术研发、专利授权、设备采购、原材料采购、设备维护及保养、人员成本等方面综合考虑衡量。由多位专家对最终方案进行评估,采用五级量表,经济性低(成本增加)赋1分,经济性高(成本降低)赋5分。其中,产品成本显著降低(至少30%)是突破性创新的必要条件之一(Doyle,2000)。建议的经济性五级量表评分的通用标准

（可根据行业和领域差异进行调整）如下：

1. 低：新方案与原始状态相比，成本增加 30％及以上；
2. 较低：新方案与原始状态相比，成本增加 30％以内；
3. 中：新方案与原始状态相比，成本基本持平；
4. 较高：新方案与原始状态相比，成本下降 30％以内；
5. 高：新方案与原始状态相比，成本下降 30％及以上。

3.3.3 "可靠性"的内涵及测评

可靠性 reliability：衡量最终采用的概念解决方案平均无故障工作时间（产品寿命或耐久性），或者衡量最终采用的概念解决方案在产品寿命内无故障工作的概率。产品寿命越长，或产品寿命内无故障工作的概率越高，说明技术方案的可靠性越高。由多位专家对最终方案进行评估，采用五级量表，可靠性低赋 1 分，可靠性高赋 5 分。建议的可靠性五级量表评分的通用标准（可根据行业和领域差异进行调整）如下：

1. 低：新方案与原始状态相比，产品寿命下降 30％及以上；
2. 较低：新方案与原始状态相比，产品寿命下降 30％以内；
3. 中：新方案与原始状态相比，产品寿命基本持平；
4. 较高：新方案与原始状态相比，产品寿命增加 30％以内；
5. 高：新方案与原始状态相比，产品寿命增加 30％及以上。

3.4　面向真实工程情境的工程创造力测评

在现有工程创造力测评手段中，得到广泛认可和运用的是对创造结果的测评。在工程问题的解决过程中，必定存在工程产品、工程系统或者具体的工艺流程的开发和改进，因此对创造结果的测评是反映被测对象工程创造力水平的可行手段。结合前文对工程创造力的测评研究，本书设计了面向真实工程情境的工程创造力测评（Assessment of Creativity in Engineering，缩写为 ACE），主要从"创造力"和"工程"两个方面展开，具体共包含了六个维度。

ACE 的测评流程见表 3.5。根据实际产生的方案情况，分别将每个维度上的测量结果分为五级量表，在评价期间分别由多位专家对每个维度进行评分，1～5 级分别表示"很低""较低""一般""较高""很高"。以可靠性指标为例，1～5 分别表示"1＝可靠性很低，产品故障率很高""2＝可靠性较低，产品故障率较高""3＝可靠性一般，产品故障率一般""4＝可靠性较高，产品故障率较低""5＝可靠性很高,产品故障率很低"。

表 3.5 面向真实工程情境的工程创造力测评指标与方法

指标项	操作性定义	测评方法
流畅性	所产生的不重复概念方案的数量	根据结果直接测量不重复概念方案的数量
丰富性	所产生的不重复概念方案的差异性	从"学科门类、一级学科、二级学科"三个层次测量不重复概念方案所属的学科门类
原创性	所产生的不重复概念方案的新颖程度(uniqueness)	通过专家评估法测量,从"手段—功能—效果"三维度与现有方案比较,区别越大原创性越高。具体操作中一般参照 TRIZ 理论的原创性评价参考标准。
可行性	实施概念方案的难易程度	通过专家评估法测量,综合考察以下因素:技术现在的实现程度;技术专有性程度;关键资源获取的便利程度;工艺步骤控制的难易程度
经济性	实施所产生概念方案所需的成本	直接测量实施概念方案成本,结合专家评估确定最终结果
可靠性	概念产品的平均无故障工作概率/时间	通过专家评估法测量所产生概念产品的平均无故障工作概率/时间

3.5　小结

　　本节探讨一些研究提出的工程创造力的其他内涵与本书提出的六个维度的内涵之间的相互关系,以期对工程创造力的内涵有更深入的认识。

　　Sarkar 和 Chakrabarti(2008)的研究提出,工程创造力需要跟经典创造力测评类似,衡量有用性(usefulness),也即最终方案确实解决了预期的问题,满足了意图中的功能需求。本书认为,在工程师思考所有概念方案时,都是以满足功能需求为导向的,工程师并不会脱离功能需求,凭空提出一些无用的方案。故有用性是所有概念方案都满足的一个前提条件,无需单独测量。

　　Cropley 和 Kaufman(2012)的研究提出,工程创造力需要衡量优雅性,主要指最终的产品要美观大方,带给用户享受和愉悦的体验。这是从审美角度和用户体验角度出发,并不是工程产品的必要条件,是锦上添花的元素,因此无需单独测量。Cropley 和 Kaufman(2012)还提出优雅性包含一种"惊喜(surprise)",能够给用户带来意想不到的体验,例如成本较低(cost-effective,通俗来讲就是便宜),而这一方面恰恰也是工程师最为关注的要素之一,该要素已经包含在本书中。

Cropley 和 Cropley(2005)提出工程创造力的内涵还包括"通用性"(generalizability),通用性指的是最终方案或产品能够被广泛应用于多种情境和不同领域中,不仅仅是在当下情境解决当前问题,还能够为解决其他问题打开大门。需要注意的是,在 Cropley 和 Cropley(2005)的研究中,对工程创造力的构成共提出了四个要素,分别是有效性(effectiveness)、新颖性(novelty)、优雅性(elegance)和通用性(generalizability),这四个要素不是并列关系,而是组成了金字塔式的阶层结构。其中最底层的是有效性,与新颖性一起,成为工程创造力的必要条件。通用性在最顶层,与上文所述的优雅性一样,不是工程创造力的必要条件,是锦上添花的附加要素,因此在本书中无需单独测量。

本章设计了面向真实工程情境的工程创造力测评,主要从"创造力"和"工程"两个方面展开,具体包含六个维度,其中创造维度为流畅性、丰富性和原创性;工程维度为可行性、经济性和可靠性,这三个子维度,整体体现了经典创造力研究中的"实用性",能够反映工程创造力与其他领域创造力的区别。

在工程创造力的测评方面,构建真实而复杂的情境,并寻找相关专家进行全程观察和评价,这样的方式需要一定的时间成本和经济成本,但是研究表明这样的评价手段是最具可靠性的方法之一(Arthur et al.,2003)。Amabile 和 Sensabaugh(1992)的研究表明,受过培训的或专家级的评判者能够始终如一地、可靠地评价一个想法或产品的创造性。

因此在工程创造力的评价过程中应注意以下两个方面:一方面,工程活动的基本特征之一是开发工程产品满足特定的功能需求,因此对工程创造力的测评也势必集中在产品层面。故应当关注最终创造力的产品(实际成果),而不是创造力潜力的估测。另一方面,应当引入对特定工程领域较为熟悉的专家评价者,保证创造力评价的权威性和科学性。

在具体实施过程中,结合被试的工程背景,解决个性化的工程问题(避免解决千篇一律的浅显问题),在给定的时间周期内,被试将产生一定数量的概念方案和一个最终整合形成的综合实施方案,由多位专家进行六个维度的评价,确定被试的创造力水平。其中流畅性和丰富性是考查被试所有概念方案,而原创性、可行性、经济性、可靠性考查的是被试形成的最终实施方案(如果个别被试提供了多个综合方案,则要求被试提供优先顺序,评估位列首位的综合方案)。

4 系统化创新方法综述及效果评价

为了开展真实工程情境下工程创造力测评的实验研究,必须找到一个有效的激励,这种激励的有效性体现在它可以在短时间内提高个体的工程创造力,从而为在短期内纵向追踪工程创造力的变化排除其他因素的干扰,为实施实验研究提供可行性。而系统化创新方法,一直被认为能够快速改善个人创造能力(Chaoxiang et al. ,2019;姚威、储昭卫,2021;姚威、储昭卫,2022),因此本章着重对系统化创新方法的研究进展及效果评价展开综述。

4.1 系统化创新方法研究综述:理论进展与实践效果评价[①]

"自主创新,方法先行",加强系统化创新方法的研究和推广是从源头上增强我国自主创新能力、推进创新型国家建设和实现创新驱动发展的重要举措。得益于有力的资金和政策支持,创新方法在国内外已被广泛应用于研发活动、产品开发、专利规避、商业管理等领域,获得了"创新点金术"的美名(姚威,2015)。在大量应用的过程中,种种不足也相继暴露出来,如学习周期长且投入成本高(潘慧,2017),在部分领域效果不佳导致应用效果"成谜"(林艳,2009),理论研究和本土化不足等(徐淑琴,2015)。

研究表明,以下三个原因是导致上述不足的关键:(1)未能超前视变,认识到新业态出现,导致在 IT 和电子信息等新兴产业领域缺乏实用性和通用性(IlevbareI,2013;潘慧,2017);(2)未能积极应变,用理论创新回应实践需求,用实践经验反哺理论创新,如经典 TRIZ 在诞生时对低能耗、低污染、美观等需求考虑较少而无法满足许多现代设计需要(Mann,2005;Chechuri,2016);(3)未能主动求变,依托效果评估来改进方法,提高工具和方法的效率(彭慧娟,2013)。

---

① 本节改编自姚威、储昭卫.系统化创新方法研究:理论进展与实践效果评价[J].广东工业大学学报,2021,38(5):97-107.

近年来,系统化创新方法被大力推广和应用,但鲜有文献对其进展和问题做出系统梳理。鉴于此,本节首先界定相关概念、回顾相关研究历程,进而通过文献厘清理论脉络、实践效果和现存问题,最后进行总结和展望。

为保证文献的质量和全面性,本书以"创新方法"和"TRIZ"为主题在中国社会科学引文索引数据库(CSSCI)和中国科学引文数据库(CSCD)等中文数据库检索,以"systematic innovation""innovation method"和"TRIZ"为主题在 Web of Science 的 SSCI、A&HCI、SCI 等来源中检索(检索时间截止为 2020 年),共获得 753 篇中英文文献。通过人为筛选逐一删除重复文献(106)、报道和评论文章(51)、主题关联度较低的文献(448),最终围绕 59 篇中文和 89 篇英文文献展开综述。

4.1.1 系统化创新方法的概念与发展历程

一、系统化创新方法的概念

由于系统化创新方法的发展程度、推广深度和传播广度的差别,人们常常将 TRIZ、创新方法、技术创新方法、系统化创新方法这几个概念混淆甚至等同(王海燕,2016),因此有必要厘清相关概念。科技部原副部长刘燕华(2010)认为创新方法是创新的思维、方法和工具的有机结合。王海燕(2016)认为创新方法是"贯穿于创意产生、科学研究、技术开发、生产控制和商业模式几个环节的系统工程方法组成的方法集或方法体系"。Yao(2016)认为"创新方法是以科学思维和系统性的流程为指引,指导人们进行发明创新、解决工程问题的方法学体系"。Usharani(2019)认为"系统化创新方法(Systematic Innovation Method,以下均缩写为 SIM)是在技术、战略或商业层面的机会识别或问题解决中,能够产生创新方案的一系列方法或过程"。从分类上来看,如图 4.1 所示,Sheu(2015)将创新方法(Innovation Method,缩写为 IM)分为"随机方法"和"SIM",根据 SIM 的来源可分为两类:从人类自身创造经验中抽象出来的 SIM(Human-originated SIM),典型代表是 TRIZ;另一类是自然现象中抽象出来的 SIM(Nature-inspired SIM),典型代表是仿生学。

综上所述,本书认为"创新方法"是指在生产生活中所使用的全部创新技巧、方法或理念,"系统化创新方法"是一系列用于指导技术和商业创新活动的系统思维和科学方法的集合。TRIZ 是俄文"发明问题解决理论"的罗马首字母的缩写,由苏联阿奇舒勒等人开发,是当下使用最多、研究最充分、最典型的一种系统化创新方法。因此,本节中的综述将以 TRIZ 为主,同时兼顾其他方法。

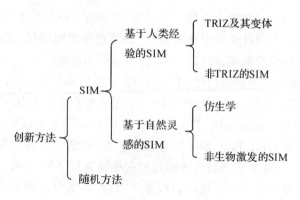

图 4.1　创新方法的分类

来源：Sheu（2015）。

二、系统化创新方法（SIM）的发展历程

SIM 理论的发展可分为三个阶段（Zusman，1999；Souchkov，2015；Souchkov，2016）。第一阶段是 20 世纪 40 年代中到 80 年代初，其标志是经典 TRIZ 体系初步建立和大量设计工具的诞生。SIM 的诞生得益于大量创造力和创新规律研究提供的哲学基础。经济快速增长使产品设计工具的需求增加，大量工具被相继开发出来，如矛盾矩阵和发明原理、ARIZ（发明问题解决算法）、IFR（理想化最终结果）、进化法则、物—场模型，以及非 TRIZ 体系的 AD（公理设计）、FMEA（失效模式及其后果分析）与 QFD（质量功能展开）。

第二阶段是在 20 世纪 80 年代到 90 年代初，其标志是经典 TRIZ 体系的完善和大批质量改善工具的诞生。这一时期全球经济发展进入了"滞胀期"，商品供应过剩，人们转而寻求更高的产品质量和使用体验，这使得 SIM 和质量改善工具得到了充分发展。以 ARIZ-85C 的诞生为标志，研究者们将 TRIZ 的发明原理增加至 40 条、标准解增加至 76 个并大大完善了知识库，经典 TRIZ 体系趋于完善。此外六西格玛 FITA（故障树分析）、TOC（约束理论）、VOC（顾客之声）等质量改善工具大量涌现。这一时期还诞生了"Invention Machine""TechOptimizer"和"Goldfire Innovator"等计算机辅助创新（Computer Aided Innovation，缩写为 CAI）软件，为下一阶段 SIM 与信息化技术的融合奠定了基础。

第三阶段是 20 世纪 90 年代末至今，其标志是 SIM 开始向全球传播和 SIM 体系的发展。互联网推进了 SIM 在全球范围内的传播，大量 SIM 社群先后建立。经济全球化倒逼研发效率提升，导致研究者更关注如何通过方法和工具集成来提高实践效率。此外,新体系、新方法的出现也有助于拓展 SIM 的应用领域和应用目的,CAI 也在此期间得到了长足发展。这一时期的 SIM 研究呈现出了"百花齐放"的特点,下文将重点对此阶段研究展开综述。

4.1.2　系统化创新方法的理论研究进展

一、系统化创新方法理论体系的发展

TRIZ 在全球范围内的广泛传播为其发展提供了理论创新的土壤。针对经典 TRIZ 体系庞杂、学习困难、不利于推广等问题,研究者们开发了新体系,改进了原有体系或完善了相应的工具。在国际上比较知名的有 I-TRIZ,OTSM-TRIZ(General Theory on Powerful Thinking,强大思维通用理论)等衍生体系,以及 SIT(Systematic Inventive Thinking,系统发明思维)、USIT(Unified Structured Inventive Thinking,统一结构化发明思维)等简化体系(Souchkov,2015)。如表 4.1 所示,这些新体系虽然彼此在形式上存在差异,但都具有统一分析框架、提高形式化水平和结构化程度、开发综合性方案生成工具的特点(周贤永,2009),同时也各自存在一些局限。

表 4.1　国际上开发的系统化创新方法体系对比[①]

理论:开发者 (时间)	开发目的、体系特点或优势	缺点	参考文献
OTSM-TRIZ: Khomenko 等(1990s)	目的:解决多冲突问题; 特点:尝试将多冲突问题转变为"问题流(problem flow)"或"问题网络"(network of problems)并予以解决; 优势:运用元素—名称—量值(elements-name-value)模型,有助于快速识别多冲突问题中的各类矛盾。	缺乏复杂问题分析工具和关键问题的选取方法;没有明确的冲突消除方法;难以确定主要冲突;使用规则和策略有待优化。	Fiorineschi(2015);张建辉(2018)

[①]　受限于篇幅,本部分仅对各工具体系之间区别最突出的部分予以展示。

续表

理论:开发者(时间)	开发目的、体系特点或优势	缺点	参考文献
I-TRIZ:多位阿奇舒勒团队成员共同开发(1990s)	目的:解决复杂的、周期性的问题,发现或阻止失效; 特点:由发明问题解决、预期失效分析、定向进化、知识产权管理四大模块组成;由高度抽象的操作算子(operators)组成建议方案集合; 优势:将 SIM 的应用拓展到整个创新链	在问题分析时(problem formulator),需要时刻确定问题分析表(diagrams)中的关系(relationship);但没有确定关系的具体标准和流程	Zusman(2012);Fulbright(2011)
SIT/ASIT:Filkovsky(1980s)	目的:简化 TRIZ 体系,在"封闭世界"内实现质变; 特点:清晰的问题定义(3个列表),系统化的流程(3个步骤),精简的工具体系(5种工具); 优势:相对简单易学,能最大程度挖掘系统内部潜力	问题解决阶段仍然要依次遍历5个工具下属的40条原理,缺乏针对性; 过于强调封闭世界,不允许引入外部新知识新资源,因此难以相较原有系统产生大幅度创新,难以与 CAI 结合以充分发挥其优势	何慧(2009);姚威(2018)
USIT:Ckafus 和 Nakagawa 等(1990s)	目的:简化 TRIZ 体系,在"封闭世界"内实现质变; 特点:采用"物体—属性—功能"的分析框架;有物体多元法、属性维度法、功能配置法、方案组合法以及方案转换5种方案生成法; 优势:直接面向问题本质,加快解题过程,避免过度抽象。	在概念方案产生阶段没有筛选机制,必须遍历所有5类共32个种子方法,降低了解题效率	郭彩铃(2003);Nakagawa(2012);姚威(2018)

SIM 并非经过同行评议的科学理论,其浓厚的"俄式风格"和"神秘色彩"使理论本土化成为推广的重要组成(IlevbareI,2013;Chechurin,2016)。国内学者在大量实践和研究的基础上,相继开发了多个新体系,代表性的有:(1)融合了因果分析、属性分析和功能分析,统一了分析问题、解决问题过程的 SAFC(Substance-Attribute-Function-Cause)理论(张武城等,2014);(2)强调"以功能为导向,以属性为核心"的 U-TRIZ(Unified TRIZ)理论(赵敏,2016);(3)以"约

束分析和打破约束"为特征的 CAFÉ-TRIZ(Cause、Attribute、Function、Effect)理论(姚威,2019);(4)由 TRIZ 及其拓展、问题导向方法、目标导向方法、过程再造方法组成的 C-TRIZ 理论(檀润华,2020)等。

SIM 理论体系的发展还体现在对工具和流程的改进上,如扩充经典 TRIZ 的科学效应库(Timokhov,2003),开发了 2003 矛盾矩阵并增加通用工程参数(Mann,2003),推出 ARIZ-2009 版本(Ivanov,2009)、ARIZ-2010 版本(Vladimir,2010)、ARIZ-Universal-2014 版本(Rubin,2014)等。

二、不同系统化创新方法工具的集成

在长期的应用过程中,使用者发现工具间集成应用能避免单个工具的不足,更好地解决设计问题(Mann,2007)。调查表明 SIM 通常以 TRIZ 为核心,与 QFD、FMEA、TOC、FTA 和六西格玛等集成应用(Spreafico,2016)。根据工具特点和使用目的差别,可以从产品开发、产品实现、使用和维护三个阶段详述工具集成过程。

在产品开发阶段,QFD 与 TRIZ 集成较多,能够将环境问题(Sakao,2007)、安全问题(Yeh,2011)、服务设计等特殊需求参数转变为设计诉求并加以解决(Melemez,2013;Frizziero,2014)。此外在本阶段较常见的还有 TRIZ 和 VOC、Kano、Kansei 等工具集成,可用于解决复杂技术需求问题,从而改善产品的市场竞争力(Vinodh,2014;Hartono,2015;Yang,2019)。这一阶段与 TRIZ 集成的工具大多具有较强的问题分析、机会识别能力,其目的在于充分考虑初始产品的技术需求,提高开发能力(Solomani,2004;Ionica,2014)。

在产品实现阶段,TRIZ 常与公理化设计(axiomatic design,缩写为 AD)集成用于设计复杂产品,或解决参数耦合问题等(Kim,2000;Ogot,2011;俞斌,2019;Wu,2020)。与约束理论 TOC 结合用于改善供应链和设计中的瓶颈问题,加快产品设计和实现速度(Stratton,2003;Li,2006;Nahavandi,2011)。TRIZ 还可以与 CBR(案例式推理)集成以自主解决技术问题,提高设计效率(Robles,2009;Cheng,2012;Lee,2020),与 DFMA(面向装配和制造的设计)集成以提升装配制造和维护效率(James,2018);与 AHP(层次分析法)集成用于方案评价和筛选(Wei,2006;Vinodh,2014)。

在产品使用和维护阶段,TRIZ、FMEA(失效模式及后果分析)、FIT(故障树分析)、AFP(潜在失效预测)等工具集成可用于分析产品故障、寻找系统中的薄弱点并加以预防(Thurnes,2015;Sutrisno,2015);与六西格玛集成用于改善产品质量问题(Wang,2016;Kumar,2014)。

三、以 TRIZ 理论为基础的计算机辅助创新(CAI)

以 TRIZ 为基础的 CAI,结合了计算机技术、现代设计方法学,用于改善工程设计人员的创造力(牛占文,2000)。研究表明 CAI 可以显著提高创新活动的效率(efficiency)、有效性(effectiveness)、与客户交流的能力(competence),并增进创造力(creativity)(Stefan,2009)。Leon(2009)认为在 CAI1.0 阶段,计算机可以针对创新问题为工程师提供参考方案从而提升创新效率,这种方式目前已经被广泛采用(Albers,2009;张建辉,2016)。CAI2.0 的最显著特征是运用 Web2.0 技术实现了开放式创新(Flores,2015),能够让更多工程师参与创新并管理群体智慧(collective intelligence),从而显著改善创造力和创新效率(René, 2015;Negny,2017;Flores,2017)。

CAI 应用软件是实现计算机辅助创新的载体,能够直接将知识转变为形式化的、有组织的、可搜索的、可共享的形式(陈林,2013;姚威,2018)。1989 年,第一款 TRIZ 应用软件"Invention Machine"诞生,在此基础上又开发出了"TechOptimizer"和"Goldfire Innovator"(HIS,2019)。此外,还有美国 Ideation International 公司的 Innovation Work Bench(IWB)、美国 IWINT 公司的 Pro/ Innovator,比利时 CREAX 公司的 CREAX Innovation Suite 以及乌克兰 TriSolver GmbH & Co. KG 公司的 TriSolver 等(姚威,2019)。我国自主开发的 CAI 软件有河北工业大学 TRIZ 研究中心研发的 Invention Tool 软件,浙江大学姚威团队开发的"创新咖啡厅"云平台等。

四、系统化创新方法应用领域的拓展

经典 TRIZ 诞生于机械、化工等重工业盛行,强调生产效率和产品性能的 20 世纪中叶。在经历了信息革命后,新领域、新需求、新环境的大量出现拓展了系统化创新方法的应用领域。具体来看:第一,向新兴技术领域拓展,如电路设计(王尚宁,2016)、农业工具设计(曹卫彬,2018)、医疗器械开发(Mahesh, 2019)、软件设计(Usharani,2019)、算法优化(Mohammed,2020)等;第二,向以前不被重视或不清楚 SIM 能否发挥作用的新需求拓展,如用于评价系统的进化潜力(Mann,2003;徐泽浩,2019)、选择高价值的专利(Park,2013)、提高安全性(Frizziero,2014)、改善生态效益(Abdul,2017;Carvalho,2018)、改善技术课程教学效果(闫妮,2018)等;第三,向非技术领域拓展,如服务运营管理(Zhang, 2003)、医疗管理和卫生政策(吴振悦,2012)、创新管理(Roman,2014)、商业模式创新(Souchkov,2017)、技术创新与商业模式创新的协同(林海涛,2019),公益创新与公共治理创新(姚威等,2020)等。

如果说新产业崛起"拉动"了应用领域的拓展,那么传统产业转型压力增大和市场份额缩小则起到了"推动"作用,最终使 SIM 通过工具改进、体系调整、理论创新等方式成功拓展应用领域。如,为满足社会对技术开发的要求,2003 版矛盾矩阵中新增 8 个与社会效益相关的技术参数(Mann,2005);针对复杂技术设计问题,开发了能够解决跨学科、多冲突问题的 OTSM-TRIZ;开发管理创新方法(张东生,2005;张东生,2020;姚威,2020)、软件创新方法(Mann,2008)等。实际上,Darrell Mann(2008)曾预测 SIM 将会被应用于如图 4.2 所示的四个有重叠的创新领域,分别为:管理领域(business domain)、技术(物理)领域[technical(physical)domain]、科学(数学)领域[science(mathematical)domain]、软件领域(software domain)。

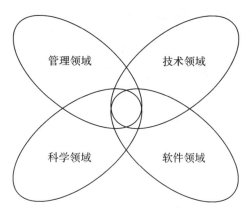

图 4.2　系统化创新方法的应用领域

4.1.3　系统化创新方法的实践效果研究进展

由于以 TRIZ 为代表的工具都是从专利等人类经验中抽象而来,其诞生未经过科学同行评议,其应用过程难以重复,应用结果往往因人而异,常常会出现"合法性危机"(Jiang,2011;Ilevbare I,2013)。而 SIM 的理论研究始终难以回避,也无法回答其"合法性"的问题。研究者尝试从应用效果上予以回答,证明系统化创新方法在实践上的"合法性",打消因人而异带来的"神秘色彩"(Moehrle,2005;Chechurin,2016)。全面客观地评价 SIM 的应用效果也有助于进一步促进其推广和应用(刘萍,2015)。本节将逐一从适用性、知识产权效果、经济社会效益、改善创造力效果四个方面综合分析 SIM 应用效果的研究进展。

一、系统化创新方法的适用性研究

与尝试将 SIM 应用在新领域不同,适用性是指 SIM 适用的领域范围能够持续、稳定、有效地解决某一领域的问题。由于以往研究只能展示 SIM 在单个案例上的适用性,缺乏说服力,因而大规模调查是考察适用性的最佳手段。问卷调查是最直接的手段,Moehrle(2005)最早开展适用性调查,TRIZ 通过 45 个应用案例发现 TRIZ 可用于机械制造、电气工程、纺织等多个行业。欧洲 TRIZ 协会(European TRIZ Association)对 39 个国家的 319 名 TRIZ 使用者的调查表明,TRIZ 可用于汽车、电信和电气装备、电子、通用机械工程、计算机软件和 IT 等领域(Cavallucci,2009)。

由于使用者的 SIM 掌握情况差距较大,也难以获得足够多的高质量样本,因此有研究者通过文献分析来研究适用性。Zlotin(2005)分析了 TRIZ 在非技术领域的应用,发现其常被用于创新教育、生物医药、安全、科学问题、社会和商业等领域。Spreafico(2016)对 *TRIZ Journal* 上 200 余篇文献的分析表明,TRIZ 可用于能源与电气、家用电器、通用机械、汽车、电子等常见工业领域。除上述提及的常见领域外,Chechurin(2016)分析了 102 篇高被引论文,发现 TRIZ 还可用于生物、复杂设计问题、商业创新、可持续性、人类工效学、决策、信息处理、知识管理等领域。通过上述研究可以发现 SIM 能够满足传统行业和新兴产业的发展需求,具有良好的适用性。不足之处在于,囿于数据来源和样本量所限,研究结论还不足以让人完全信服。

二、系统化创新方法改善创造力的效果研究

SIM 的应用效果不仅体现在解决技术难题,还要能稳定地改善创造力,达到"授人以渔"的效果。当前,对 SIM 改善创造力的研究可分为三类。

第一,研究改善个体解决技术难题的效果,如研究者认为 TRIZ 可以提高技术方案的新颖性和多样性(Hernandez,2012)、提升使用者发现技术问题的能力(Harlim,2015)、改善个体的创新产出绩效(李晓燕,2018)。

第二,研究个体学习 SIM 后的心理作用,如有研究认为学习 SIM 可以提高解题时的自信程度、改善自我效能感(How,2016;Harlim,2015),帮助使用者代入真实工程环境(Ogot,2006)和设计感知(Shields,2007),让使用者更具备冒险意识(Dewett & Gruys,2007)。

第三,为了避免个案存在偶然性,有研究者从群体或组织的角度研究了 SIM 对创造力的整体影响效果。Ogot(2006)对 448 人进行了实验研究,结果表明实验组(接受 TRIZ 培训)平均每组能产生 35 个方案(8.94 个可行),而控制

组仅为 16.3 个独特方案(4.42 个可行);Belski(2011)对 42 个学生、Birdi(2012)对 140 余名学生的创造力训练,Birdi(2012)在工业界的研究等都获得了类似结果。

三、系统化创新方法的知识产权效果研究

SIM 能够帮助企业改善知识产权情况,具体表现在以下三个方面。

第一,SIM 能够显著提高企业知识产权产出效益。中国创新方法研究会 2019 年对全国 1435 家省级示范试点企业的调查结果显示,每一项专利申请和发明专利申请分别需要投入研发经费 8.64 万元和 19.87 万元(王海燕,2019)。而 2018 年全国企业平均每一项专利申请、发明专利申请分别需要投入研发经费 152.91 万元和 380.37 万元(国家统计局,2019)[①]。如表 4.2 所示,全国企业平均每申请一项专利和一项发明专利的研发经费投入是创新方法示范试点企业的 6.42 倍和 8.55 倍。由此可见,知识产权产出相同的情况下,SIM 能够显著节省研发经费投入。

表 4.2 创新方法示范试点企业和一般企业专利申请的投入比较

类型	全国企业平均值(万元)	创新方法示范试点企业(万元)	(全国平均/试点企业)经费投入比
每申请一项专利的经费投入	55.5	8.64	6.42
每申请一项发明专利的经费投入	169.9	19.87	8.55

第二,提供系统化的知识产权解决方案,从而改善企业的知识产权竞争力。我国企业的专利保有量低,专利竞争技巧和策略不足,在知识产权竞争中常常处于劣势。导入 SIM 可以通过专利规避等方法有效且合法地提升知识产权竞争力(李辉,2019),避免专利侵权并打破技术围堵(鲁玉军,2020)。

第三,运用 SIM 可以提升知识产权分析和应用能力,如挖掘高价值专利(Hyunseok,2013)、分析技术发展方向(Li,2015)、提高专利信息服务能力(袁晓嘉,2015)、加强专利分类精度和检索效率(胡学钢,2018)。

四、系统化创新方法的经济社会效益研究

创造力和知识产权并不必然意味着产生价值,因此,有研究者尝试通过分析应用 SIM 的经济社会效益来证明其效果。中国创新方法研究会的统计显示截

---

① 国家统计局、科学技术部、财政部.2018 年全国科技经费投入公报[R].北京:科学技术文献出版社,2019:15-17.

至 2017 年 10 月,1435 家省级示范试点企业在导入创新方法后,帮助企业降低 41.6% 的单位能耗、避免 30% 的设备差错、减少 30% 的实物验证、缩短 20% 以上的研制周期,同时累计产生直接经济效益 164.05 亿元(王海燕,2019)。一些单案例的应用也说明 TRIZ 具有改善创新生态(Mansoor,2017)、促进区域实现创新发展(兰海燕,2016)、降低污染(Spreafico,2016)、促进区域和谐发展(董振域,2019)、提供科技决策参考(蒋艳萍,2019)、制定产业发展政策(朱煜明,2020)等效益。

4.1.4 系统化创新方法研究面临的问题

经历了 20 世纪 90 年代的大规模推广,研究者们发现近年来系统化创新方法在全球的传播趋于平缓,人们对 TRIZ 的兴趣和关注度有所下降,在产业中的实际应用范围拓展并不明显(Chechurin,2016;Abramov,2019)。究其根源,是当前 SIM 的体系庞杂、机理研究匮乏和推广模式不够完善所致。

一、体系庞杂,学习和使用困难

SIM 的庞杂体系直接导致其学习和使用较为困难,阻碍了传播过程。其体系庞杂主要体现在三个方面。第一,理论流派繁多。由于不同流派的理论体系有差异,又缺乏统一规范,给人以"良莠不齐"之感(Moehrle,2005;彭慧娟,2013)。第二,部分理论体系内部没有统一思想、逻辑不够严谨,导致使用过程中"千人千面",解题结果难以重复(Ilevbare,2013;陈敏慧,2015)。第三,目前大部分 SIM 体系都存在工具数量多、应用流程复杂的问题,导致学习时间久、应用效率低(Ezickson,2005),对学习者素质要求较高(皮成功,2011),需要十分充足的训练才能完全掌握(杨春燕,2012)。

为了解决上述问题,一方面,大量国内外专家尝试提高 SIM 体系的综合性和结构化程度,推动理论创新(Souchkov,2015;周贤永,2009)。另一方面,针对国外成熟的 SIM 体系在国内"水土不服"的情况,我国学者尝试结合自身需要进行了二次开发,实现了理论的本土化(王海燕,2015;姚威,2019)。

二、SIM 改善创新效果的机理研究匮乏

Moehrle(2005)等试图通过调查来回应对 SIM 效果的质疑。但由于缺乏 SIM 改善创新效果的机理研究(以下简称"机理研究"),导致 SIM 效果效益调查有"隔靴搔痒"之感,并不能彻底打消质疑和回应分歧。

SIM 的机理研究是指用因果关系来推断、分析、解释 SIM 如何影响工程师个体创造力和组织创新能力(韩旭,2020)。机理研究能够从根本上为 SIM 的有效性提供理论支撑。戴志敏（2010）尝试用行为学分析框架分析 SIM 的应用模式和发展方向。王珊珊（2012）从产业联盟角度解释 SIM 加快创新速度的缘由。有学者尝试引入 C-K 理论解释 SIM 提升创造力的机理，如姚威等（2018）将 SIM 提供的问题解决流程视为 C-K 理论中四个算子的有序排列，比较了不同理论方法的优缺点，并指出了理想化创新方法的基本特征。Dubois（2019）比较了 C-K 理论和 TRIZ 的差异，指出 C-K 理论的四个算子给出了一种分析设计过程完整性的方法，有助于改进 TRIZ 的应用效果。韩旭（2020）从 C-K 理论角度剖析工程问题解决过程，指出 SIM 包含的工程问题图示化表达、工程经验总结、跨领域知识、系统化流程四个要素是改善工程师创造力的关键。总体来看，当前的机理研究还比较匮乏，导致其应用效果缺乏理论支撑和说服力。

三、推广模式待完善，推广效率需提升

经过十二年全国性创新方法推广工作后，各省份虽然建立了各自的创新方法推广应用体系，但在推广模式和推广效率上仍有不足。从推广模式来看：第一，推广理念重视普及传播而忽略了基础研究和理论"本土化"（段情情，2012）；第二，推广策略强调解决实际技术问题，而不重视管理模式创新，导致推广成效不够显著、积极性不高（徐淑琴，2015；刘峻，2015）；第三，执行过程以项目为推广依托，轻视平台建设和人才培养，导致推广模式缺乏可持续性（蒋瑶希，2018），同时还存在服务模式的同质化严重、缺少个性化和不够精细的问题（门玉英，2019）。

从推广效率来看，也有较大的改善空间。首先是学习周期过长，且投入成本高（潘慧，2017），导致企业推广负担过重。其次，对 SIM 的效果研究不够透彻，导致了大量意义不大的探索，浪费了企业宝贵的培训资源（林艳，2009）。同时，理论研究和本土化还有不足，"舶来品"既不能适应中国的产业特点，也不利于国内学习者理解和掌握（徐淑琴，2015）。实际执行中，部分地方政府缺乏统一规划、推广平台体系不完善、有效性不足也会制约推广效率（郭龙龙，2012）。如何将有限的创新方法推广应用资源集中在更关键和需求更旺盛的环节，提高推广应用效率，是当前亟待解决的一大问题。

4.1.5　研究结论与展望

基于对 SIM 研究的回顾和整理，得出如下结论：（1）全球范围内的大规模传播和应用极大推动了 SIM 的发展，为提高实践中的可理解性、使用效果、便捷性、受众范围，研究者围绕理论体系改善、工具集成、计算机辅助创新、应用领域拓展四个方面开展了 SIM 研究；（2）应用效果是 SIM 研究无法回避的重要问题,效果研究既可以说明 SIM 的"合法性",也有助于推广 SIM,并扩大其应用范围,当前的研究表明 TRIZ 的适用范围广,能够有效改善创造力,并具有良好的经济、知识和社会效果效益;(3)未来 SIM 发展,急需重点回应三个理论和实践需求:一是开发高效、简洁且容易学习的方法体系;二是通过挖掘创新方法的机理,进一步提升创新效果;三是完善推广模式、提高推广效率,使创新方法的影响力和传播范围更进一步。

机理研究的意义重大,相关证据和现象的发现能够帮助研究者基于循证实践的原则改进 SIM 方法,从而掀起工具体系和理论本身的"革命"。通过文献梳理的相关结论,本节认为未来的 SIM 研究将围绕机理研究和循证改进、多方法融合模式的优化、"AI 工程师"的设计与开发三个方向展开。

一、基于机理研究的系统化创新方法改进

Scott(2011)指出认知过程(收敛性思维、发散性思维等)、培训方式(一对一、一对多)、媒介运用(实物、视频或教材等)以及练习类型(非真实/真实工程问题、问题的深度、难度等)等都会影响 SIM 的培训效果,进而对后续应用效果产生影响。可见,对 SIM 的机理研究应当区分培训效果和应用效果,前者是指让人更容易学习、理解以及接受,而后者则强调方法的实战效果。当前对 SIM 应用效果的机理研究还十分有限,研究主题上以培训方式、媒介运用等培训学习效果为主,研究方法上也未能借鉴和应用已有创造力研究的前沿成果。

未来对 SIM 机理研究可以从以下三个视角出发:第一,基于 C-K 或其他理论,剖析 SIM 改善个体、组织创造力的机理,同时针对性优化或改良 SIM 工具体系和应用流程;第二,认知和情感过程是解读个体创造力形成原因的重要突破口(Daniel,2019),从认知和情感过程视角分析 SIM 的学习和应用如何在短期内影响创造力;第三,依托神经科学和脑科学,尝试从大脑结构、大脑皮层唤醒水平和神经效能的角度探讨创造力提升机理(罗良,2010),分析 SIM 应用效果的生理基础。

二、多种创新方法及其工具融合模式的优化

由于单个 SIM 工具应用范围有限,与其他方法集成可以扩大解决复杂问题时的适用范围并增强有效性(邵云飞,2019)。但多方法集成时,各方法的流程互不相关,不同方法仍旧在独立解决问题,导致解决复杂问题时的效率不高。多方法融合应使不同方法存在流程包含关系,前一环节创新方法应用的输出可直接作为后一环节创新方法应用的输入,使得方法应用的科学性和系统性大大加强(江平宇,2019)。

综上，未来的多方法融合将围绕以下方向进行(Mann,2007;Sheu,2011)：第一是"模式优化"，即对融合过程中单个方法和工具进行流程和策略上的优化，提高应用效率；第二是"全链条化"，即围绕创新链的需要进行融合，覆盖机会识别、问题选择、方案产生、项目执行、应用探索等常见环节(周元,2015)；第三是"价值最大化"，即以创新链的价值最大化来整合工具，强调整体效果而非个别参数和性能。

三、基于 SIM 的"AI 工程师"的开发和设计

随着人工智能(Artificial Intelligence,缩写为 AI)技术的蓬勃兴起，人们尝试让计算机综合运用规则(包括专家经验)进行推理，模拟专家系统进行问题分析、故障诊断并提供解决思路(时圣革,2006;胡艺耀,2018)。尤其是案例式推理(Case Based Reasoning,缩写为 CBR)的出现和 SIM 的发展，为 AI 应用于解决技术难题提供了可能性。CBR 能通过模拟人类经验和知识累积以强化学习过程(Aamodt,1994;郭艳红,2004)，从而帮助 AI 系统在新的约束条件下解题。正如 Rousselot(2015)所说"CBR 让工程师在某领域寻找解决方案，TRIZ 则让工程师走出问题所在领域寻找解决方案"。即 SIM 能够进一步加强计算机分析、匹配和优化技术问题的能力，还可扩大 CBR 的问题解决范围(Robles,2009;Yang,2011)。

随着配套技术的发展，"AI 工程师"的开发和设计越来越成为可能。图 4.3 展示了"AI 工程师"的基本原理和关键流程：首先，由 CBR 系统自动判定技术问题，根据工程参数、矛盾、进化趋势等信息精确匹配特征案例；其次，SIM 可自动用于新案例解题和规则修正，从而为类似难题提供更多解决方案；最后，AI 自动增加案例数量并优化数据库内容，进一步提高解题效率。

SIM 是一种被广泛应用的可以在源头上提升创新能力的理论和方法。本节系统梳理了 SIM 近年来的理论和实践效果研究进展，指出了当前 SIM 研究存在体系庞杂、学习和使用效率低，机理研究匮乏、效果评估缺乏理论支撑，推广模式待完善、推广效率不高等问题。根据当前理论研究进展和实践需要，本节认为未来的研究将围绕机理研究和循证改进、多方法融合模式的优化、"AI 工程师"的设计与开发三个方向展开。囿于作者知识面和方法所限，对 SIM 理论发展的进一步研究可以扩大数据量，引入科学计量学等大数据方法，提高分析的准确性和全面性。

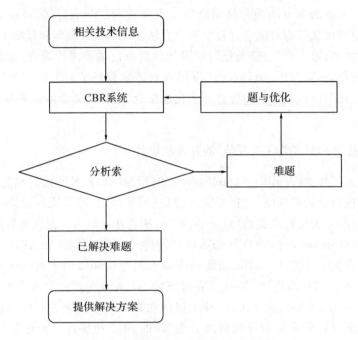

图 4.3 "智能工程师"运行流程简图

4.2 创新方法应用效果的定量分析
——以浙江省二级创新工程师数据为例①

作为一种被广泛运用于技术创新活动的系统化创新方法,TRIZ 被认为能够改善个人创造能力并提高企业创新实力,并因此在一些科技宣传和媒体报道中被誉为创新"点金术"(Chaoxiang et al.,2019)。但正如"点金术"本身的拥趸和质疑者并存一样,TRIZ 在实践中也是毁誉参半,有人质疑 TRIZ 是否能够产生宣传中提及的那样的巨大帮助。

如前所述,导致争议的原因是多方面的:首先,TRIZ 的开发过程未经同行评议,不符合科学理论诞生的一般程序,存在天然的"合法性危机"(Chechurin,2016);其次,运用 TRIZ 解决技术问题的过程难以重复,解题结果往往因人而异(Spreafico et al.,2016);最后,实际应用过程中出现的其他问题也增加了质疑,

---

① 本节改编自姚威、储昭卫、胡顺顺. TRIZ 真的是创新"点金术"吗——对浙江省 TRIZ 应用效果的分析[J]. 科技进步与对策,2022,39(4):10-19.

如学习 TRIZ 理论困难(Campbell,2019)、推广人员夸大 TRIZ 使用效果、使用者误用 TRIZ 工具(Chechurin & Borgianni,2016)、导入和应用 TRIZ 工具体系的效率低下(Ilevbare et al.,2013),以及使用 TRIZ 存在产业情景差异等(彭慧娟等,2013)。回应这些争议能够扩大 TRIZ 理论的传播范围,更重要的是,有助于工程师认识 TRIZ 的使用规律,从而提升技术创新成果等级,创造更大的社会经济效益。基于此,本节通过对 TRIZ 的应用进行定量分析,试图厘清 TRIZ 应用特点和效果效益,为工程师和企业运用 TRIZ 开展技术创新提供启示和借鉴。

4.2.1　文献综述

一、TRIZ 的适用性研究

当前对 TRIZ 适用性的研究主要包括使用行业和应用目的两方面。行业适用性的研究以 Moehrle 等学者为代表,研究的主要结论总结如表 4.3 所示,从中可知 TRIZ 具有广泛的行业适用性,其适用行业覆盖了几乎全部制造业领域以及生物、管理等非制造业领域。

表 4.3　TRIZ 的行业适用性

研究者	主要结论
Spreafico (2016)	可用于能源和电气、家用电器、通用机械,较少用于生物医学、化学、纺织业等行业
Chechurin (2016)	TRIZ 的应用领域从最初的解决技术问题逐渐拓展到解决生物问题、管理等非技术问题
Moehrle (2005)	TRIZ 的应用不存在行业差别,适用于所有行业
Zlotin (2000)	可用于创造性教育、生物学、医药等技术领域,用于解决科学问题、安全问题、社会和商业问题以及其他非技术领域的问题
Cavallucci (2009)	可用于汽车、通信和电气装备、电子工业,较少用于培训和商业、纺织业、化学等行业

以 Ilevbare 等为代表的学者还研究了 TRIZ 的目的适用性,其结果如表 4.4 所示。这些研究表明 TRIZ 能够帮助工程师实现解决技术问题、产品开发设计、技术预测、计算机辅助创新等多种目的,并不局限于解决特定类型技术难题或其他单一用途。

表 4.4　TRIZ 的目的适用性

研究者	主要结论
Spreafico（2016）	可用于提高公司产品质量、改善污染、研发新产品等目的
Ilevbare（2013）	可用于解决技术问题、进行产品或技术创新、技术战略预见等目的
Chechurin（2016）	可用于生物或仿生学、计算机辅助创新（CAI）、提高创造力等目的

二、TRIZ 的应用效果与效益研究

当前对 TRIZ 效果的研究主要集中于 TRIZ 工具的使用情况，包括使用频次和工具有效性等方面。对 TRIZ 工具使用频次的研究结果如表 4.5 所示，可以发现不同 TRIZ 工具之间在使用频次上有较大差异，学者基本认可矛盾是最常用的 TRIZ 工具，但他们并未就工具使用频次以及导致使用频次差异的原因达成一致。

表 4.5　不同 TRIZ 工具使用频次

研究者	主要结论
Spreafico（2016）	使用最多的 TRIZ 工具是矛盾、发明原理，最少的是九屏幕法、效应和资源
Ilevbare（2013）	使用最多的是 40 条发明原理、理想度和 IFR，最少的是"聪明小人法"、ARIZ（Algorithm for Inventive-Problem Solving）
Moehrle（2005）	使用最多的 TRIZ 工具是矛盾思维（contradiction thinking）
Cavallucci（2009）	使用最多的 TRIZ 工具是矛盾，最少的是"小人法"

对 TRIZ 效益的研究主要关注概念解决方案的产出情况，以及 TRIZ 的应用效果评价。相关研究结果如表 4.6 所示，可以发现，这些研究大多从经验出发对 TRIZ 的效果效益进行评价，其研究结论呈现了明显的"两极分化"。

表 4.6　关于 TRIZ 使用有效性的评价

研究者	主要结论
Spreafico (2016)	TRIZ 的应用能提升企业的知识产权表现,但比较依赖个人才华(personal talent),不能帮助使用者提供系统性方案(systematic practices)
Chechurin (2016)	TRIZ 的应用能够提升创造力,但现有 TRIZ 的科学文献"无一例外地夸大了 TRIZ 的价值"
Ilevbare (2013)	一方面,部分使用者认为能够有效帮助使用者解决技术问题,并提升新概念方案的数量以及产生速度,推动创新过程;另一方面,有人认为 TRIZ 是"神秘理论(arcane methodology)",工具运用过程武断且依赖直觉,学习和使用过程耗时耗力,总体来看效果很差等
Hernandez (2008)	TRIZ 的应用能够增加技术问题解决方案的多样性(variety)和新颖性(novelty),但会减少方案的数量(quantity)
Rutitsky (2010)	必须要选择合适的 TRIZ 工具,否则是白费力气(waste of effort)

三、研究述评

总体来看,现有研究对 TRIZ 的适用性和效果效益进行了广泛研究,增进了人们对 TRIZ 的认识,但由于研究样本和设计的局限,还不足以回答"点金术"之问。这些研究总体上存在以下三点缺憾。第一,不同研究的结论差异较大。以应用行业研究为例,Moehrle(2005)认为 TRIZ 不存在行业适用性的问题;而 Chechurin(2016)强调了 TRIZ 在信息处理和仿生学/生物工程学中的作用;Cavallucci(2009)认为最常用于汽车行业;Spreafico(2016)认为最常用于能源行业;Zlotin 等(2000)认为几乎可以适用任何领域。除矛盾工具以外,对 TRIZ 工具的使用频次、使用目的和有效性分歧也较多。第二,对 TRIZ 工具的效果研究有待深入。现有研究主要进行了描述性统计,无法说明工具的特点和对创新方案的贡献度,也无法给出定量的对比和评价。第三,忽视了 TRIZ 应用效益的评价,且评价维度和视角较为单一。

综上所述,针对 TRIZ 在理论和实践中面临的质疑,本节从以下三个方面展开研究:(1)通过分析 TRIZ 的应用行业和应用目的来考察 TRIZ 的适用性;(2)通过分析不同 TRIZ 工具的使用频次、产生方案的新颖性差异、概念方案采纳情况来探究 TRIZ 工具的效果;(3)通过综合效益视角来探究应用 TRIZ 方法的效益,并探索方法对最终效益的贡献情况。

　　根据研究目的,主要从以下两个方面确保研究质量。第一,选取高质量的样本。首先要提高研究的样本数量,以往研究如 Moehrle 和 Ilevbare 的研究样本数只有 40 个左右,不足以获得规律性结论;其次是要克服抽样误差,现有研究的取样存在两种"幸存者偏差":一是研究样本来自公开发表的期刊论文和网络文献,都是经过同行评议的成功案例;二是网络公开案例大都来自咨询和推广企业,带有一定的宣传目的(Moehrle,2005)。第二,采用定量统计分析方法,对 TRIZ 工具的效果效益进行分解。除采用描述性统计外,还将采用多元线性回归和 Logit 回归等方法建立工具与效果效益之间的模型,对 TRIZ 的效果效益贡献进行分析。

4.2.2　研究设计

一、研究样本

　　真实有效的数据是确保研究信度的关键,因此必须规范抽样过程,对 TRIZ 应用的真实情况进行统计。由于 TRIZ 体系和应用无法完全标准化,正式的研发活动也难以完全记录在册,所以最理想的样本来源必须由研究者进入产业实践中独立获得(Moehrle,2005)。本书的样本来自科技部创新方法工作专项试点企业或个人在创新方法学习过程中解决的真实工程技术问题,样本由浙江省科技厅以结题报告的形式组织收集,所有样本中的难题均通过了中国创新方法研究会的认证考核,认为其达到了国家创新工程师二级的标准,从而保证了样本来源的真实性、收集过程的权威性、样本质量的可靠性。最终共收集了 216 个案例,其中有效案例 148 个。

二、调查内容

　　调查内容主要包括以下三类数据。第一,TRIZ 适用性数据,如行业与领域适用性、应用目的。第二,TRIZ 工具应用数据和概念方案情况,具体见表 4.7:包括 12 项 TRIZ 工具的使用次数,概念方案总数(含重复)和概念方案总数(去重复)。第三,TRIZ应用的综合效益数据,主要包括经济效益、知识产权效益和社会效益。

　　获取上述调查内容的方法如下。第一,客观统计。即分别由两位有 TRIZ 使用经验的研究者对样本报告进行统计,并对统计结果逐一核对。在统计中,每应用某 TRIZ 工具产生一个概念解则记使用次数为 1,以后逐次增加,全部样本中总计使用次数小于 3 次的工具均被归类为"其他"。第二,专家打分。经济效益、知识产权和社会效益具有行业差异和保密要求,由省科技厅主管部门组织专家打分得出,无需进行专门处理。

三、描述性统计

本书中关于工具使用和概念方案产生情况的描述性统计数据如表 4.7 所示。平均每项课题产生概念方案 17.18 个(含重复),去除重复概念方案后为 15.68 个概念方案,每项课题最终会采纳 3.02 个概念方案,并获得 2.1 项授权专利,同时申请专利或形成技术秘诀 1.24 个。在具体工具上,使用次数的平均值介于 0.03～4.55,使用次数的标准差介于 0.245～2.117,最少使用 0 次,最多使用 19 次。平均使用次数最多的工具是技术矛盾 4.55 次,远高于其他工具;其次分别是系统裁减(2.05 次)、进化法则(1.99 次)、物场模型(1.95 次),都接近 2 次左右;之后是知识库和资源分析,分别是 1.54 和 1.25 次,均大于 1 次;最后是小于 1 次的创新思维等五种工具。

表 4.7 调查数据的描述性统计

工具名/数据类别	次数平均值	次数标准差	次数最小值	次数最大值
技术矛盾	4.55	2.177	1	19
系统裁剪	2.05	1.953	0	14
进化法则	1.99	1.309	0	10
物—场模型	1.95	1.352	0	7
物理矛盾	1.9	1.035	0	6
知识库	1.54	1.273	0	8
资源分析	1.25	1.334	0	8
创新思维	0.76	1.536	0	9
九屏幕法	0.54	1.523	0	13
IFR	0.49	0.714	0	4
因果分析	0.24	0.999	0	6
其他(头脑风暴等)	0.03	0.245	0	2
概念方案数(含重复)	17.18	7.511	7	69
概念方案数(去重复)	15.68	4.625	7	40

4.2.3 结果与分析

一、TRIZ 的适用性

(1)TRIZ 的行业适用性

研究 TRIZ 的行业适用性,可以帮助不同行业的使用者判断 TRIZ 是否适用于本行业,也可以回应对 TRIZ 情景差异的质疑。本书样本大部分接受科技部创新方法专项资金支持,该专项是普惠性而非营利性的,面向浙江省内所有具有研发活动的企业,不分行业领域。同时,浙江省经济发达、产业链完整、产业覆盖面较广,能够保证样本选择满足随机抽样条件。本书的行业分类主要依据联合国颁布的《所有经济活动国际标准行业分类》(联合国,2021),首先确定所属"门类"(大类),再确定二级"类"(子类)。具体统计结果如表 4.8 所示,应用较多的主要有以下四个行业。第一是机械行业,主要用于机械设计制造技术改进,占比 17%;在 Cavallucci(2021)和 Spreafico(2016)的研究中应用于通用机械的比例分别排第三和第四。第二是冶金工艺的改善、冶金设备的设计与改进,占比 15%;Cavallucci(2021)将其归类为"钢铁制造(steel making)",占比约 5%。第三是仪器仪表行业,占比 11%。第四是纺织业,占比 10%;在 Cavallucci(2021)的调查中约 3%应用于纺织业。

即便忽略统计分类的差异,本调查结果仍然与 Spreafico(2016)和 Cavallucci(2021)的研究结论有一定的差异。在本次调查中,TRIZ 被广泛用于解决机械、冶金、仪器仪表等至少 15 个领域的技术问题。相较于之前的调查结果,本研究发现 TRIZ 还可用于计算机与通信工程、光学设备和仪器、医疗器械、建筑、农业和水利工程等新兴领域和非制造业领域,而不仅仅只适用于传统制造业领域。

表 4.8 TRIZ 的应用行业分布

应用行业	使用频次	占比
机械	26	17.57%
冶金	22	14.87%
仪器仪表	16	10.81%
纺织业	15	10.14%
能源与电气工程	13	8.78%
汽车	12	8.11%

续表

应用行业	使用频次	占比
光学设备与仪器	12	8.11%
环保	7	4.73%
计算机与通信工程	6	4.04%
自动化	4	2.70%
医疗器械	3	2.03%
建筑	3	2.03%
农业与水利工程	3	2.03%
化工	2	1.35%
其他	4	2.70%

(2)TRIZ 的目的适用性

调查 TRIZ 的用途,可以明确 TRIZ 所适用的问题类型,能够更好地帮助企业制定使用策略,做到"有的放矢"。统计过程主要根据 Ilevbare(2013)、Spreafico(2016)和 Chechurin(2016)的分类结果,并把相似的用途进行合并,记录每个用途的数量,最终统计结果如表 4.9 所示。本研究中提高生产率占比最高,达到了 31.08%,在 Spreafico(2016)的研究中,用于提高生产率的比例约为13.82%,低于改善质量和污染等目的。占比第二高的是改善质量,约为21.62%,而在 Spreafico(2016)的研究中,改善质量的比例高达 33.55%,远多于其他用途。在改善安全性和降低成本方面,本书中的结果和 Spreafico(2016)的研究结果排名基本一致。本书中改善污染占比 6.08%,而在 Spreafico(2016)研究中改善污染占比达到了 16.45%,仅次于改善质量,Chechurin(2016)也曾指出改善污染和进行可持续设计(sustainable design)已经逐渐成为 TRIZ 的重要应用目的。

表 4.9 使用 TRIZ 的目的

使用目的	目的含义	频次	占比
提高生产率	改善制约生产率的流程、工艺和设备等问题	46	31.08%
改善质量	改善设备或产品的质量	32	21.62%
提高可靠性	提高对象的无故障工作时间,使其不易被损坏	30	20.27%

续表

使用目的	目的含义	频次	占比
改善寿命	改善对象在发挥其功能时的耐久性	11	7.43%
改善安全性	改善设备对外部的其他设备、人员、环境的有害因素	10	6.76%
降低成本	改善设备运行、产品使用和维护中的总成本	10	6.76%
降低污染	改善设备运行、产品使用和维护中的能源消耗、污染物排放等	9	6.08%

二、TRIZ 工具的效果

（1）TRIZ 工具的使用频次

TRIZ 各工具特点差异较大，通过比较使用频次可以分析不同工具使用的便捷性以及激发创意的效果。TRIZ 工具的使用频次如表 4.10 所示，使用最多的工具为以下三个。

第一，技术矛盾。运用矛盾矩阵构建问题模型，并利用 40 条发明原理来寻找解决技术问题的解答方案，共使用 673 次，平均每个课题使用 4.55 次，使用次数在所有工具中占比 26.31%。上述调查结果与 Moehrle（2005）、Cavallucci（2009）、Spreafico（2016）以及 Ilevbare（2013）的研究结论高度一致，都认为技术矛盾和发明原理是最常用的工具。实际上，技术矛盾和发明原理作为 TRIZ 中最早被推广的工具，使用也相对容易，因而在实践中最常被使用（Chechurin，2016）。

第二，系统裁减。通过构建系统功能模型并对系统进行裁剪，以达到改善系统性能的目的，共使用了 303 次，平均每个技术难题使用 2.05 次，使用次数在所有工具中占比 11.85%。在 Ilevbare（2013）和 Spreafico（2016）的研究中功能分析和系统裁剪被合并统计，Ilevbare（2013）统计显示功能分析与系统裁剪在 11 项工具中使用频次排行第三，而 Spreafico（2016）统计显示功能分析和系统裁剪仅被使用 16 次，远低于矛盾（79 次）和发明原理（57 次）。

第三，进化法则。利用进化法则对技术系统的发展趋势进行预测，从而改进系统或用于开发新产品、专利布局等，共使用了 294 次，平均每个技术难题使用 1.97 次，使用次数占比 11.49%。

表 4.10 不同 TRIZ 工具的总使用频次和比例

工具	总使用频次	平均使用频次	使用频次占比(%)
技术矛盾	673	4.55	26.31
系统裁减	303	2.05	11.85
进化法则	294	1.97	11.49
物—场模型	289	1.95	11.30
物理矛盾	281	1.90	10.98
知识库	227	1.53	8.87
资源分析	185	1.25	7.23
创新思维	113	0.76	4.42
九屏幕法	80	0.54	3.13
IFR	73	0.49	2.85
因果分析	35	0.24	1.37
其他	5	0.03	0.20

(2)TRIZ 工具对方案的贡献度

在本书中,不同工具产生的方案数和最终不重复方案的数量符合多元线性回归关系。因此通过多元线性回归方法,可以获得不同 TRIZ 工具产生方案数对最终方案的贡献程度。多元线性回归模型以统计数据中 12 项 TRIZ 工具的使用频次为自变量,对应关系为因果分析(x_1)、资源分析(x_2)、九屏幕法(x_3)、IFR(x_4)、技术矛盾(x_5)、物理矛盾(x_7)、系统裁剪(x_7)、物—场模型(x_8)、知识库(x_9)、进化法则(x_{10})、创新思维(小人法、金鱼法、STC)(x_{11})、其他(包括ARIZ、头脑风暴等)(x_{12}),最终不重复概念解的总数为因变量 y_2,则因变量和自变量之间满足多元线性回归方程:

$$y_2 = c_1 x_1 + c_2 x_2 + \cdots + c_{12} x_{12} + c_{13}(其中\ c_1, \cdots, c_{13}\ 是常数)$$

在运行该模型之前首先需要进行多重共线性检验,根据表 4.11 的统计结果,平均每项技术难题共产生 17.18 个概念解方案,其中 15.68 个不重复概念解方案,重复率约为 8.7%,即全部概念方案中有 8.7% 是由两项(含)以上 TRIZ工具分别得出的实质等同方案。考虑通过消除多元线性回归方程的多重共线性衡量不同工具对产生独特方案的贡献程度,当"进化法则(x_4)""九屏幕法(x_{11})"和"其他工具(x_{12})"三个变量被剔除后,回归系数达到显著性水平,且容差和VIF(膨胀因子)均已符合要求,表明消除了多重共线性(范柏乃,2014)。

综合上述分析结果,可以得出如下结论:第一,进化法则、九屏幕法和其他工具对最终概念方案的贡献较差,其作用容易被其他工具取代;第二,技术矛盾、创新思维、物理矛盾和资源分析四项工具的贡献较高(标准化回归系数均大于0.3),表明这几项工具产生的概念方案不容易与其他工具方案雷同;第三,进化法则、九屏幕法和其他三项工具的出解总数仅占总方案数的14.82%,比例较小,故可认为大部分TRIZ工具具有较好的激发创意的功能。

表 4.11　逐步回归结果系数表

模型	未标准化系数		标准化系数	t	显著性	共线性统计	
	B	标准错误	Beta			容差	VIF
(常量)	4.187	0.646		6.485	0.000		
因果分析	0.709	0.204	0.154	3.483	0.001	0.829	1.206
资源分析	1.049	0.155	0.305	6.774	0.000	0.803	1.245
IFR	0.753	0.291	0.117	2.591	0.011	0.798	1.253
技术矛盾	0.828	0.088	0.389	9.382	0.000	0.946	1.057
物理矛盾	1.408	0.192	0.317	7.344	0.000	0.876	1.142
系统裁减	0.414	0.139	0.176	2.968	0.004	0.464	2.155
物—场模型	0.634	0.159	0.186	3.994	0.000	0.747	1.339
知识库	0.296	0.154	0.082	1.914	0.058	0.893	1.119
创新思维	0.966	0.160	0.323	6.042	0.000	0.570	1.754

注:限于篇幅,仅展示模型4。

(3)TRIZ 工具的备选方案比

在问题分析和创意产生阶段,工程师会产生大量有可能用于解决该技术问题的潜在方案,称之为"概念方案"。在问题解决阶段,工程师需要从概念方案中挑选若干个有价值的概念方案用于构建最终的问题解决方案,这些被挑选出来的概念方案称为"采纳措施"。通过分析全部概念方案最终被采纳的情况,可以大致判断出该工具的解题效率。假设课题中使用某 TRIZ 工具产生的概念方案总数为 M,该工具"采纳措施"总数记为 N,M/N 即为该项工具的"备选方案比",其含义为"平均每产生一个被最终采纳的措施,某工具需产生 M/N 个备选概念方案"。因此备选方案比越小(接近1)说明该工具的解决问题效率越高,越大则效率越低。如表 4.12 所示,最终实际概念方案的采用情况即总体"备选方案比"为平均每5.68 个概念方案中有一个被采纳。从具体数据来看,TRIZ 工具的备选方案比差异较大,技术矛盾与发明原理等出解数量较高的工具备选方案比也较高。具体工具的概念方案采纳情况有以下规律:

第一,技术矛盾是备选方案比最小即解题效率最高的工具,平均每3.98个概念方案中有一个被采纳;

第二,创新思维、九屏幕法和IFR等工具解题效率比较低(备选方案比较高),分别需要产生56.6个、40个和24.33个概念方案才能有一个方案被采纳;

第三,因果分析、物理矛盾、资源分析和系统裁剪、进化法则、物场、知识库的备选方案比均在4~7,对最终采纳措施的贡献度在平均水平上下波动;

第四,其他工具(头脑风暴和无法归类工具)产生的方案较少且均未被采用。

表 4.12　TRIZ 工具的备选方案比

TRIZ 工具	采纳数	概念方案数	备选方案比
技术矛盾	169	673	3.98
因果分析	8	35	4.38
资源分析	35	185	5.29
物理矛盾	52	281	5.4
系统裁剪	53	303	5.72
进化法则	47	294	6
知识库	35	227	6.49
物—场模型	42	289	6.88
IFR	3	73	24.33
九屏幕法	2	80	40
创新思维	2	113	56.5
全部工具	448	2558	5.68

注:表中未出现的工具为所产生的全部方案无被采纳的工具。

三、不同 TRIZ 工具的综合效益研究

通过分析 TRIZ 的适用性和 TRIZ 工具的效果,已经初步了解不同工具在解决问题中的效率差异。但解决方案并不意味着能产生显著的社会经济效益,且单独对 TRIZ 效果进行分析也缺乏必要的评判标准,因此引入综合效益评价指标以全面考察 TRIZ 方法的综合效益。

(1)评价方法与指标体系

有大量学者对技术创新项目的价值进行了研究,根据陈劲(2006)、OECD 的 *Oslo Manual*(2018)、姚威(2021)等研究成果,本节筛选了经济效益、知识效益和社会效益三个维度共9个指标来反映 TRIZ 的综合效益(姚威等,2020),指标解

释如表 4.13 所示。由于不同项目存在行业和技术领域差异,无法直接进行比较,因此考虑引入等级评价方法。根据经典 TRIZ 衡量技术发明和创新等级的标准,并基于采用 TRIZ 工具后该项目的实际营收和影响力,可以将 TRIZ 对该项指标的价值分为 1~5 共五个等级。在项目验收期间,由至少三位答辩专家对每个项目的 9 个指标进行评级,最终为该指标确定一个唯一的等级分。等级的评定标准如下:"1=帮助很小,仅为合理化建议,效能很小""2=帮助较小,能够进行适度新型革新但效果较小""3=帮助一般,但可以获得发明专利且提升效能""4=帮助很大,获得综合型重要专利并极大地提升效能""5=帮助非常大,获得新发现并实现重大突破"。以"生产率提升率"指标为例,等级 1~5 分别表示运用 TRIZ 后:"产生了一些合理建议,但生产率提升不明显""对系统进行了部分革新,生产率得到了小幅提升""生产率获得了一定的提升,并获得此方面的专利授权或技术秘诀""生产率提升明显,并获得了多个重要专利授权或技术秘诀""颠覆了原有技术,生产率成倍提升,效果极为明显"。

表 4.13　运用 TRIZ 的综合效益评价指标

类型	指标名称	指标解释	指标来源
经济效益	生产率提升率	提高了产品制造和使用的便捷性,改善了生产率	OECD(2018) 姚威(2021)
	成本降低率	降低了产品设计、使用和维护的总成本	
	性能提升率	提高了产品的主要性能指标	
知识效益	专利授权	获得授权的发明专利数量	陈劲(2006)
	技术秘诀	所获得的技术秘诀、生产工艺和配方等	
社会效益	资源利用率提升	减少浪费或提高了资源的总体利用率	陈劲(2006) OECD(2018)
	负面影响降低率	降低了环境的破坏,对人和财产的安全威胁等负面影响	
	社会发展效益	能够提高就业、改善福利等有助于社会发展的效益	
	生活质量效益	照顾使用者的特殊需求,改善民众生活质量	

(2)建立有序 Logit 回归方程

基于上述评价指标可以获得对每个项目的综合效益评价,再通过解释变量"TRIZ 工具"和被解释变量"综合效益评价"之间建立的方程,可以了解 TRIZ 工具产生的综合效益特征。由于被解释变量"综合效益评价"是离散有序数值,适合采用多元 Logit 模型进行计量分析。第 i 个项目最终评级的基本函数表达式为:

$$Y_i = \alpha^* X_i + \varepsilon$$

其中 X_i 为解释变量，$X_i = (X_1, X_2, \cdots, X_{12})$，$\alpha_1, \cdots, \alpha_{12}$ 为回归系数，$\alpha_i^* = (\alpha_1, \alpha_2, \cdots, \alpha_{12})$。其中项目评级 Y_i 的分类满足：

$$Y_i = \begin{cases} 0, & \text{若 } y_i \leqslant r_0 \\ 1, & \text{若 } r_0 < y_i \leqslant r_1 \\ 2, & \text{若 } r_1 < y_i \leqslant r_2 \\ 3, & \text{若 } r_2 < y_i \leqslant r_3 \\ 4, & \text{若 } r_3 < y_i \leqslant r_4 \\ 5, & \text{若 } r_4 \leqslant y_i \end{cases}$$

其中 $r_0 < r_1 < r_2 < r_3 < r_4$ 为临界值，称为切点(cutoff points)，y_i 为 Y_i 背后的不可观测的连续变量，称为潜在变量。

（3）计算结果

根据 Logit 模型，运用 STATA15.0 进行运算后得出如表 4.14 所示的结果。通过计算结果可以发现，不同工具对相应效益指标的影响存在明显差别。首先，资源分析、IFR、物理矛盾、系统裁剪、进化法则对提升生产率影响显著，但其中资源分析和进化法则的显著系数为负；资源分析和九屏幕法对改善成本影响显著，两者的显著系数均为负；资源分析、IFR、技术矛盾和其他工具对改善产品性能方面影响显著，其中技术矛盾和其他工具的显著系数为负。其次，在知识效益方面，知识库、创新思维对产生专利影响显著，知识库、资源分析、物—场分析则对产生技术秘诀影响显著，其中资源分析的显著系数为负。最后，在社会效益方面，系统裁剪对资源利用率提升影响显著，因果分析对改善污染影响显著，且两者的显著系数均为负；IFR、技术矛盾对改善社会发展影响显著，其中技术矛盾的显著系数为负；资源分析、物理矛盾对改善生活质量影响显著。

表 4.14　多元有序 Logit 回归模型分析结果

变量	经济效益			知识效益		社会效益			
	生产率提升率	成本降低率	性能提升率	专利授权	技术秘诀	资源利用率提升	负面影响降低率	社会发展效益	生活质量效益
因果分析	0.537	0.037	−0.183	0.096	0.552	0.138	−0.917*	0.003	−0.893
	(0.260)	(0.935)	(0.747)	(0.852)	(0.276)	(0.793)	(0.065)	(0.995)	(0.118)
资源分析	−0.960***	−0.714**	0.802***	−0.527	−0.602*	0.078	0.327	−0.646	0.805**
	(0.003)	(0.029)	(0.031)	(0.147)	(0.071)	(0.821)	(0.329)	(0.155)	(0.021)
九屏幕法	−0.638	−1.283**	−0.064	−0.662	−0.524	−0.632	−0.476	0.445	−0.866
	(0.218)	(0.048)	(0.906)	(0.284)	(0.354)	(0.233)	(0.408)	(0.429)	(0.132)

续表

变量	经济效益			知识效益			社会效益		
	生产率提升率	成本降低率	性能提升率	专利授权	技术秘诀	资源利用率提升	负面影响降低率	社会发展效益	生活质量效益
IFR	1.521*	−1.756	2.425***	0.587	0.568	0.034	−0.958	1.958**	−0.685
	(0.066)	(0.148)	(0.005)	(0.509)	(0.498)	(0.973)	(0.281)	(0.034)	(0.468)
技术矛盾	0.392	0.102	−0.621*	−0.341	−0.463	0.222	0.245	−0.678*	−0.372
	(0.236)	(0.758)	(0.067)	(0.332)	(0.157)	(0.500)	(0.477)	(0.068)	(0.277)
物理矛盾	0.705*	0.042	0.196	0.226	0.153	0.433	−0.131	0.280	0.630*
	(0.058)	(0.908)	(0.615)	(0.578)	(0.698)	(0.243)	(0.719)	(0.507)	(0.089)
系统裁剪	−0.608	0.029	−0.119	0.515	−0.198	−0.726**	−0.348	−0.086	0.568
	(0.066)	(0.931)	(0.749)	(0.162)	(0.550)	(0.039)	(0.332)	(0.821)	(0.110)
物一场模型	0.040	−0.404	0.367	0.281	0.598*	0.292	−0.487	0.499	0.078
	(0.908)	(0.238)	(0.296)	(0.436)	(0.089)	(0.396)	(0.151)	(0.176)	(0.824)
知识库	0.077	−0.096	−0.083	1.067***	1.106**	−0.042	0.190	0.163	−0.177
	(0.820)	(0.786)	(0.818)	(0.004)	(0.003)	(0.908)	(0.624)	(0.660)	(0.608)
进化法则	−0.641*	−0.122	0.012	−0.564928	−0.103	−0.381	−0.282	−0.290	−0.533
	(0.053)	(0.704)	(0.969)	(0.110)	(0.761)	(0.243)	(0.388)	(0.427)	(0.117)
创新思维	0.221	0.549	−0.341	1.060965**	0.460	0.103	0.572	0.2088486	−0.265
	(0.610)	(0.254)	(0.471)	(0.035)	(0.309)	(0.828)	(0.234)	(0.662)	(0.560)
其他	2.795	2.038	−3.284*	0.537	1.197	−2.148	−0.899	−19.854	−2.258
	(0.242)	(0.278)	(0.067)	(0.790)	(0.558)	(0.405)	(0.725)	(0.991)	(0.185)
R^2	0.0451	0.0515	0.0482	0.1103	0.0618	0.0342	0.0495	0.1053	0.0419

注：*** 代表显著性水平 <0.01，** 代表显著性水平 <0.05，* 代表显著性水平 <0.1，括号外的数值为该变量的估计系数，括号内的数值为该系数下的 p 值。

4.2.4 结论与建议

一、结果与讨论

(1)TRIZ 的适用性

实证结果表明 TRIZ 具有非常广泛的行业适用性，如有不少用于解决冶金、仪器仪表和化工方面技术问题的案例，并不局限于特定的行业。这可能与中国完善的产业体系和更丰富的样本有关。调查结果的差异也印证了 Moehrle (2005)提出的理想的调查数据必须从实践中获得的观点。调查结果还表明 TRIZ 同样具有广泛的目的适用性,并不局限于特定用途。Spreafico(2016)和 Ilevbare(2013)等的研究表明 TRIZ 主要用于提升生产率、改善主要性能指标、改善质量、降低污染和开发新产品。本书还发现 TRIZ 有改善产品寿命、提高可靠性等上述研究中未曾涉及的新用途。

(2)TRIZ 工具的效果

首先,TRIZ 工具的使用频次差异较大。技术矛盾和 40 条发明原理、系统裁剪、进化法则、物理矛盾、物—场模型几项工具的使用频次较高,每个技术难题中平均使用约 2 次。技术矛盾和 40 条发明原理平均每项课题使用 4.54 次,远高于排名第二的系统裁剪的 2.04 次,成为使用频次最高的工具。其次,对最终方案的贡献程度上,除进化法则、九屏幕法和其他工具外,大部分常用 TRIZ 工具都可以产生不易被替代的方案。最后,从概念方案被采纳情况来看,技术矛盾、因果分析、资源分析、物理矛盾几项 TRIZ 工具的备选方案比都小于 5.68,即至多产生 5.68 个概念方案就会有形成一个最终解决方案。技术矛盾和 40 条发明原理的备选方案比(3.98)最小,因此技术矛盾确实是经典 TRIZ 工具中"使用最多且最好用的工具"(Chechurin,2016)。

(3)TRIZ 方法的综合效益

Logit 回归分析结果表明,TRIZ 工具的综合效益呈现出明显差别。在经济效益方面,IFR、物理矛盾和系统裁剪能够提高生产率,体现了消除系统矛盾和精简系统能够朝理想化方向进化的价值。运用资源分析和九屏幕法不利于降低成本,表明引入新资源和增加新功能会提升产品成本。资源分析和 IFR 能够改善产品性能,技术矛盾和其他工具则不会显著改善性能,可能是由于使用者在技术系统出现矛盾和技术问题时,并非总是选择"性能优先"的方案。

在知识效益方面,知识库对专利和技术诀窍产生都具有促进作用,STC 有助于产生新专利,而物—场分析则有助于产生技术秘诀,这说明 TRIZ 工具确实有助于激发产生创造性、新颖性和实用性的技术方案。但资源分析的应用反而不利于产生技术秘诀,可能是基于资源分析获得的技术方案最终被转化成专利,但还需要进一步研究。

在社会效益方面,IFR 有助于改善社会发展效益,说明产品向理想化方向的进化符合社会发展的需要。资源分析、物理矛盾有助于改善生活质量,说明引入新资源、解决系统中存在的矛盾问题能够改善生活质量。系统裁剪未提高资源利用率,因果分析无法降低负面影响,技术矛盾未能提升社会效益,有研究者认为这是由于 TRIZ 工具如 39 个工程参数和 40 条发明原理,主要关注技术维度而忽视社会效益等非技术效益所致(Darrell,2021)。

4.3 技术创新综合效益视角下 TRIZ 的效果研究[①]

TRIZ 是俄文"发明问题解决理论"的罗马首字母缩写,是当下最实用的一种创新方法。自 2008 年科技部推出创新方法专项以来,TRIZ 被广泛应用于研发活动、产品设计、专利方案、工程管理等领域,获得了"创新点金术"的美名(姚威、韩旭,2019)。在长期推广和应用的过程中,TRIZ 工具逐渐增多,应用策略趋于复杂,各种变体更是层出不穷(Valeri,2015)。随着 TRIZ 的大量应用,产业界对 TRIZ 的应用效果产生了两个困惑:第一,在众多 TRIZ 工具中,是否所有工具都有相同效果并采取相同的应用策略(IlevbareI et al.,2013)? 第二,以往研究已证实了 TRIZ 具有改善个人创造力的效果(Chang,2016),但是否意味着 TRIZ 也能改善社会经济效益(Jafari & Zarghami,2017)? 上述问题显然影响了人们对 TRIZ 的认识和使用,不利于具体应用和推广政策的制定。因此当下迫切需要研究 TRIZ 效果来"祛魅",获得更清晰、更理性的认识(Chechurin,2016):首先,对科技主管部门而言,急需总结过去 10 余年创新方法推广工作得失,为后续政策优化指明方向;其次,对研究者而言,急需基于实际应用效果对 TRIZ 进行理论与工具创新;最后,对于企业等应用者而言,急需掌握提高 TRIZ 工具应用效率的秘诀以改善创新效益。鉴于此,本节将重点关注 TRIZ 的工具效果以及 TRIZ 方法的综合效益两个问题,借助技术创新方法、综合效益评估方法,通过大规模问卷调查和回归分析等方法探索 TRIZ 的效果。

4.3.1 文献回顾

一、TRIZ 方法的效果研究

Chechurin(2016)曾指出由于 TRIZ 的诞生和早期发展主要依靠阿奇舒勒及其门徒,并未经过文献发表、同行评议等科学理论诞生的基本流程,导致 TRIZ 界长期"弥漫着神秘气息"。因此,对 TRIZ 方法和工具效果的规范研究无疑是当前消除"神秘"的好办法,可以让 TRIZ 获得实践上的"合法性"。根据 TRIZ 推广应用的基本情况,可将 TRIZ 的传播和应用总结为如图 4.4 所示的培

---

① 本节改编自姚威、储昭卫、梁洪力.技术创新综合效益视角下TRIZ的效果研究[J].工业技术经济,2020(10):81-89.

训、解题、应用三个过程。对 TRIZ 效果的研究实际上分别与三个过程对应：培训效果研究、工具效果研究、综合效益研究。

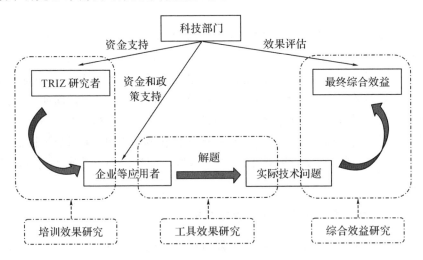

图 4.4　TRIZ 效果研究地图

首先是培训效果研究。由于过往 10 年的主要任务是创新方法推广和普及，因此国内对 TRIZ 培训效果的研究最充分，着重探讨了创新方法推广模式、效果、影响因素等，其目的是寻找高效培训和推广的方式方法，如对 TRIZ 在中国传播普及现状的研究（常爱华等，2010）、创新方法培训效果评估（赵文燕等，2015）、梳理影响培训效果的因素（朱霄燕等，2015）和培训模式的研究（Ge 和 Shi，2019）。

其次是工具效果研究。主要探讨了 TRIZ 工具和方法解决技术问题的效果，其目的是改善企业研发能力和工程师创造力。主要关注三类主题：一是解决技术难题的效果研究，如有研究认为 TRIZ 可以提高技术方案的新颖性和多样性（Noe，2012），提升使用者发现技术问题的能力（Harlim & Belski，2015），改善创新产出绩效等（李晓燕，2018）；二是对使用者个体创造力的效果，如 Birdi 等（2012）研究发现 TRIZ 能够改善创造力，稳定地提升使用者解决技术问题的能力；三是对解题者的心理效果，如提高使用者解决问题和产生创意时的自信水平（How & Sheng，2016）、改善自我效能感（Harlim & Belski，2015），帮助使用者代入真实工程环境（Ogot & Okudan，2006）和设计感知（Elvin，2007）。

最后是综合效益研究。主要探讨了 TRIZ 应用的技术效果外溢，分析应用 TRIZ 能否产生更长远、更广泛的经济社会效益，总结 TRIZ 推广的得与失。如，有研究者设计了指标体系用于评价 TRIZ 对创新产出和知识产权的影响（谢文强,2016),一些单案例的应用也说明 TRIZ 具有改善创新生态(Mansoor,2017)、促进区域实现创新发展(兰海燕,2016)、降低污染(Spreafico & Russo,2016)等经济社会效益。

总体来看,上述研究未能完全回应本节中的研究问题。首先,从研究视角来看,当前主要研究了培训效果和工具效果,只能证明掌握 TRIZ 和应用 TRIZ 解题的情况而无法说明应用 TRIZ 能否产生综合效益;其次,从研究主题来看,当前对综合效益的研究更加关注特定工具的效益,缺乏工具间的横向比较;最后,从研究方法来看,以经验研究和案例研究为主,缺乏基于大样本的具有统计意义的实证数据。由于综合效益和工具效果具有较长的滞后性,应用于不同的行业时差异很大,客观上难以直接测评,故本节采取了问卷调查方法来探讨 TRIZ 的效果。

二、技术创新综合效益评价指标体系构建

技术创新的综合效益是指在技术创新活动中的直接或间接效益的总和,综合效益的评价以具体项目为对象,关注技术创新过程中的客观产出(邓华、曾国屏,2011)。首先,技术创新的综合效益是多元的,但首要目的是获得经济效益,如,获得垄断性利润、保持市场份额、降低成本、改善产品性能等(张忠凯,2000),提升资源利用率、改善产品质量和生产率等方式也能创造经济效益(Siegel & Phan,2009)。其次,技术创新活动还应当关注社会效益。技术创新活动对社会发展具有重要影响,技术创新活动常见的社会效益还包括促进个人发展、改善生活质量、促进社会福利、改善资源利用率等(程都等,2019)。除了经济效益和社会效益外,技术创新还具有知识效益。知识效益通常包括获得发明专利、实用新型专利,形成技术秘诀以及促进技术积累等价值(杨列勋,2002;陈劲、陈钰芬,2006;吴丹等,2010)。最后,由于技术创新活动潜在的负面效果,还应当全面审视技术创新活动(陈文化、朱灝,2004),在效益评估时综合考虑创新活动的正面和负面影响(孙岩,2012)。OECD 的 *Oslo Manual*(2018)是当前比较完善的综合效益评价体系,该体系综合考虑了产品生产和交付、商业组织过程、经济社会和环境影响等多个方面。

综上所述,本节根据评价需要从上述研究成果中遴选了经济、社会、知识产权、污染、安全等多个指标,结合 Spreafico(2016)等学者对 TRIZ 效果的研究,综合构建了应用 TRIZ 的技术创新综合效益评价指标体系,并根据具体指标编制了问卷题项。如表 4.15 所示,本指标体系能够综合衡量 TRIZ 的效果效益,尤其是引入了安全、生活质量、环保、技术积累等容易被忽视的效益。相比于早期对 TRIZ 效果的研究局限于成本、专利等单一维度,基于综合效益从多维度衡量

TRIZ 效果,能够有效拓展认知。

表 4.15　应用 TRIZ 的技术创新综合效益评价指标

效益指标	指标解释/问卷题项	指标来源
直接经济收益	TRIZ 应用带来的直接财务收益的增加值	张忠凯(2000)、OECD(2018)
潜在经济收益	TRIZ 应用提升了后续应用和转化的财务收益潜力	吴丹(2010)、孙岩(2012)、OECD(2018)
提升市场需求	TRIZ 的应用提升了产品需求量和市场份额	张忠凯(2000)、陈文化(2004)、OECD(2018)
提升生产率	TRIZ 的应用改善了产品制造和使用的便捷性,提升了生产率	陈文化(2004)、Siegel(2009)
降低成本	TRIZ 的应用降低了产品设计、使用和维护的总成本	张忠凯(2000)、Siegel(2009)
提升产品性能	TRIZ 的应用提高了产品的主要性能指标	Tewksbury(1980)、Siegel(2009)、吴丹(2010)
缩短开发周期	TRIZ 的应用缩短了产品开发周期,包括产品设计、制造和上市的时间	OECD(2018)
提升技术成熟度	TRIZ 改善了技术成熟度,包括降低产品故障率、提高可靠性等	陈文化(2004)、吴丹(2010)
技术累积效益	TRIZ 的应用推动了相关技术的发展	Tewksbury(1980)、陈劲(2006)、吴丹(2010)
社会福利效益	TRIZ 的应用提高了就业率、改善了社会福利	Tewksbury(1980)、陈文化(2004)
生活质量效益	TRIZ 的应用能够改善顾客的幸福感和生活质量	陈文化(2004)、吴丹(2010)、OECD(2018)
提高资源利用率	TRIZ 的应用减少了浪费,提高了总的资源利用率	Tewksbury(1980)、刘大海(2019)、OECD(2018)
发明专利授权	TRIZ 的应用提高了发明专利数量授权	刘大海(2019)、陈劲(2006)、吴丹(2010)

续表

效益指标	指标解释/问卷题项	指标来源
实用新型专利授权	TRIZ 的应用提高了实用新型专利数量授权	程都(2019)、刘大海(2019)、陈劲(2006)
技术秘诀	TRIZ 的应用提高了技术秘诀数量	程都(2019)、陈劲(2006)
降低生态负面影响	TRIZ 应用降低了对生态环境的污染、破坏等负面影响	刘大海(2019)、陈文化(2004)、孙岩(2012)、OECD(2018)
降低安全风险	TRIZ 的应用降低了产品生产、运输和使用过程中的安全风险,包括对环境和人的潜在威胁	孙岩(2012)、OECD(2018)

4.3.2 研究设计

一、问卷设计与调查实施

本次调查的目的是了解 TRIZ 工具的应用效果,以及 TRIZ 对综合效益的影响。问卷内容包含以下两个部分。第一部分是对 TRIZ 工具效果的评价。根据中国创新方法研究会制定的国家二级和三级创新工程师认证要求和相关文献①,共整理出 16 项常见 TRIZ 工具,要求被调查者依次对这 16 项工具的效果直接进行主观评价。第二部分是综合效益评价。综合效益评价的具体指标来源于表 4.15,要求被调查者依次对应用 TRIZ 后的综合效益进行评价。问卷采用 Likert 式 5 点量表,1～5 分别表示效果或效益"很小、较小、一般、较大、很大"。问卷为网络问卷,委托中国创新方法研究会在全国通过创新方法二级和三级认证的学员微信群中发放。由于通过二级和三级认证的学员都具备较为丰富的创新方法咨询和解题经验,因此可确保调查结果的质量。最终共回收 348 份问卷,其中有效问卷 284 份,有效回收率 81.6%。随后,运用 SPSS25.0 计算可得,调查数据整体的 Cronbach's α 系数为 0.955,说明问卷整体的可靠性较高。

本书中调查样本的描述性统计分为以下几个方面。

---

① 中国创新方法研究会为科技部下属的官方认证机构,负责全国创新方法认证标准的制定和考核工作。

（1）区域和行业分布：从样本的区域分布来看，共覆盖了国内 24 个省份和国外，其中浙江、北京、内蒙古、上海、黑龙江、福建、江苏、辽宁等地的样本均超过 8 个，国内其他省份共有 45 个样本，另有 8 名被调查者来自国外，具体分布情况如图 4.5 所示。按照中国工程院对工程技术行业的分类目录来看，被调查者的行业覆盖了机械运载、信息电子、冶金材料等多个行业，具体分布情况如图 4.6 所示。Chechurin(2016) 和 Spreafico(2016) 等权威学者的研究表明：被调查者的区域和行业分布并不是研究 TRIZ 效果的必要条件，区域分布主要用于说明 TRIZ 的推广情况，行业分布则体现了 TRIZ 现阶段适用范围。

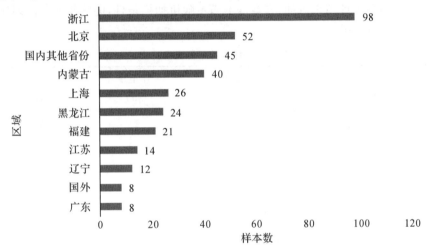

图 4.5　调查样本区域分布情况图

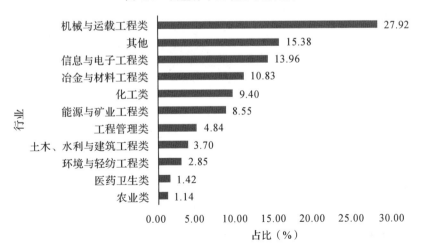

图 4.6　样本所属行业统计图

(2)组织特征:样本所属单位的组织情况如表 4.16 所示。从被调查所属单位的规模来看,1000 人以上的占据了 58.8%,501～1000 人的占据 14.79%,说明 TRIZ 的应用以大中型规模的单位为主。从被调查所属单位的性质来看,国有企业、民营企业、科研院所的占比均在 30%左右,外资或三资企业占比 2.42%。

(3)个体特征:样本的个体特征如表 4.16 所示。从性别特征来看,被调查者中男性占比 73.95%,女性占比 26.41%。从学历特征来看,本科占比 35.04%,硕士占比 41.6%,博士占比 14.81%,专科及其他占比 8.55%。从学习 TRIZ 的时间来看,19.72%少于 5 年,28.52%为 5～10 年,51.76%为 10 年以上。通过对上述描述性统计结果可知,样本基本满足随机抽样条件,能够代表全国创新方法应用的基本情况。

表 4.16　样本基本情况统计表

变量	分类	样本量	比例(%)
所属单位规模	>1000 人	167	58.80
	501～1000 人	42	14.79
	251～500 人	19	6.69
	<250 人	56	19.72
所属单位性质	国有企业	83	33.47
	民营企业	85	34.27
	科研院所	74	29.84
	外资或三资企业	6	2.42
性别	男	209	73.59
	女	75	26.41
学历	专科及其他	21	8.55
	本科	87	35.04
	硕士研究生	103	41.6
	博士研究生	37	14.81
学习 TRIZ 的时间	>10 年	147	51.76
	5～10 年	81	28.52
	<5 年	56	19.72

二、因子分析

TRIZ 方法最初只有发明原理等几项工具,新工具增加使各项工具的用途细化,工具间的互补性和依赖性增强(Valeri,2019)。由于单一工具通常无法直接实现某一技术目标,导致难以区分是哪种工具产生哪种效益。为了更好地观测 TRIZ 方法及综合效益的基本结构,采用因子分析的方法将其转换为几个综合指标。

(1)TRIZ 工具效果的因子分析

首先对题项进行 KMO 和 Bartlett 检验,得 KMO 值为 0.933,Bartlett 球形检验的显著性为 0.000,表明数据适宜做因子分析。因子分析结果如表 4.17 所示,共识别出 3 个公因子,因子负载系数介于 0.494~0.845,累计解释总体方差值达到 65.682%,因子分析的结果可以接受。根据因子分析结果中公因子所包含的工具特点,并参考 Zlotin 和 Boris(2000)对 TRIZ 工具的分类:分析工具(analytical tools),即用于定义、展开和建立问题模型的 TRIZ 工具;解题工具(knowledge-based tools),即提供系统改进方法的 TRIZ 工具;思维工具(psychological operators),即用于改善问题解决流程和开阔创意的 TRIZ 工具。最终将公因子 1、公因子 2、公因子 3 分别命名为分析工具、解题工具和思维工具。

表 4.17　TRIZ 工具应用效果因子分析结果

编号	工具	公因子 1	公因子 2	公因子 3
1	因果分析	0.755		
2	资源分析	0.774		
3	功能分析	0.776		
4	九屏幕法	0.597		
5	系统裁剪		0.559	
6	技术矛盾和 40 条发明原理		0.816	
7	物理矛盾和分离原理		0.816	
8	物—场模型和 76 个标准解		0.640	
9	知识库		0.494	
10	IFR			0.563
11	S 曲线与进化法则			0.533

续表

编号	工具	公因子		
		1	2	3
12	STC 算子			0.707
13	小人法			0.818
14	金鱼法			0.845
15	ARIZ			0.813
16	其他 TRIZ 工具			0.728

（2）TRIZ 综合效益的因子分析

首先对题项进行 KMO 和 Bartlett 检验，得 KMO 值为 0.925，Bartlett 球形检验的显著性为 0.000，表明数据适宜做因子分析。因子分析结果如表 4.18 所示，共识别出 3 个公因子，因子负载系数介于 0.558～0.893，累计解释总体方差值达到 65.878%，因子分析的结果可以接受。根据因子分析结果中公因子所包含的指标特点，参考了杨列勋（2002）将技术创新分解为知识、经济和社会三类，可以分别将公因子 1、2、3 命名为经济效益、知识效益和社会效益。

表 4.18　应用 TRIZ 的综合效益的因子分析

指标	公因子		
	1	2	3
直接经济收益	0.689		
潜在经济收益	0.663		
提升市场需求	0.776		
提升生产率	0.731		
降低成本	0.644		
提升产品性能	0.713		
缩短开发周期	0.642		
提升技术成熟度	0.558		
发明专利授权		0.870	
实用新型专利授权		0.893	
技术秘诀		0.576	
提高资源利用率			0.603

指标	公因子		
	1	2	3
降低生态负面影响			0.799
降低安全风险			0.801
技术累积效益			0.708
社会福利效益			0.668
生活质量效益			0.705

4.3.3 研究结果

一、TRIZ 工具效果的描述性统计

在问卷中,首先要求被调查者对 TRIZ 分别按照 Likert 五级量表对每一项 TRIZ 工具的效果进行评价,1 分为"效果很小"、2 分为"效果较小"、3 分为"效果一般"、4 分为"效果较大"、5 分为"效果很大"。调查结果如表 4.19 所示,调查结果中均值最高的三项工具为技术矛盾和 40 条发明原理、物理矛盾和分离原理、功能分析,分别达到了 4.15、4.11、4.09,其他各项工具得分的均值都大于 3,标准差均小于 1。

表 4.19 TRIZ 工具效果调查的平均值和标准差

变量	平均值	标准差
技术矛盾和 40 条发明原理	4.15	0.800
物理矛盾和分离原理	4.11	0.801
功能分析	4.09	0.808
因果分析	4.08	0.845
知识库	3.92	0.874
资源分析	3.85	0.770
物—场模型和 76 个标准解	3.85	0.943
系统裁剪	3.83	0.825
九屏幕法	3.78	0.843
S 曲线与进化法则	3.73	0.889

续表

变量	平均值	标准差
IFR	3.68	0.849
ARIZ	3.55	0.914
STC 算子	3.51	0.859
小人法	3.51	0.900
金鱼法	3.39	0.893
其他 TRIZ 工具	3.35	0.858

二、TRIZ 工具综合效益影响的回归分析

(1)TRIZ 对综合效益影响的回归模型

根据因子分析结果,可以进一步分析 TRIZ 的应用对技术创新综合效益的影响,以分析工具、解题工具、思维工具为自变量 x_1、x_2、x_3,以经济效益、知识效益和社会效益为因变量 y_1、y_2、y_3,建立如下多元线性回归模型:

模型 1,TRIZ 三类工具对经济效益的影响: $y_1 = \alpha_1 + \beta_{11} x_1 + \beta_{12} x_2 + \beta_{13} x_3 + \mu_1$

模型 2,TRIZ 三类工具对知识效益的影响: $y_2 = \alpha_2 + \beta_{21} x_1 + \beta_{22} x_2 + \beta_{23} x_3 + \mu_2$

模型 3,TRIZ 三类工具对社会效益的影响: $y_3 = \alpha_3 + \beta_{31} x_1 + \beta_{32} x_2 + \beta_{33} x_3 + \mu_3$

其中,y_1、y_2、y_3 分别表示应用 TRIZ 所获得的经济效益、知识效益和社会效益的因子得分;x_1、x_2、x_3 分别表示分析工具、解题工具、思维工具的因子得分;α_1、α_2、α_3 分别表示三个模型的常数项;$\beta_i = (\beta_{i1}, \beta_{i2}, \beta_{i3})$、$(i=1,2,3)$分别为三个模型的回归系数;$\mu_1$、$\mu_2$、$\mu_3$ 分别为三个模型的随机误差,均满足正态分布。

(2)回归分析结果

根据上述三个多元线性回归模型,采用 SPSS25.0 对三个多元线性回归模型分别展开计算,回归方程的方差分析表如表 4.20 所示,三项模型的 F 值均较高,且 p 值接近 0,表明三个线性回归模型中被解释变量与解释变量的线性关系是显著的,可以建立线性模型。

表 4.20　多元线性回归方程方差分析表

模型		平方和	自由度	均方	F	显著性
	回归	51.349	3	17.116	20.689	0.000b
1	残差	231.651	280	0.827		
	总计	283.000	283			
	回归	31.695	3	10.565	11.771	0.000b
2	残差	251.305	280	0.898		
	总计	283.000	283			
	回归	60.253	3	20.084	25.246	0.000b
3	残差	222.747	280	0.796		
	总计	283.000	283			

经计算,得到回归系数的显著性检验表如表 4.21 所示。在模型 1 中,TRIZ 的分析工具、解题工具和思维工具的回归系数分别为 $0.138(p<0.05)$,0.280 $(p<0.01)$,$0.290(p<0.01)$,结果显示三种分析工具的运用均能够显著提升技术创新项目的经济效益。

在模型 2 中,TRIZ 的分析工具、解题工具和思维工具的回归系数分别为 0.049(不显著),$0.315(p<0.01)$,$0.100(p<0.05)$,结果显示 TRIZ 分析工具的运用对改善知识效益没有显著影响,而解题工具和思维工具的运用均能够显著改善技术创新项目的知识效益。

在模型 3 中,TRIZ 的分析工具、解题工具和思维工具的回归系数分别为 $0.335(p<0.01)$,$0.259(p<0.01)$,$0.183(p<0.01)$,结果显示 TRIZ 分析工具、解题工具、思维工具的运用均能显著地提升技术项目的社会效益。

表 4.21　回归系数的显著性检验表

模型		标准化系数 Beta	t	显著性	共线性检验	
					VIF	膨胀因子
	(常量)		0.000	1.000		
1	分析工具	0.138	2.552	0.011**	1.000	1.000
	解题工具	0.280	5.177	0.000***	1.000	1.000
	思维工具	0.290	5.362	0.000***	1.000	1.000

续表

模型		标准化系数	t	显著性	共线性检验	
		Beta			VIF	膨胀因子
2	（常量）		0.000	1.000		
	分析工具	0.049	0.878	0.381	1.000	1.000
	解题工具	0.315	5.601	0.000***	1.000	1.000
	思维工具	0.100	1.780	0.076*	1.000	1.000
3	（常量）		0.000	1.000		
	分析工具	0.335	6.324	0.000***	1.000	1.000
	解题工具	0.259	4.882	0.000***	1.000	1.000
	思维工具	0.183	3.450	0.001***	1.000	1.000

注：***，**，*分别表示在1%、5%、10%的水平上显著。

（3）线性回归的三大问题检验

为保证得到真实的计算结果，还需对线性回归的三大问题进行检验：第一，如图4.7所示，三个模型的 VIF 值均为1，表明方程无多重共线性问题；第二，从图4.7残差的正态 P-P 图可知三个模型的残差服从正态分布，表明样本来自正态总体，不存在异方差问题；第三，通过 Durbin-Watson 检验获得三个模型的 D 值分别为2.105、1.877、2.334，接近于2，表明线性回归方程无自相关问题。上述检验和诊断结果表明，模型的建立和计算过程是合理的。

4.3.4 结果与讨论

一、讨论

（1）TRIZ 工具的效果

根据描述性统计的结果可知，首先，从工具总体效果来看，大部分 TRIZ 工具的效果评价得分在3.6以上，说明使用者认为 TRIZ 工具能够对技术创新起正向促进作用。但不同工具的效果评价差异较大，如有4项工具在4分以上，7项工具在3.6~4分，5项工具在3.6分以下。

其次，根据工具间的横向对比，可以发现技术矛盾和40条发明原理、物理矛盾和分离原理、功能分析和因果分析四项工具效果评价最好。这一结果与 Cavallucci(2019)对 TRIZ 工具使用频率、知名度的调查结果保持一致，从而进一步印证了 Moehrle(2005)提出的猜想：TRIZ 工具的知名度、被使用频次和实

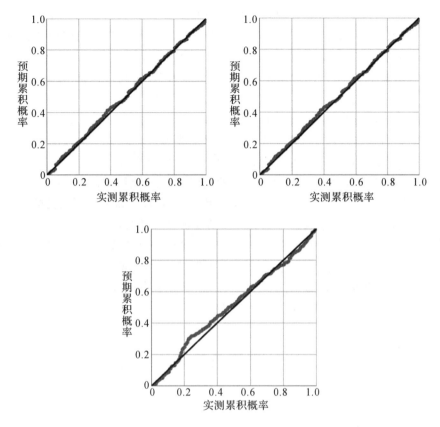

图 4.7　模型 1、模型 2、模型 3 残差的正态 P-P 图

际效果之间具有高耦合性。如技术矛盾和 40 条发明原理在早期开发出的
TRIZ 工具中应用最广泛、知名度最高,效果也优于其他工具。

最后,工具间的横向对比还表明几项思维工具的效果评价较差,如金鱼法、
ARIZ、STC 算子、小人法和其他工具。实际上,这一调查结果与 Ilevbare(2013)
的分析基本一致,他曾指出 TRIZ 的创新思维型工具存在不够直观、无法激发直
觉思维、过程武断等不足,导致实际效果较差。

(2)应用 TRIZ 方法的综合效益

根据回归分析结果,可以发现应用 TRIZ 的综合效益比较显著。此外,三类
TRIZ 工具的经济效益都很显著。思维工具和解题工具的回归系数分别为 0.29
和 0.28,要高于分析工具的 0.138。有研究认为成本和经济问题通常比较明显,
导致突破心理障碍和克服思维固着并解决技术问题成为产生经济效益的关键
(韩旭,2020)。

在知识效益方面,TRIZ 解题工具的回归系数为 0.315,说明它是 TRIZ 促进技术知识产生的关键。思维工具则起到一定的辅助作用,帮助使用者破除思维的"固着效应"。分析工具的知识效益不显著,推测原因如下:第一,经典 TRIZ 的因果分析工具存在"用相关性取代因果性"以及"已知因果偏差"两个弊端,容易导致"错误归因"(姚威等,2019);第二,九屏幕法、资源分析无法向知识空间拓展,导致分析结果局限于已知资源和时间上,对分析问题的帮助有限(姚威、韩旭,2018)。以基于 TRIZ 的专利规避实践为例,知识库、系统裁剪等解题工具被频繁用于突破机械、化工等行业的专利壁垒,思维工具作为补充也产生了一些新专利,但在此过程中对分析工具的使用却十分谨慎(檀润华,2020)。

在社会效益方面,分析工具的回归系数为 0.335,要高于解题工具的 0.259 和思维工具的 0.183,说明产生社会效益的前提是将社会诉求转换为技术需求,其次才是技术实现。在实际应用过程中为了强化分析环节,常常将 VOC(顾客之声)、QFD(质量功能展开)等分析工具与 TRIZ 集成,如使用突出环境参数的 EC-QFD(环境意识的质量功能展开)和 TRIZ 集成用于可持续型设计 (sustainable design)(Vinodh et al.,2014)。

4.4 创新方法应用效果评价结论及讨论

一、研究结论

综合以上文献综述和两轮相互补充的定量研究,可以得出以下结论。

(1)应当对 TRIZ 的适用性持开放态度,不宜将其局限在特定领域或目的上。以往研究如 Cavallucci(2021)、Spreafico(2016)和 Ilevbare(2013)主要从美国、日本和欧洲等发达国家和地区选取样本,较少关注处于产业升级期、技术创新需求旺盛的发展中国家和地区,另外一些学者则更多从科学论文中取样,导致研究结论存在明显不一致。就 TRIZ 的目的适用性而言,当前我国 TRIZ 推广更关注"二次创新",以提高生产率、性能和可靠性为目标。随着我国工程创新和制造需求的增加,工程师势必会更多关注 TRIZ 在降低成本、改善污染和开发新产品等方面的应用,也会逐渐向环境保护、电子信息和通信等新产业上拓展。

(2)TRIZ 的工具效果差异较大,无论从浙江省的实际项目还是全国样本来看,虽然使用者对 TRIZ 工具效果的评价均以正面为主,但不同工具效果差异较大,技术矛盾和 40 条发明原理是所有工具中使用最普遍且效果最好的。此外,两个定量分析的结果都验证了物理矛盾和分离原理、功能分析、因果分析等工具的效果评价相对较高,STC算子、小人法、金鱼法、ARIZ和其他几项思维工具的效果评价相对较差。其中,功能分析与裁剪和进化法则两种工具使用频次较高,这与之前来自发达国家的样本表现明显不同。这种差异可能与我国产业结构面临转型升级有关,由于工业技术系统大部分处于S曲线中的"成长期",因此更需要精简系统以提高性能指标和稳定成本。

(3)TRIZ总体上能够显著影响经济效益和知识效益,而对社会效益两个定量研究则产生了差异。侧重客观评价的浙江样本结果显示对社会效应影响不显著,而侧重主观评价的全国样本结果显示对社会效应影响显著,但分析工具对改善知识效应不显著。全国样本结果进一步显示了三类TRIZ工具对综合效益的贡献存在明显差异:其中思维工具改善经济效益的效果最突出,解题工具提升知识效益的效果最明显,分析工具对提高社会效益的效果最显著。综上,本章认为未来对TRIZ的应用和改进应突出社会效益。第一,应用TRIZ的直接目的是创造经济效益。因此在应用过程中,要以改善理想化程度为目标,在综合考虑成本和生产率的基础上引入新资源,在成本、性能和生产率之间寻找"高理想度方案",从而提高经济效益。第二,TRIZ要能帮助工程师"创造性地解决技术问题",并产生显著的知识效益。根据研究结果,知识库能够有效促进专利授权和技术秘诀,符合TRIZ发明等级理论:第三级和第四级发明通常运用集成方法和知识库,通过转换系统作用原理、形成全新的功能和结构来实现(姚威、韩旭,2017)。第三,在未来应用TRIZ的过程中,还应加强关注社会效益,考虑对人的生存发展的影响(陈劲、陈钰芬,2006)。以因果分析和系统裁剪为例,因果分析中往往存在"已知因果"和"用相关替代因果"的路径偏差,导致无法发现真正的因果关系(姚威、韩旭,2019)。如一些工程师在使用系统裁剪时,常采用引入新组件替换而非减少组件数量来重新配置系统功能,这就导致分析不彻底,无法有效改善资源利用率。

二、对改善TRIZ体系和工具应用的建议

根据对TRIZ效果效益的研究,可以针对TRIZ体系和应用中存在的问题进行改进,具体建议如下。

第一,按照技术问题类型和效益目标的不同需要灵活选择工具,提高问题解决的针对性。经典TRIZ理论作为一个松散的集成系统,使用过程需要遵循特定流程和规范,但未能给出工具选择和运用的指导,导致应用效率不高(姚威、韩旭,2008)。在实际运用中,有效实现"任务—工具"匹配是提高创新效率的关键(Rutitsky,2010),而不能试图用庞杂的工具体系去解决所有问题。如强调经济效益时,应关注思维工具的应用,着重突破现有资源和因果关系的束缚;强调知识效益时,要增加知识库等解题工具的开发和应用,重点在原理和实现途径层面展开突破;强调社会效益时,要加强系统裁剪等分析工具的应用,尝试消除对社会和环境的长期潜在危害。

第二,加强 TRIZ 工具应用分析研究,对评价较差的工具实施针对性改进。TRIZ 工具的应用频次、备选方案比和应用效益差异很大,因此要根据工具特点提升应用效率。具体可以通过三个途径实现:首先,对部分效率较低的工具可以通过明确基本概念和使用流程确保工具能够被正确使用,如明确九屏幕法中"过去—现在—未来"的定义,在因果分析实施过程中区别为内因(属性)、外因(条件),都显著提高了解题效果(姚威、韩旭,2019);其次,对于存在部分缺陷的工具,需要根据工具本身的特点进行完善,如针对知识库知识效益突出但使用频率不高的问题,应加强科学效应和知识库建设,通过增加数据库推荐算法、纳入实战案例、增加科学效应解释等,降低学习成本和使用难度(耿晓峰,2017);最后,也可通过与非 TRIZ 工具集成实现互补(邵云飞等,2019),如与 EC-QFD 集成可以有效提高 TRIZ 工具对生态环保类问题分析效果(Vinodh et al.,2014)。

综上,为使 TRIZ 的综合效益最大化,在分析问题时,应以大工程观的视野,将除技术以外的生态、社会、文化、可持续发展等更多隐性的超系统因素纳入考虑;在方案决策阶段,除考虑当前需求外,还应对潜在的、长远的、综合性的效益需求赋予更高的权重,使传统的技术问题解决方案转变为兼顾经济效益、知识效益和社会效益的综合性决策,从而提高 TRIZ 方法的实际应用效果和影响力。

第三,在应用 TRIZ 工具分析及解决问题时要充分挖掘和兼顾经济效益、知识效益以及社会效益。为服务于 20 世纪 50—80 年代的研发活动,TRIZ 在诞生之初更强调通过破除技术障碍引领经济增长,开发者和应用者的知识效益和社会效益意识相对薄弱。这已不符合当代的发展诉求,尤其是不适合当前我国技术转型和产业升级面对的环境保护、提高资源利用率和掌握知识产权主动性等方面的迫切需求。Darrell Mann(2019)就曾批评苏联学者和经典 TRIZ 体系对社会效益关注太少,因此他尝试在经典 TRIZ 基础上将技术矛盾的通用工程参数从 39 个增加到 48 个,新增的 9 个参数中有 8 个与社会效益直接相关,如参数 23(运行效率)、参数 38(易损坏性)、参数 47(检测的复杂性)和改善资源利用率相关,参数 30(对象产生的外部有害因素)与降低负面影响相关,参数 37(安全性)与改善社会发展相关,参数 29(噪声)、参数 39(美观性)与提高生活质量的参数相关。后续对 TRIZ 工具的应用和改进,也需要更多关注技术创新的社会效益并积极向非技术领域拓展。

三、不足与展望

本章的两项研究应该是目前国内外创新方法应用效果研究领域样本量最大、数据质量最好的定量实证研究。但囿于多方面因素所限,本章尚存在两点不足:一方面,虽然在现有研究基础上分析了不同工具的效果效益差别,但未能揭示导致上述差异的根本原因,不足以支撑对 TRIZ 的系统性改进和新工具的开发;另一方面,由于样本收集的难度较大,全国主观评价的样本数量还有待扩充,而现有客观评价样本则仅限于浙江省内,以机械制造和纺织轻工等为主,电子信息、软件、医疗器械、环保等新兴产业的样本不足,也缺乏重化工和装备制造等领域的样本。

基于本研究的贡献和不足之处,后续研究可从以下角度进行深化:第一,联合全国或各省的创新方法研究机构或科技主管部门,构建开放式创新方法应用数据库,吸纳更多行业尤其是新兴产业的应用案例,以支持深入研究 TRIZ 规律和开发新工具;第二,从工程学、心理学、脑科学、人工智能等交叉学科视角出发,寻找 TRIZ 工具的效果效益存在差异的创造力原因,定制更加个性化的应用策略,开发具有一定学习能力的智能化计算机辅助创新系统;第三,积极探索创新方法在通信与计算机、智能制造和生物医药等新兴产业和尖端领域的应用,拓展创新方法的应用领域。

5 真实工程情景中工程创造力提升的实验验证

5.1 假设提出

从理论层面,对现有手段提升工程创造力的效果进行进一步研究。Scott 等(2004)对包括 TRIZ 在内的多种创造力培训项目进行效果考察,结果表明效果最好的创造力培训项目具有以下三个特征:聚焦认知技能的发展、积累技能运用的经验、运用相关领域的实际案例。创造力相关的训练提供了一系列管理直觉的策略,以及运用已有知识产生新方案的手段。这就意味着,创造力训练提供的不是知识本身,而是创造性地运用已有知识的方式(Mumford,1999;2003)。

进一步,Scott 等(2011)共计分析了 156 个培训项目,从以下四个角度进行分类:认知过程(收敛性思维、发散性思维等)、培训方式(一对一、一对多)、运用媒介(实物、视频或教材等)以及练习的类型(非真实/真实工程问题、问题的深度、难度等)。运用聚类分析之后,将所有培训项目分成 11 大类,其中"创意产生"以及"认知训练"类的培训尤其有效果。

Clapham(1997)总结了通过上述培训提升工程创造力的可能机制。学生能够通过上述项目获得以下收获:合适的思考技能、对创造力和创造性绩效的积极态度、进行创造的动机增强、具有高创造力的自我感知、降低对创造过程中不确定性的焦虑、在问题解决过程中具有积极情绪的体验。显然这个清单中不仅仅包括思考技能,还包括态度、动机、自我认知等多重因素。Sawyer(2012)研究了全球范围内各大学的创造力培训课程,发现这些课程有一些嵌入了基于项目的学习(PBL)模式中,但其他大多数没有扎实的理论指导。

如第 4 章所述,发明问题解决理论(TRIZ)培训可以提升个人工程创造力,可能基于以下两个原因:一方面,发明问题解决理论在培训过程中涵盖了问题分析、信息收集和组织、问题核心识别、创造性方案生成、方案评估和具体实施反馈六个核心过程,Scott 等(2004)认为这些正是工程创造活动所需的核心过程,发明问题解决理论与工程创造活动的过程高度一致;另一方面,Agogue 等(2014)和 Cassotti 等(2016)的研究表明,工程师受到了之前掌握的特定领域内部知识(intra-domain knowledge)的影响,使得创造性过程受到束缚。常见的创造力提升手段(例如头脑风暴、形态分析法等),都需要设计者寻找灵感,但发明问题解决理论提供给问题解决者的是跨领域的知识库(inter-domain knowledge),并以系统化的流程扩展问题解决的思路局限(Russo, et al.,2014)。

基于上述理论分析,本研究提出以下假设:

H1:发明问题解决理论对提升工程创造力的测评维度具有正向影响。

具体分为:

H1a:发明问题解决理论对提升工程创造力"流畅性"维度具有正向影响;

H1b:发明问题解决理论对提升工程创造力"丰富性"维度具有正向影响;

H1c:发明问题解决理论对提升工程创造力"原创性"维度具有正向影响;

H1d:发明问题解决理论对提升工程创造力"可行性"维度具有正向影响;

H1e:发明问题解决理论对提升工程创造力"经济性"维度具有正向影响;

H1f:发明问题解决理论对提升工程创造力"可靠性"维度具有正向影响。

5.2　实验设计

为验证被试接受工程创造力训练的有效性,之前的实验设计可分为两类:一种是被广泛采用的,接受训练后被试自评,一般是以问卷形式;一种是对照实验,设置人口统计学意义上没有显著性差异的两个组,其中控制组接受训练,对照组不接受训练,通过比较两组解决同样问题的绩效差异,验证接受训练的控制组对工程创造力的提升作用。这两类设计都存在天然弊端,其中问卷自评结果主观性较强,且结果易受被试教育背景、学习能力差异等客观因素影响;第二种设计虽然控制了教育背景、性别等人口统计学变量的影响,但被试的人格特征、创造动机等内部因素的差异很难被控制,使实验结果无法有效体现"接受工程创造力训练"前后产生的影响。

为避免上述弊端,本书拟采用纵向实验设计:已有诸多研究表明系统化创新方法培训能够在短时间内提高受训工程师或学生的创造力(Birdi & Leach,2012)。在一个培训周期内对同一个被试进行研究,比较接受"发明问题解决理论"培训前和培训后工程创造力的区别。该设计的科学性在于消除了不可控的系统误差。因为发明问题解决理论的培训周期都比较短(一般为 7~10 天,加上后续的答辩总结时间不超过 1 个月）。在这样短的时间内，教育背景及性格特征等对工程创造力有影响的内外部要素的变化基本可以忽略不计，因此能够最大限度地排除其他因素的影响，客观反映"发明问题解决理论"培训对工程创造力的提升作用，为本书创造了绝佳的实验条件。因此本书选择参加浙江省创新方法培训的工程师学员作为实验样本，能够最大限度排除其他因素的影响。如果接受 TRIZ 培训前，创造过程存在障碍，导致无法产生或只能产生少量创新方案，而接受 TRIZ 培训后，克服障碍产生了大量之前未有的创新方案，即可验证 TRIZ 对提升工程创造力有正向作用。具体的实施步骤如下。

实验前测阶段：前测阶段致力于收集当工程师面对实际工程问题时，现有解决方案的数量以及质量（根据工程创造力的六个维度来衡量），目的是通过衡量已有解决方案的工程创造力水平锚定初始工程创造力基线。

实验后测阶段：在接受系统性创新方法培训之后，对新产生的解决方案的水平进行评测。前测后测均运用前文提出的工程创造力六个维度来测量。如果相同的工程师针对同一个工程问题产生的解决方案经测评各维度具有统计学意义上的显著提升，那就证明了本书 ACE（即上一章所提出的面向工程问题解决方案为核心的工程创造力评价体系，assessment of creativity in engineering 的缩写）工具的信度和效度是可靠的，且创新方法对提升个体工程创造力是确实有效的，实验假设成立。

在实验的前测及后测阶段，均请多位专家对被试的工程创造力进行测评。相比于其他创造力测评手段采取两位专家进行评分（Charyton et al.，2015），本书采取三位专家分别独立统计得分，再请其他两位专家从实验数据中进行抽查比对，以保证实验数据的信度和效度（Daly et al.，2014）。

5.3 样本选取

本书选取的是真实工程问题。这些工程问题都不是教科书上的例题，大多没有良好的结构（ill-defined），不确定能否找到最优解等，符合工程创造力的实际应用情境。

Moehrle(2005)在进行发明问题解决理论提升工程创造力的研究中，选择了 43 个美国以及欧洲的工程案例进行分析，其来源均为网络能够获取的公开资料，主要领域是汽车、航空工业、机械装备、纺织工业以及酿酒工业等。选择案例的标准有三个：第一，案例中引入了发明问题解决理论培训；第二，案例致力于解决特定企业的实际问题，解决过程中会考虑经济效益；第三，所有案例资料可公开重复获取。

选取公开发表的案例,具有可检验性和可重复性。但同时也存在三个主要缺点:第一,资料的提供者可能出于推广的需要,隐瞒问题解决过程中实际出现的障碍和困难;第二,出于企业保密等原因,公开发表的案例一般不提供真实的技术细节,难以进一步深入分析;第三,因为缺乏与数据源头的直接交流,来自网络的案例内容很难进一步追踪。因此,Moehrle(2005)自己也认为选取公开发表的案例资料进行分析,是退而求其次的(second best)方案。

相比之下,本研究选取的实验对象源自真实的一手资料。为测评真实工程环境中的工程创造力,本研究选择依托 2016—2019 年浙江省创新方法推广专项(以下简称"专项")进行过发明问题解决理论即创新方法培训的工程师开展实验研究。这样能够从多方面满足本实验研究的所需条件。

第一,专项致力于提升我国工程科技人才个体的创造力,科技部于 2009 年开始面向全国设立创新方法专项曾明确此要求(张爱琴、陈红,2016),因此专项与本研究展开实验和测评的目的具有较高的一致性。

第二,专项能够提供"真实工程情景",专项负责培训的工程师均来自一线工程技术人员,并分别携带实际工程技术难题,从而最大程度再现了工作环境下的工程创造过程,同时专项中的相关数据可供研究者介入查询。

第三,已有学者基于小样本的案例研究证明了创新方法培训对个体创造力的提升效果(Daly,2014),但这些研究缺乏基于大样本的多维度剖析,且大多面向在校工科学生展开,未能充分反映真实的工程情景。本研究的对象则主要是来自企业一线的工程师,解决的问题是工程师真实的创新难题,能充分体现真实的工程情境。

第四,创新方法培训周期非常短,可以有效消除系统误差。达到国家工程师二级创新工程师水平的上课时间仅需 7～9 天,整个周期约为 1～2 个月。

第五,由于专项是面向浙江省内全部企业开展的普惠性项目,能够克服行业差异从而保证样本来源满足随机性要求,从而获得普适性的研究结果。

依托专项开展和验收过程,在实验前测及后测阶段,均由专家对被试的工程创造力进行测评。具体测评过程由全国创新方法研究会组织三位不同行业和领域的专家进行。首先由三位专家分别对学员项目方案的流畅性、丰富性、原创性、可行性、经济性、可靠性进行评价,然后对评价不一致之处逐一讨论并达成最终评价。其中流畅性、丰富性为大于 0 的客观数据,是通过对所有概念方案进行统计而来。原创性,可行性、经济性、可靠性是专家对学员最终综合方案的评价所得,数值介于 1～5。最终,本研究共收集创新方法培训中学员解决工程问题项目报告 434 份,剔除内容不全的无效报告 18 份,共收到 416 份有效项目报告

(以下简称"报告")。提供上述416份报告的工程师均通过了全国创新方法研究会二级创新工程师认证,保证了最终报告内容的可靠性和真实性。

5.4 变量测量

在工程活动过程中,必然存在以工程产品为核心的系统、工艺、流程的开发,因此对创造产品的评价是反映被测对象工程创造力最客观且最可行的手段(Tang & Werner,2017)。工程师培养过程注重实践能力、工程问题解决能力、设计创新和跨学科迁移等能力要求(王钰等,2010),因此本书在第3章设计了面向工程问题解决方案为核心的工程创造力评价体系(assessment of creativity in engineering,缩写为ACE),从"创造力"和"工程"两个方面共六个维度对工程创造力的绩效进行测评。

(一)流畅性(fluency)

本书把面对工程问题时能在短时间内大量产生概念解决方案的能力称为思维的流畅性,通常直接用不重复概念解决方案的数量来测量。因为评价工程问题解决方案最重要的指标之一就是概念方案数量,它是思维活跃程度、创造动机强度和知识积累的综合体现,因此概念方案越多,意味着解决问题的可能性更高(Estrin,2009)。

(二)丰富性(flexibility)

科学概念和原理通常分属于不同的学科,跨学科知识运用会提升工程方案的新颖性,因此还要比较方案的差异程度即丰富性,以测量知识迁移应用的能力。Shah和Smith(2003)采用"谱系树(genealogy tree)"方法从"物理原理—工作原理—具体方案—细节手段"四个层次评价方案的差异程度。为了避免"谱系树"测量过程复杂的问题,Craft(2005)还提出了"学科门类—学科细分"两个层次测量方案。遵照Craft(2005)的测量思路,本书将从"学科门类——级学科—二级学科"三个层次逐步测量不重复概念方案所属的二级学科,用不重复概念方案所涉及的二级学科数测量丰富性。

(三)原创性(originality)

原创性能够说明学员对现有知识和资源利用的综合性和创造性。原创性需要根据概念解决方案和传统的产品、材料、设计和方案的区别来综合判断,如果没有其他产品方案采取相同手段、实现相同功能、达到相同效果,则该方案就具有最高的原创性(Sarkar & Chakrabarti,2008)。本书借用TRIZ理论对发明专利的分级理论,将专利分为五个级别,分别赋值1~5,分数1对应TRIZ理论中的一级发明即简单改进,分数 2 对应 TRIZ 理论中的二级发明即解决矛盾,分数 3 对应 TRIZ 理论中的三级发明即解决根本矛盾及改变系统工作原理,分数 4 对应 TRIZ 理论中的四级发明即引入领域外知识,分数 5 对应 TRIZ 理论中的五级发明即开发原创的全新系统。分数越高,原创性越高。

（四）可行性（feasibility）

可行性是指实施概念方案的难易程度,用于评价工程师的实践能力和工程经验。可行性的测量需要综合考虑以下四个方面:第一,技术的现实性,现有的科学原理和技术是否支持该方案;第二,技术专有性,公司或工程师有没有掌握实现该方案的技术;第三,关键资源获取的便利程度;第四,工艺实现的难度、仪器维护和调试的便利程度、人员管理的难度等（Thompson & Loran,1999）。由专家进行 1～5 分赋分,分数越高,可行性越高。

（五）经济性（cost）

经济性是指实施概念方案的成本和最终收益,追求经济效用是工程师与科学家在思维方式上的重要区别。工程活动的目标是实现社会经济效益,因此工程师需要从技术研发、专利授权、设备采购、原材料采购、设备维护及保养、人员等综合考虑成本和收益情况（杨毅刚等,2016）。由专家进行 1～5 分赋分,分数越高,经济性越高,建议的经济性五级量表评分通用标准（可根据行业和领域差异进行调整）如下。

1. 低:新方案与原始状态相比,成本增加 30% 及以上;
2. 较低:新方案与原始状态相比,成本增加 30% 以内;
3. 中:新方案与原始状态相比,成本基本持平;
4. 较高:新方案与原始状态相比,成本下降 30% 以内;
5. 高:新方案与原始状态相比,成本下降 30% 及以上。

（六）可靠性（reliability）

可靠性是指产品的耐久性或寿命,可靠性的高低通常用无故障工作时间或无故障工作概率来衡量。按照发生时期,可以从早期故障（磨合期）、随机故障（常态运行）、损耗故障（产品寿命极限）综合考虑产品的可靠性。可靠性能够说明工程师的全周期、全流程和全部件思考的综合性思维（Pecht,2011）。由专家进行 1～5 分赋分,分数越高,可靠性越高。建议的可靠性五级量表评分通用标准（可根据行业和领域差异进行调整）如下。

1. 低:新方案与原始状态相比,产品寿命下降 30% 及以上;
2. 较低:新方案与原始状态相比,产品寿命下降 30% 以内;
3. 中:新方案与原始状态相比,产品寿命基本持平;
4. 较高:新方案与原始状态相比,产品寿命增加 30% 以内;

5. 高:新方案与原始状态相比,产品寿命增加 30% 及以上。

综上所述,制定了如表 5.1 所示的工程师创造力评价指标体系与方法。根据实际产生的方案情况,分别将后四个维度上的测量结果分为五级量表,在评价期间分别由多位专家对每个维度进行评分,1～5 级分别表示"很低""较低""一般""较高""很高"。以可靠性指标为例,1～5 分别表示"1＝可靠性很低,产品故障率很高""2＝可靠性较低,产品故障率较高""3＝可靠性一般,产品故障率一般""4＝可靠性较高,产品故障率较低""5＝可靠性很高,产品故障率很低"。

表 5.1　工程师创造力评价指标与方法

指标项	操作性定义	评价方法
流畅性	所产生的不重复概念方案的数量	直接测量不重复概念方案的数量进行测量
丰富性	所产生的不重复概念方案的差异性	从"学科门类—一级学科—二级学科"三个层次去测量不重复概念方案所属的二级学科,用不重复概念方案对所涉及的二级学科数进行测量
原创性	所产生的不重复概念方案的新颖程度(uniqueness)	通过专家评估法测量,借用 TRIZ 理论专利分级方法对综合方案进行赋分,1～5 分对应一到五级专利,分数越高原创性越高
可行性	实施概念方案的难易程度	通过专家评估进行 1～5 分赋分,综合考察以下维度:技术现在的实现程度;技术专有性程度;关键资源获取的便利程度;工艺步骤控制的难易程度,分数越高可行性越高
经济性	实施所产生概念方案所需的成本	通过专家评估法进行 1～5 分赋分,综合考察以下维度:研发成本、制造成本、使用和维护成本测量和估算概念方案的实施成本,分数越高经济性越高
可靠性	概念产品的平均无故障工作概率/时间	通过专家评估法进行 1～5 分赋分,主要考察所产生概念产品的平均无故障工作概率/时间,分数越高可靠性越高

5.5　实验数据收集分析

5.5.1　描述性统计分析

本研究共收集依托 2016—2019 年浙江省创新方法推广专项(以下简称"专项")进行过发明问题解决理论即创新方法培训的工程师学员解决工程问题的项目报告 434 份,剔除内容不全的无效报告 18 份,共收到 416 份有效项目报告(有效报告占比 95.9%)。后文中"有效项目报告"简称"项目"。

专家 1、专家 2 和专家 3 对所有项目形成方案的流畅性、丰富性、原创性、可行性、经济性、可靠性分别进行了评价。其中流畅性、丰富性针对学员提供的所有概念方案进行统计,而原创性、可行性、经济性、可靠性是对学员最终综合方案的评价。最后,请专家 4 和专家 5 对前三位专家的统计结果进行抽查,以提高评价结果的效度。

一、学员性别分布情况

在提供 416 份项目的学员中,男性学员共计 281 人(占比67.5%),女性学员135 人(占比 32.4%),与工科专业常见男女比例较为相符,如图 5.1 所示。

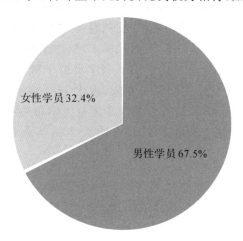

图 5.1　学员性别分布情况

二、学员学历分布情况

在提供 416 份项目的学员中，本科学历共计 304 人（占比 73.1％），研究生（含博士）学员 112 人（占比 26.9％），如图 5.2 所示。

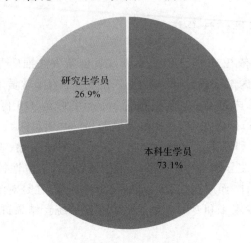

研究生学员
26.9%

本科生学员
73.1%

图 5.2 学员所处年级分布情况

三、学员专业分布情况

学员专业分布情况，主要有机械工程、化学工程与技术、仪器科学与技术、力学、材料科学与工程、测绘科学与技术、控制科学与工程、信息与通信工程、水利工程、农业工程、环境科学与工程、交通运输工程、电子科学与技术、核科学与技术等多个工程领域相关专业。其中 121 个学员属于机械工程相关专业，占比 29.3％；67 个学员属于化学工程相关专业，占比 16.2％；65 个学员属于仪器科学与技术专业，占比 15.6％；55 个学员属于理论力学相关专业，占比 13.2％；30 个学员属于材料科学与工程相关专业，占比 7.2％；其余学员专业分布情况如图 5.3 所示。

四、信度分析

信度分析又称可靠性分析，是一种度量综合评价体系是否具有一定稳定性和可靠性的有效分析方法。它反映了测验工具所得到的结果的一致性或稳定性，是被测特征真实程度的指标。信度的测度可以分为内在信度和外在信度，其中内在信度是考察一组问题是否测量同一个概念，同组量表之间是否具有内部一致性，常用的测量方法是信度系数（Cronbach's α 系数）。

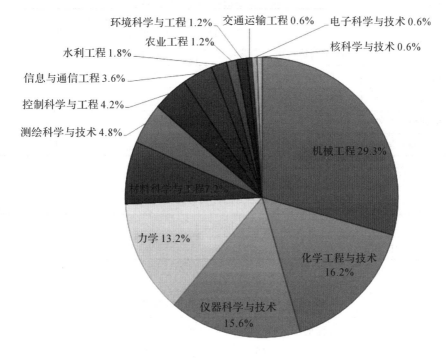

图 5.3 学员专业分布情况

信度系数反映了量表的可信度,信度系数越大,表明量表可信度越大。但对于信度系数的界限值,不同研究者有不同的说法。一般来说,一份好的量表或问卷,信度系数最好在 0.8 以上,0.7～0.8 可以接受,0.6～0.7 勉强可以接受。本书使用 SPSS 对所有数据进行信度分析。表 5.2、5.3 和表 5.4 的分析显示:培训前总量表信度系数为 0.600,培训后总量表信度系数为 0.528。信度分析结果可以接受,说明本书的量表具有较高的可信度,可以进行下一步的数据分析。

表 5.2 培训前专家评估可靠性统计量

	Cronbach's α	项数
总量表	0.600	4

表5.3　培训前专家评估项总计统计量

	项已删除的 刻度均值	项已删除的 刻度方差	校正的项总 计相关性	项已删除的 Cronbach's α 值
培训前原创性	6.462	2.305	0.326	0.571
培训前可行性	5.762	2.113	0.532	0.423
培训前可靠性	6.016	2.492	0.255	0.618
培训前经济性	5.942	1.938	0.437	0.484

表5.4　培训后专家评估可靠性统计量

	Cronbach's α	项数
总量表	0.528	4

表5.5　培训后专家评估项总计统计量

	项已删除的 刻度均值	项已删除的 刻度方差	校正的项总 计相关性	项已删除的 Cronbach's α 值
培训后原创性	11.725	1.933	0.080	0.661
培训后可行性	10.897	1.615	0.395	0.391
培训后可靠性	10.774	1.664	0.441	0.367
培训后经济性	11.183	1.374	0.420	0.351

5.5.2　配对样本 T 检验

一、流畅性

由于流畅性是产生不重复解的数量,是确定值,故三位专家对流畅性的打分一致,只需要配对分析一次即可。由配对样本 T 检验分析可知(见表5.6、5.7),发明问题解决理论培训前后样本对象流畅性存在显著差异($T=35.811$; $p=0.000<0.05$),具体表现为:培训前流畅性均值为1.264,培训后流畅性均值为19.240,培训后样本对象的流畅性提高了17.976,即提高了1422%,说明发明问题解决理论培训对工程创造力的"流畅性"维度有显著提升,假设1成立。

表5.6 流畅性成对样本统计量

		均值	N	标准差	均值的标准误差平均值
配对1	培训前流畅性	1.264	416	0.685	0.034
	培训后流畅性	19.240	416	10.268	0.503

表5.7 流畅性成对样本检验

		成对差分							
配对1	培训后流畅性—培训前流畅性	平均值	标准偏差	标准误差平均值	差分95%置信区间		T	自由度	Sig.(双尾)
					下限	上限			
		17.976	10.238	0.502	16.989	18.963	35.811	415	0

二、丰富性

由于丰富性是衡量不重复解的差异性,具体表现为"跨学科领域的数量"与"使用的思维工具的数量",是确定值,故三位专家对丰富性的打分一致,只需要配对分析一次即可。由配对样本T检验分析可知(见表5.8、5.9),发明问题解决理论培训前后样本对象丰富性存在显著差异($T=32.412$;$p=0.000<0.05$),具体表现为:培训前丰富性均值为1.002,培训后丰富性均值为4.916,培训后样本对象的丰富性提高了3.913,提高了391%,说明发明问题解决理论培训对工程创造力的"丰富性"维度有显著提升,假设2成立。

表5.8 丰富性成对样本统计量

		均值	N	标准差	均值的标准误差平均值
配对1	培训前丰富性	1.002	416	0.049	0.002
	培训后丰富性	4.916	416	2.460	0.121

表5.9 丰富性成对样本检验

		成对差分							
配对1	培训后流畅性—培训前流畅性	平均值	标准偏差	标准误差平均值	差分95%置信区间		T	自由度	Sig.(双尾)
					下限	上限			
		3.913	2.463	0.121	3.676	4.151	32.412	415	0.000

三、其余四个指标(原创性、可行性、经济性、可靠性)

由配对样本 T 检验分析可知(见表5.10、5.11),发明问题解决理论培训前后样本对象原创性存在显著差异($T=50.489$;$p=0.000<0.05$),具体表现为:培训前原创性均值为1.599,培训后原创性均值为3.135,培训后样本对象的原创性提高了1.536,提升了96%,说明发明问题解决理论培训对工程创造力的"原创性"维度有显著提升,假设3成立。

由配对样本 T 检验分析可知(见表5.10、5.11),发明问题解决理论培训前后样本对象可行性存在显著差异($T=41.110$;$p=0.000<0.05$),具体表现为:培训前可行性均值为2.299,培训后可行性均值为3.963,培训后样本对象的可行性提高了1.664,提高了73%,提高了说明发明问题解决理论培训对工程创造力的"可行性"维度有显著提升,假设4成立。

由配对样本 T 检验分析可知(见表5.10、5.11),发明问题解决理论培训前后样本对象经济性存在显著差异($T=30.292$;$p=0.000<0.05$),具体表现为:培训前经济性均值为2.119,培训后经济性均值为3.676,培训后样本对象的经济性提高了1.557,提高了73%,说明发明问题解决理论培训对工程创造力的"经济性"维度有显著提升,假设5成立。

由配对样本 T 检验分析可知(见表5.10、5.11),发明问题解决理论培训前后样本对象可靠性存在显著差异($T=50.794$;$p=0.000<0.05$),具体表现为:培训前可靠性均值为2.044,培训后可靠性均值为4.086,培训后样本对象的可靠性提高了2.041,提高了100%,说明发明问题解决理论培训对工程创造力的"可靠性"维度有显著提升,假设6成立。

表5.10　其余四个指标成对样本统计量

		均值	N	标准差	均值的标准误
对1	培训前原创性均值	1.599	416	0.693	0.034
	培训后原创性均值	3.135	416	0.669	0.033
对2	培训前可行性均值	2.299	416	0.625	0.031
	培训后可行性均值	3.963	416	0.578	0.028
对3	培训前经济性均值	2.119	416	0.771	0.038
	培训后经济性均值	3.676	416	0.690	0.034
对4	培训前可靠性均值	2.044	416	0.665	0.033
	培训后可靠性均值	4.086	416	0.521	0.026

表 5.11 其余四个指标成对样本检验

		成对差分					T	自由度	Sig.(双侧)
		均值	标准差	均值的标准误	差分的95%置信区间				
					下限	上限			
对1	培训后原创性均值—培训前原创性均值	1.536	0.621	0.030	1.476	1.596	50.489	415	0.000
对2	培训后可行性均值—培训前可行性均值	1.664	0.826	0.040	1.584	1.743	41.110	415	0.000
对3	培训后经济性均值—培训前经济性均值	1.557	1.049	0.051	1.456	1.658	30.292	415	0.000
对4	培训后可靠性均值—培训前可靠性均值	2.041	0.820	0.040	1.962	2.120	50.794	415	0.000

5.6 实验结果

三位专家的评估结果一致,即经过发明问题解决理论培训后,被试工程创造力的六个维度(流畅性、丰富性、原创性、可行性、经济性、可靠性)均有显著提升。因此,本书的假设全部成立,如表 5.12 所示。

表 5.12 研究假设验证情况

研究假设	假设内容	验证情况
H1a	发明问题解决理论对提升工程创造力"流畅性"维度具有正向影响	成立
H1b	发明问题解决理论对提升工程创造力"丰富性"维度具有正向影响	成立
H1c	发明问题解决理论对提升工程创造力"原创性"维度具有正向影响	成立
H1d	发明问题解决理论对提升工程创造力"可行性"维度具有正向影响	成立
H1e	发明问题解决理论对提升工程创造力"经济性"维度具有正向影响	成立
H1f	发明问题解决理论对提升工程创造力"可靠性"维度具有正向影响	成立

具体来讲,在实验数据中尤其值得关注以下几个方面。

一、流畅性和丰富性均有显著提升的解读

经配对样本 T 检验可知,发明问题解决理论培训对"丰富性"和"流畅性"均有显著提升,且幅度较大。其中流畅性提高了 17.976,相比培训前流畅性均值 1.264 提升幅度达 1422%;丰富性提高了 3.913,相比培训前丰富性均值 1.002,提升幅度达 391%。

流畅性和丰富性有显著提升的原因如下:发明问题解决理论认为所有工程系统都将最终向理想化的方向进行,使得工程问题的解决有了明确方向,不再依赖试错和灵感,并且提供了系统的思维方式,使得工程问题的解决像解数学题一样按流程进行,得以综合运用多种工具产生批量方案(姚威等,2015)。其中,Moehrle(2005)的研究表明,尽管有软件支持,科学效应以及知识库几乎没有被使用,原因可能是在知识库中没有容易直接转化的方案。在本书中使用的科学效应和知识库是更新过的版本,为科学知识及效应的使用提供了更多的示例和帮助(见图 5.4),因此进一步促进了流畅性和丰富性的大幅提升。

图 5.4　科学效应及知识库示例

资料来源:创新咖啡厅网站 http://www.cafetriz.com/#/repository/functionsearch。

二、原创性有显著提升的解读

经配对样本 T 检验可知,发明问题解决理论培训对"原创性"有显著提升,使得最终方案的原创性提高了 1.536(相比培训前原创性均值 1.599,提升幅度达 96%),原因有以下几方面。

原创性由专家根据发明等级对创新方案评估而得。Altshuller(1999)认为,第一级的发明是对现有系统的某些参数进行简单改进,并没有针对性解决矛盾;第二级的发明是对技术系统的局部进行改进,所需知识仅涉及单一工程领域;第三级发明是技术系统进行本质性的改进,大大提升了系统性能,其中所需的知识

涉及不同工程领域,涉及过程需解决矛盾;第四级发明是全面升级现有技术系统,引入完全不同的体系和全新的工作原理来完成技术系统的主要功能;第五级发明是通过发现新的科学现象或者新物质来建立全新的技术系统,所需知识涉及整个人类的已知范畴。第四级、第五级的发明仅占全部发明总数的 4% 左右。

发明问题解决理论培训能够帮助工程师学员提出大量解决方案,但发明问题解决理论方案多数集中在发明等级的第二级、第三级中,所以根据频次分析,本实验结果中第三级发明的比例达到 54.1%,远远超过 Altshuller 所提出的在一般工程领域第三级发明占比 16%,证明发明问题解决理论对提升方案的原创性有正向作用。

此外还有一个原因是原创性评价的是学员最终选择的综合方案。在方案产生的过程中,有产生过原创性更高的概念方案,但是学员在方案汇总的过程中,为了保证最终方案的可行性,可能放弃了原创性更高但是可能在现有技术条件下不太可行的方案,从而导致了最终方案的原创性没有达到 4 以上。

三、可行性、经济性和可靠性均有显著提升的解读

经配对样本 T 检验可知,发明问题解决理论培训使得最终方案的可行性提高了 1.664(相比培训前可行性均值 2.299,提升幅度达 73%),经济性提高了 1.557(相比培训前经济性均值 2.119,提升幅度达 73%),可靠性提高了 2.041(相比培训前可靠性均值 2.044,提升幅度达 100%)。

流畅性和丰富性有显著提升的原因如下:第一,接受培训后产生了大量方案,经过进一步的筛选和综合,学员会把在现有技术条件下不可行的方案去除(因此可行性得以提升);第二,在来自不同学科的多种类方案的启发下,学员能够对综合方案进行进一步优化设计(因此可靠性得以提升);第三,最终的方案能够创造性地解决已有问题,解决方案的理想化程度得到提升,能够为企业带来实际的经济效益(因此经济性也得以提升)。

5.7 实验结论与讨论

实验研究的结果表明本书开发的测评方法(ACE)能够有效测量真实工程情境下的工程创造力,并监测其提升过程,结果在统计意义上具有可重复性。可以预见本书的研究结论对于工程人才培养及工程教育评估等领域的研究与实践会产生巨大的影响。创新方法培训能够在短时间内显著提升工程师的工程创造力,这为工程创造力的培养探索出了一条可行的路径。

首先，工程创造力在理论上是一种客观存在的领域创造力，它可以被测量，也可以在科学方法的指引下被培养和提升。这将为工程教育理念的变革以及人才培养目标的拓展留下丰富的想象空间。长期以来，我国工程教育一直委身于科学教育，其本质就是在理念上并不认同工程创造力是与科学创造力完全不同的能力，所以我们的工程教育培养了规模庞大的、能够熟练书写论文、掌握理论知识但不善于创新和解决实际问题的人才。工程创造力理论将会为创新型工程科技人才的批量培养提供理论指导。

其次，测评工具的缺乏使得我们仅能从论文或分数等单一维度来评估工程人才的知识掌握情况，无法预测和评价其在解决真实工程问题时的能力表现。ACE测评工具可以动态地、多维度地综合评价学生在真实工程情境下的创造行为，为工程教育效果的评价提供了有力的工具。

最后，对论文或分数等静态结果的评估不具有预测性和可重复性（即客观性），而本书工程创造力理论与ACE测评体系有利于全程监测和干预工程创造力的提升过程，可以渗透到工程教育几乎所有学科的专业教学、工程实践及其他人才培养环节中，从而提高工程创造力培养的针对性，有效提升工程人才的创造力。

在全球进入"存量竞争"的今日，中国工程领域要想赢得国际竞争力、实现产业升级，着力提升工程人才的创造力已迫在眉睫。本书遵循工程领域的创新规律，提出面向真实情境的工程创造力概念和测评体系，有望为高校工程人才和企业工程人才培养、评价、选拔等提供有益帮助。后续还将进一步研究工程人才创造力提升机理与培养模式，从而为改善我国工程人才的创造力提供更多借鉴。

6 工程创造力提升的机理研究

上一章通过实验的方式,验证了 TRIZ 对提升工程创造力有正向作用。本章则通过 C-K 理论的视角,深入分析其提升机理,其中包括工程问题解决过程中存在哪些障碍,这些障碍又是如何得以克服的,最后通过案例予以验证。

6.1 C-K 理论基本内涵

工程问题的创造性解决,到底是一个怎样的过程? 是否遵循共性的规律? 无法提升解决方案的创造性,背后存在哪些障碍? 这些一直是困扰研究者的问题,想要回答这些问题,势必要打开工程问题解决过程的"黑箱"。在研究者做出的各种尝试中,C-K 理论脱颖而出(Hatchuel et al. ,2011;Kroll et al. ,2014;Potier et al. ,2015)。

C-K 理论将工程领域问题解决视为工程师构思的设计命题在概念空间(concept space,缩写为 C 空间)以及知识空间(knowledge space,缩写为 K 空间)中相互转化,逐渐产生可行的解决方案的过程(Masson et al. , 2017)。工程问题的解决就是将来自知识空间的物体属性(attributes)增添到最初的概念方案上,最初的概念因此得到逐步的细化、扩展和改良,形成后续一系列综合解决方案。其中,K 空间的元素为客观存在的知识,或者已经得到验证(经过实践检验可行)的设计命题,C 空间的元素为未得到验证(未经实践检验)的设计命题,设计命题在两个空间中相互转化,通过四个算子(operator)来实现。C-K 理论两个空间、四个算子的提出,为成功打开工程问题解决过程中的黑箱提供了有力的工具。

6.1.1 两个空间及四个算子

C-K 理论定义了两个相互独立并且结构不同的空间,分别为 C 空间和 K 空间。C 空间和 K 空间的本质是两个没有共同元素的非空集合,两个空间中的元素可以通过一定的操作相互转化,四种不同类型的转化操作在 C-K 理论中被称为算子。

关于 C 空间及 K 空间的定义及相关性质可以做如下理解。K 空间内包含一些已经得到验证的设计命题(实践中检验可行或不可行)以及相关的知识。具体来讲,先提出一个新的设计命题 D_i,如果设计命题 D_i 能够被直接验证成立或者不成立,则属于 K 空间(例如设计命题 D_i 为设计一个超光速运行的宇宙飞船,该命题在现有人类知识体系中是不成立的,因此属于 K 空间)。这里需要说明的是,无论命题成立与否,都是确定的知识,属于 K 空间;反之,如果暂时无法验证其是否成立,则属于 C 空间(例如设计命题 D_i 为设计一个能够满足十万人同时在线的网络视频直播课堂设备,该命题成立与否,需要经过实践的检验和尝试,现在暂时无法立即验证,因此属于 C 空间)。

继续用工程设计实例解释 C-K 理论两个空间的区别。例如,要求设计"带有脚踏板的陆地代步工具",转化描述为"有一个实体装置 X,包含属性 A_1;带有脚踏板,属性 A_2;发挥代步功能,属性 A_3;在陆地发挥作用",这样的设计方案(也就是自行车)对于绝大多数人都是已知的、可实现的(可行的),因此属于 K 空间。另外一个设计方案为"能够飞行的轮船",对于了解气垫船的设计者来说是已知的(属于 K 空间);而对于不了解气垫船的设计者来说,暂时没有办法确定"能够飞行的轮船"是否可行,因此属于 C 空间。这个例子表明,C 空间和 K 空间中的元素是变化的,并且 K 空间中的元素与工程师或者工程团队的知识水平相关。

设计的过程就是将位于 C 空间中无法确定的设计命题,逐步通过细化、整合,转化为位于 K 空间中可以确定成立与否的命题。设计命题从 C 空间转化到 K 空间的基本方式,是在四种算子的作用下完成的,即 C→C、K→K、C→K、K→C。其中前两者被称为内部算子(算子在 C 空间或 K 空间内部发挥作用),后两者被称为外部算子(算子在 C 空间和 K 空间之间发挥作用)。下面具体介绍 C-K 理论所提出的四个算子。

K→C:本算子的功能是实现设计命题从 K 空间向 C 空间的转化,具体有两种表现形式:第一,通过增加或替换某些来自 K 空间的属性(其中削减属性也可视为增加负向的属性),使得处于 K 空间中的设计命题 K_0 转化为 C 空间中的 C_0,为方便后续区分,称之为 K→C 算子 α;第二,通过增加或替换某些来自 K 空间的属性,使得 C 空间中的设计命题 C_i 转化为新的命题 C_{i+1},从而激发新一轮的设计过程,这种类型称之为 K→C 算子 β。K→C 算子的常见表现形式为头脑风暴,从 TRIZ 解决问题流程或者结构化的知识库获得提示构建概念解等。因此,与 C→K 算子相对称的 K→C 算子在提出新的试探性的设计命题的同时,具有在 C 空间中扩展新元素的能力,二者是内在统一的。

C→C:本算子的功能是在 C 空间内进行设计命题的细分。具体有两种表现形式。第一,在 K→C 算子的基础上所产生的概念细分,也就是对设计命题 C_i 进行操作,增加或削减某一个来自 K 空间的属性,这种表现形式被称为限制性细分,用 C→C 算子 α 表示;第二,指直接在 C 空间内对设计命题 C_i 进行操作,增加或削减某一个不属于 K 空间的属性,这种表现形式被称为扩展性细分,用 C→C 算子 β 表示。C→C 算子的内在逻辑决定了 C 空间呈现出树状分叉结构,其中扩展性细分(C→C 算子 β)能够产生前所未有的新设计方案,是 C-K 理论中解释创造力的关键所在。

C→K:本算子的功能是在 K 空间中搜寻有关的知识和属性,以验证某个命题 C_i 是否在 K 空间中成立。能够确认成立与否,则宣告某一个设计命题完结;若仍不能确认,则发展出位于 C 空间的命题 C_{i+1}。C→K 算子的常见表现形式为专家咨询、开展试验、开发原型机、模拟仿真等。通过这一系列的探索性验证行为,可以为设计者提供有关 C_i 的新知识,所以 C→K 算子在验证 C 空间中命题有效性的同时,还有在 K 空间中扩展新元素的能力,二者是内在统一的。

K→K:本算子的功能是在 K 空间内进行知识的扩展。具体有两种表现形式:第一种形式是指传统的推理过程,包括分类、演绎、回溯推理、逻辑推理等。这意味着单独运用 K→K 算子也能够实现 K 空间的自我扩展,例如,通过推导得到新的数学公式就是属于 K 空间内部的运算;第二种形式指在 C→K 算子的基础上所产生的知识扩展,也就是在验证 C 空间中的设计命题在 K 空间是否成立时所查询或试验得到的新知识。因此,K→K 算子既可以单独存在,也可以依附于 C→K 算子,作为其后续步骤。

需要说明的是,在上述流程中共出现了四个算子 K→C、C→C、C→K 以及 K→K 算子。其中 K→C 算子可以分为 α 和 β 两个子类别,K→C 算子 α 使得初始命题 K_0 转化为 C_0,K→C 算子 β 将 K 空间中的知识引入 C 空间形成新的设计命题,形成新的设计命题的过程又对应 C→C 算子 α。而 C→C 算子 β 指不引入 K 空间的知识,直接通过设计者的主观创造力形成新的设计命题的过程,整体归纳见表 6.1。

表 6.1　C-K 理论四个算子及其具体内涵

算子名称	具体内涵
K→C算子	K→C算子 α,通过增加或削减某些属性,使已知的原始设计命题 K_0 转化为 C 空间中的新命题 C_0。(K 空间元素向 C 空间元素转化)
	K→C算子 β,通过增加或削减某些来自 K 空间的属性,使 C 空间中的设计命题 C_i 转化为新的命题 C_{i+1} (K 空间元素向 C 空间元素转化)
C→C算子	C→C算子 α,通过增加或削减某些来自 K 空间的属性,使得 C 空间中的设计命题 Ci 转化为新的命题 Ci+1。其中设计命题 C_i 转化为新的命题 Ci+1 即为 C→C算子 α[1](C 空间元素细分为新的 C 空间元素)
	C→C算子 β,通过增加或削减某一个不属于 K 空间的属性[2],使得 C 空间中的设计命题 C_i 转化为新的命题 C_{i+1}。其中设计命题 C_i 转化为新的命题 C_{i+1} 即为 C→C算子 β(C 空间元素细分为新的 C 空间元素)
C→K算子	验证某个命题 C_i 是否在 K 空间中成立(C 空间元素向 K 空间元素转化),在验证 C 空间中命题有效性的同时,还有可能发现并获得新的知识,实现 K 空间的扩展
K→K算子	K 空间内进行知识的扩展,包括知识自身的演绎推理,以及验证 C 空间中的设计命题在 K 空间是否成立时所查询或试验得到的新知识(均可视为 K 空间元素细分为新的 K 空间元素)

6.1.2　C-K 理论解构工程问题解决过程

参考图 6.1 来说明 C-K 理论视角下工程问题解决的基本流程。待解决问题及所属工程系统具有一系列的初始属性 A_1—A_x,由这些属性所构成的初始命题 K_0 是已经得到验证可行的,但是仍然有缺陷或需要改进的方面(例如,现有一款手机,已经投产并有实际用户,即该命题 K_0 是已经得到验证可行。但该手机在使用过程中散热不好,容易过热死机)。因此,在 K→C 算子 α 的作用下,通过增加(削减)或替换某些属性,使得 K_0 转化为处于 C 空间中未得到验证的

---

① 通过描述可以看出,C→C算子 α 一定会顺承 K→C算子 β。
② C、K 空间的元素均是以命题的形式存在的,"来自 K 空间的属性"意指表述该属性的命题可以被证明成立,属于 K 空间。类似的,本书中所述"来自 K 空间的知识"也意味着表述该知识的命题可以被证明成立,属于 K 空间。反之,"不属于 K 空间的属性"意指表述该属性的命题无法被证明成立与否(根据定义,则属于 C 空间)。

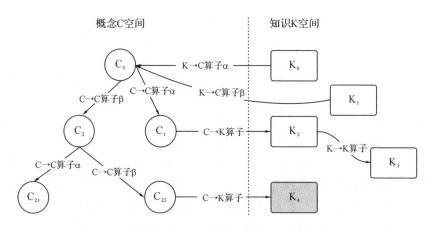

图 6.1　C-K 理论解构工程问题解决过程

设计命题 C_0（例如，把该款手机的中央处理器功耗降低，或者更换散热性更好的外壳，但这样的命题 C_0 是否可行，并未得到验证，故属于 C 空间）。

设计命题 C_0 尝试解决现有系统存在的问题，或试图满足用户新需求，开发新情境下的新功能。在 C_0 的基础上，首先是 K→C 算子 β 发挥作用，从 K 空间搜寻相关领域和情境的知识 K_1，在 C_0 的基础上增加或替换某些属性，通过限制性细分形成新的设计命题 C_1，从 C_0 到 C_1 的过程也可视为 C→C 算子 α 发挥了作用（例如已知知识 K_1 为"金属外壳的散热性更好"，通过此知识，在 C_0 的基础上，将手机已有的塑料外壳替换为金属外壳，得到新的设计命题 C_1）。

在整个过程中，K→C 算子 β 和 C→C 算子 α 接连发生作用，形成的 K→C→C 的连续算子（本书称 K→C 算子与 C→C 算子的融合为"K→C→C 的连续算子"，见图 6.1）。与此同时，也可以通过扩展性细分，在 C_0 的基础上直接引入不属于 K 空间的未知属性，形成新的设计命题 C_2，这是 C→C 算子 β 发挥作用的表现（例如在 C_0 的基础上，直接引入"保持功率不变，发热降低 60％的手机中央处理器"，形成新的设计命题 C_2。对于绝大多数工程师来讲，是否存在"保持功率不变，发热降低 40％的中央处理器"是不确定的，因此这是不属于 K 空间的未知属性）。

此后，需要对新产生的设计命题 C_1 和 C_2 进行验证，此时 C→K 算子发挥作用。通过知识分析、专利查询、专家咨询、实地考察、模拟仿真、原型试验等形式，尝试验证 C_1 和 C_2 的现实可行性。例如，C_1 是将手机已有的塑料外壳替换为金属外壳，需要验证该方案的可行性，金属外壳散热性是否满足要求、金属外壳是否对手机信号有影响、金属外壳在碰撞试验中表现如何。通过一系列专利查询、原型试验之后，将手机已有的塑料外壳替换为金属外壳是否可行得到验证。无论可行还是不可行,均已转化为 K 空间的元素 K_2。

在验证过程中,极有可能在原有知识 K_2 的基础上,发现或推导出一些原先并未掌握的新知识,从而在 K 空间中形成新的 K_3,可视为 K→K 算子发挥了作用。例如,在上述步骤中,工程师及所在团队研究了金属外壳对手机信号是否有影响,得到了实验数据和相应知识,即为新的 K_3。在整个过程中,C→K 算子和 K→K 算子顺序发生作用,形成了 C→K→K 的连续算子(本书称 C→K 算子与 K→K 算子的融合为"C→K→K 的连续算子",见图 6.2)。

与此类似,设计命题 C_2 仍可以在 K→C 以及 C→C 算子的作用下产生概念细分,形成新的命题 C_{21} 以及 C_{22}。例如,命题 C_2 是"保持功率不变,发热降低 60% 的手机中央处理器",形成新的设计命题 C_{21} 为"功率降低 20%,发热降低 60%",新的设计命题 C_{22} 为"保持功率不变,发热降低 30%"。后续再通过 C→K 以及 K→K 算子在 K 空间中对其进行验证,这样的过程循环往复下去,最终会得到若干在 K 空间中被验证可行的设计命题 K_4,这些被验证可行的命题代表了未知概念方案向已知可行知识的转化,也宣告设计流程暂告一段落。例如,最终验证"手机中央处理器功率降低 20%,同时将塑料外壳换为金属外壳,对手机信号的影响可忽略不计的同时,发热降低 40%",该方案在技术上是可行的,在用户体验上是可接受的,即宣告最初的工程问题得以解决。对整个流程的总结归纳如表 6.2 和图 6.2 所示。

表 6.2　C-K 理论解构工程问题解决过程实例

算子名称	具体内涵
K→C 算子	K→C 算子 α:将 K_0"某款已经投产的手机,在使用过程中散热不好,容易过热死机"转化为→C_0"把该款手机的中央处理器功率降低,或者更换散热性更好的外壳"
	K→C 算子 β,将来自 K 空间的知识 K_1"金属外壳的散热性更好",引入 C_0"把该手机的中央处理器功耗降低,或者更换散热性更好的外壳"
C→C 算子	C→C 算子 α,将来自 K 空间的知识 K_1 引入 C_0"把该款手机的中央处理器功耗降低,或者更换散热性更好的外壳",转化为→C_1"将手机已有的塑料外壳替换为金属外壳"
	C→C 算子 β,在 C_0 的基础上直接引入"保持功率不变,发热降低 60% 的手机中央处理器",转化为→新的设计命题 C_2

算子名称	具体内涵
C→K算子	C_1 是将手机已有的塑料外壳替换为金属外壳,通过一系列专利查询、原型试验加以验证。无论可行还是不可行,均已转化为→K 空间的新知识 K_2
K→K算子	工程师及所在团队研究了金属外壳对手机信号是否有影响,得到了实验数据和相应知识,从而在 K_2 的基础上,转化为→新的知识 K_3

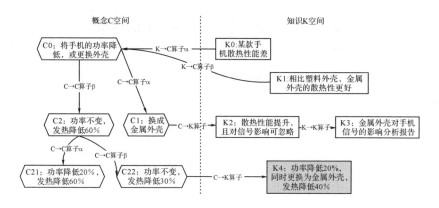

图 6.2　C-K 理论解构工程问题解决过程实例

通过以上分析,我们可以进一步总结 C 空间和 K 空间的非对称结构。在 K→C 以及 C→C 算子的作用下,在以 C_0 作为最初命题的基础上逐层细分,因此 C 空间呈现出金字塔结构,金字塔内部由树状分支构成;而在 C→K 以及 K→K 算子的作用下,K 空间呈现出海岛结构,岛之间可能存在连接的桥梁,因此 C 空间与 K 空间的结构是有所区别的。此外,从 K 空间中引入知识,使得 C 空间的命题得以扩展,称为 K→C→C 连续算子;C 空间的命题在验证的过程中,发现并获得了新的知识,使得 K 空间的知识得以扩展,称为 C→K→K 连续算子。四个算子的相互连接,则形成如图 6.3 所示的相连方图。

需要说明的是,在实际工程问题解决过程中,可能不仅仅存在以上提及的"K→C→C 连续算子"和"C→K→K 连续算子"的算子相连模式。工程问题解决过程的复杂性、迭代性,可能会产生多种多样的算子相连模式。例如,通过搜寻知识库等手段,实现 K 空间的扩展,再将新的知识引入 C 空间,形成新的概念方案,使得 C 空间得以扩展,称为 K→K→C 连续算子;C 空间在逐渐扩展细分过程中,不断检验其可行性(即在 K 空间是否成立),称为 C→C→K 连续算子。四个算子以此方式相互连接,则形成如图 6.4 所示的新的相连方图。

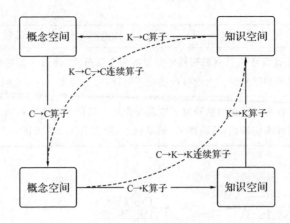

图 6.3   C-K 理论四个算子相连方图 1

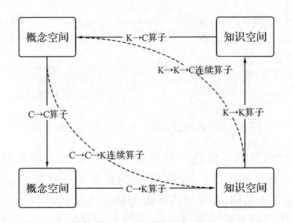

图 6.4   C-K 理论四个算子相连方图 2

　　总而言之,C-K 理论提出的两个空间和四个算子,能够清晰地解构工程问题的解决过程,成为研究工程创造力提升的有力武器。已有研究者基于 C-K 理论的视角,对工程问题的解决过程加以研究。比较具有代表性的成果,读者可自行参阅以下文献:Hatchuel 和 Weil(2003)、Kazakci 和 Tsoukias(2005)、Masson 和 Weil(2009)、Hatchuel 等 (2011)、Reich 等 (2012)、Blanchard 等 (2013)、Kroll 等(2014)、Motyl 和 Filippi(2014)、Dubois 等(2019)。

6.2　现有提升工程创造力的手段介绍

Genco 等(2012)的研究表明,大学高年级学生的创造力往往低于低年级学生,意味着传统工科课程在某种程度上阻碍了学生的创造力(Charyton & Merrill,2009)。而对于工程师个体而言,创造力被认为是成功职业生涯必不可少的(Dekker,1995)。然而,针对工程师个体的创造力培训要么没有,要么有但没效率(Atwood & Pretz,2016)。为了改善这种情况,研究者们开始尝试寻找提升工科学生创造力的手段,包括但不限于创造力启发法(Daly et al.,2012)、教学技术方面的创新(Felder & Brent,2014;Daly et al.,2014)、建立鼓励新创意产生的创客空间等(Sheridan et al.,2014;Halverson & Sheridan,2015)。

在众多提升创造力的方法中,苏联发明家 Altshuller(1984;1996;1999;2002)所创立的"发明问题解决理论"(theory of inventive problems solving,学界一般缩写为 TRIZ,来源是俄语拼写方式)是专门针对工程问题解决的(Oman et al.,2013),自诞生之日起就引起了学界以及产业界的关注,实践已经证明其高效实用性。该理论通过对高水平发明专利的分析挖掘,总结出各种技术发展进化遵循的客观规律,并提出指导人们进行发明创造、解决工程问题的方法体系。

对 TRIZ 工具体系的介绍以及改进的研究数不胜数(牛占文等,1999;檀润华、王庆禹,2001;姚威等,2015;Webb,2002;Narasimhan,2006;Ilevbare et al.,2013;Delgado et al.,2017;Carvalho et al.,2018)。在本书中,选取 TRIZ 中使用频率比较高的若干工具加以介绍,包括工程参数及矛盾矩阵、物—场模型和标准解系统、科学效应知识库、最终理想解。与此同时,还将横向对比其他提升工程创造力的手段,包括头脑风暴法(brain stormming)、鱼骨图法(fish-bone diagram)、奔驰法(SCAMPER)、头脑草稿(brainsketching)、集体草稿法(collaborative sketching,缩写为 C-Sketching)以及 Galler 画廊技法等。提炼提升工程创造力不同手段之间的共同点,并通过实验对其效果加以验证。

一、工程参数及矛盾矩阵

Altshuller(1984)在对大量工程领域的发明专利进行分析后,总结出 39 个适用范围广泛的通用工程参数(包括了质量、体积、速度、功率、结构的稳定性、可靠性等)。TRIZ 使用者需要做的,就是将具体问题中的技术矛盾用合适的通用工程参数进行描述。例如,在坦克装甲加厚导致机动性下降这一对技术矛盾中,我们可以用"运动物体的质量"(改善的参数)和"速度"(恶化的参数)两个工程参数进行描述,从而将具体问题转化为典型问题。

接下来需要找出典型问题所对应的典型解决方案。Altshuller(1984;1996)的研究表明,绝大多数专利都是在解决矛盾,而且相似的矛盾之间,其解决方案在本质上也具有一致性。基于这些解决方案,他分析、提炼并总结出了解决矛盾的 40 个发明原理,这 40 个发明原理具有良好的普适性,能够指导人们解决大部分的工程难题。

为了方便使用者更有效地分析技术矛盾,并且应用相应的发明原理,Altshuller(1984;1996)构建了一个 39×39 的二维矩阵(称之为经典矩阵),矩阵的纵轴表示希望得到改善的参数,横轴则表示某技术特性改善引起恶化的参数,横纵轴各参数交叉处的数字表示用来解决技术矛盾时所使用发明原理的编号。使用者通过查询(见表 6.3),得到 TRIZ 建议的某典型问题的典型解法(即若干条发明原理),然后根据这些原理的提示得到典型解决方案,据此开发具体的解决方案。

表 6.3　矛盾矩阵查询示意

		恶化参考			
		力	应力或压力	形状	结构稳定性
改进参数	力		18,21,11	10,35,40,34	35,10,21
	应力或压力	36,35,21		35,4,15,10	35,33,2,40
	形状	35,10,37,40	34,15,10,14		33,1,18,4
	结构稳定性	10,35,21,16	2,35,40	22,1,18,4	

二、物—场模型和标准解

Altshuller(1984)认为,每一个技术系统都由许多功能不同的子系统组成。从系统、子系统,直至微观层次,每一个部分都具有一定的功能,而所有的功能都可用两种物质(对象物质 S_1 和工具物质 S_2)和一种场(物质之间的相互作用)的基本模式来描述,如图 6.5 所示。

在物—场模型的定义中,物质可以是系统内的子系统或单个物体,也可以是环境中的物质;场通常是一些能量形式,如磁场、重力场、热力场、机械场等。通过物—场模型,功能可以这样描述:物质 S_2 通过场 F 作用于物质 S_1,实现一定的功能,根据物—场模型可以对系统功能进行详尽的分析,如三要素是否完备,是否存在有害功能等。如果构建的物—场模型表示系统缺乏基本要素,或有益

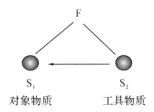

图 6.5   物—场模型示意图

作用不足,或存在有害作用,TRIZ 则给出了相应的 76 个标准解来解决问题。使用者首先要根据物—场模型识别问题的类型,然后选择相应的标准解,从而可以将标准问题在一两步中快速解决。

标准解系统是 Altshuller 于 1984 年创立的,并由后续研究者不断改进。标准解系统的思想也是通过物—场模型的建立,将具体问题转化为典型问题,继而通过 76 个标准解(也即典型问题的典型解法)所给出的建议,找到具体问题的解决方案。这与矛盾矩阵和发明原理的本质是一致的。而物—场模型与标准解系统,特别适用于难以明确地描述系统中存在的矛盾、想要消除某种有害功能或实现有益功能,以及在系统内实现测量和检测功能的情况。

三、科学效应知识库

Altshuller(2002)通过对大量专利的研究发现,许多发明实际上是相同的科学原理在处理不同行业的问题时的创造性应用。例如,在食品工业中,将胡椒的皮与子分开采用升压与迅速降压原理。同样的原理可以应用在将大块的金刚石按照本身的裂纹分开,而不需要人工击碎。

这些不胜枚举的科学效应和现象,对于在不同领域开展发明创造具有非常重要的价值。将某一个领域的经典现象,移植到另外的领域里,可能诱发高等级发明的出现,从而打破小修小补的局限,使技术系统产生突破性变革。认识到这样的重要性,Altshuller(2002)及后续研究者将大量的、能够被应用在发明创造中的科学效应和现象整合,按照学科、功能或属性的编码方式进行编排,形成完整的知识库。使用者依照自己的需求,通过标签和索引来寻找知识,解决问题。在计算机辅助创新软件的帮助下,TRIZ 中的知识库得到了极大丰富,搜索使用也更加便捷,这种新的组织方式可以大大提升效应库的使用效率。

科学效应知识库可能是 TRIZ 体系中最容易应用的工具。一般而言,一个工程人员能掌握数以百计的本专业领域内的效应知识,而自然界的各种效应林林总总、数以万计。由于研究者对本专业之外的知识不熟悉,导致大量创新机会无意间流失。TRIZ 的知识库有针对性地解决了这样的问题,该库收集整理了物理、化学、生物以及几何等学科的专利和技术成果。工程人员首先确定工程问题需要实现的功能，然后根据相应功能选择所需要的效应。因此，科学知识库特别适用于系统需要达成的功能非常明确的情况。

四、最终理想解

随着技术系统的不断进化，其理想度会不断提高，极限的情况是系统的有用功能趋向于无穷大，有害功能和成本则趋近于零，二者的比值（即理想度）为无穷大。此时，技术系统能够实现所有既定的有用功能，但却不占据时间、空间（不存在物理实体），不消耗资源（能量），也不产生任何有害功能——这样的技术系统就是理想系统，基于理想系统的概念而得到的针对一个特定技术问题的理想解决方案，称为最终理想解。

举一个实例来说明最终理想解的思维流程。摩天大厦的外表面玻璃窗清洗比较困难，需要专业的设备和人员，成本高、危险系数大。为了解决这个问题，工程师们想出了种种解决方案，其中一种将玻璃清洗工具分为两个部分，清洁人员在室内握持一部分，另外一部分则在室外起清洁作用，两部分之间隔着玻璃用强力磁铁彼此连接、带动。

这是一个简单有效的解决方案，既实现了既定的玻璃清洁功能，又消除了人员在建筑外高空操作的复杂性和危险性。然而仍然需要人力对玻璃进行擦拭，有没有理想度更高的解决方案？最终理想解的思维应该是突破性的——玻璃能够自主清洁表面，或者根本不会变脏，从而不再需要人为擦拭。

在定义最终理想解的过程中需遵守一个基本原则：不要预先断言最终理想解能否实现，也不用过度思考采用何种方式才能实现。乍一看上面的"自清洁"方案是不可能的，但是具有创造性的、理想度更高的解决方案往往就存在于我们的现有认知范围之外。

事实上，在通过最终理想解明确了系统发展方向之后（对于本例来说，自清洁的玻璃就是发展方向），具体实现则由 TRIZ 其他工具负责解决。根据科学效应库知识的内容，自然界的荷叶表面具有超疏水性，能够实现良好的自清洁作用（出淤泥而不染）。基于此原理，设计人员已经开发出表面涂覆薄膜涂层的玻璃，能够基本实现自清洁，相比原来的解决方案更接近最终理想解。

最终理想解是在现实世界中永远也无法达到的终极状态。但是，以寻求并定义最终理想解作为解决问题的开端，能够把握技术系统的进化方向，也为后续使用其他 TRIZ 工具来解决问题奠定了基础；同时，还能够规避思维定势，产生具有创造力的解决方案。

五、头脑风暴法

头脑风暴法基于以下两个原理（Roberts，1986；Ritter & Mostert，2018）：首先，延迟判断（deferment of judgement），在提出方案阶段，只专心提出概念方案而不要加以判断和评价；其次，量中求质（quantity breads quality），追求大量概念方案，以量变促进质变，想的点子越多，最终越可能形成优质的点子。

头脑风暴法需要遵守的四条原则（Maisel & Maisel，2010），是上面两个原理的具体体现，是保证头脑风暴法实施效果的必要条件。具体分为：第一，避免批评（criticism is ruled out），在产生概念方案的过程中，不要评价概念方案的优点或缺点（评价阶段单独放在最后进行），每个成员可以增加或拓展自己的想法。避免批评能够营造支持和宽容的氛围，鼓励成员提出与众不同的创造性的想法。第二，鼓励自由联想（freewheeling is welcomed），鼓励天马行空甚至是荒谬的想法，但是也要注意不要脱离探讨的话题胡说八道。第三，追求更多的数量（go for quantity），概念方案的数量越多越好。概念方案的数量越多，越有可能打开不同的角度审视并解决问题，打破现有约束和基本假设。第四，对别人的方案进行整合和改进（improve ideas），可以基于他人的意见，或者整合多个人的意见，提出自己的观点。

头脑风暴可能会产生数以百计的概念方案。在热烈的讨论结束之后，重新以冷静的目光审视这些想法，有些可能会显得愚蠢、鲁莽或完全不合适。在方案产生阶段结束后，需要系统性地对所有方案进行评估，从中筛选并整合优质的想法，避免在批判愚蠢想法的过程中，将有价值的想法一并抛弃（throw the baby out with the bath water）。最后需要注意在头脑风暴的过程中，可能会扼杀创造力的行为包括但不限于：领导率先发言、成员轮流发言、专家意见最权威、不准有愚蠢的想法等。

头脑风暴法的本质，实际上是提升创造力的流畅性和丰富性，通过大量方案促进创造力的提升。此外，头脑风暴法的原则之一是"延迟判断"，具体表现为拒绝批评，也是打破约束思维的有力武器。

头脑风暴法经过多年的实战，演变为不同的子类型：包括"戈登法"以及"笔记法"（Faste et al.，2013）。"戈登法"又称为"隐藏真实主题的头脑风暴"，在这个过程中，只有会议的主持人知道讨论的问题，其他参会者并不知情。这种方法的重点是不要让与会者直接讨论问题本身，而是只讨论问题的某一局部、某一侧面，对问题抽象概括之后再进行讨论，或讨论相似的问题。例如，现在需要解决的问题是对巧克力产品进行改进，将巧克力抽象化为甜品，再将甜品抽象化为食品。对食品进行改进，能够激发更多的创意，避免将思维束缚在巧克力的具体情境中。后续主持人对产生的概念方案进行分析和研究,一步步将与会者引导回到问题本身的讨论中,这也可以视为一种评价、整合和改进概念方案的过程。

"笔记法"头脑风暴的实施步骤如下:(1)针对待解决的问题,每个成员在纸上写出 4~5 个概念方案;(2)将每个成员的纸向下传递,依次交换;(3)把他人的概念方案当做新的刺激,启发新的思路,将新思路写在纸上;(4)重复步骤(2),继续将纸向下传递,依次交换;(5)不断进行,直到自己的纸条回到自己的手中,做总结发言,并评价整合所有人产生的想法。"笔记法"头脑风暴实施起来简单容易,主持人也不需要复杂的引导,而且能在短时间内产生许多概念方案。

六、六顶思考帽

六顶思考帽是一种以六种颜色的帽子代表六种不同思维方式的提升创造力的手段(Kivunja,2015;Aithal & Kumar,2017)。人们在思考问题的时候,往往会同时兼顾多种因素,既要考虑事实,又要考虑感情因素,要兼顾事物积极和消极的多个方面,这样的方式通常造成思维障碍、思路混乱。六顶思考帽使人们每次只用一种方式思考(每次只戴一顶帽子),按照特定的顺序进行切换,从而保证思维清晰有序。六顶思考帽的内涵如表 6.4 所示。

表 6.4　六顶思考帽的内涵

帽子颜色	特征	功能
白色	客观的证据、信息和数据	让人们中立、客观地思考事实,搜寻已知(已经拥有)和需要(缺失的)的信息、事实和数据。在这个过程中不要掺杂主观情感和判断
红色	情感、直觉、预感等情绪	表达支持、鼓励,或反对、讨厌等情绪。与白色帽子完全相反的主观思考方式。支持个人情绪的表达,以及成员间情绪的沟通
黄色	太阳和明亮的颜色,代表正面的思维(乐观主义)	重点思考问题和方案的积极因素,思考特定方案的可行之处,说明其中可能带来的收益和价值。提出建设性、支持性的意见,寻找可能的机会和资源
黑色	黑夜和幽暗的颜色,代表负面的思维(悲观主义)	重点思考问题和方案的负面因素,思考特定方案不合理之处(或设计的缺陷),说明其中可能存在的风险和危机。在批判的时候需要给出原因和逻辑思路,不能为了否认而否认

帽子颜色	特征	功能
绿色	植物和生命力的颜色,代表创造力与新的思考角度	通过多样化的角度进行探索多种想法、可能性和替代方案。不需要逻辑思路和过早的评价,可以提出多种方案,并对多种方案进行改进和整合改良
蓝色	天空的颜色,代表对思考过程的控制与组织	类似乐队指挥的功能,包括:定义问题,形成待讨论的问题,整理讨论的过程,确保在讨论过程中遵守规则,切换不同的帽子颜色,决定下一步的思考策略,总结回顾等

资料来源:作者根据 Aithal 和 Kumar(2017)整理。

运用六顶思考帽的策略是,根据不同的问题类型,可以选用不同的帽子的搭配。黄色、黑色、红色——对某一个想法或概念方案进行快速评价;白色、绿色——提出若干新的想法或概念方案;黑色、绿色——改进现有想法或概念方案等。

运用六顶思考帽的好处是:第一,角色扮演方式(role-playing)的运用,使团队成员敢想敢说,而不用担心彼此争执,伤害自尊或人格;第二,不同颜色思考帽的有序切换,能够引导注意力(attention directing),从不同角度看待事物、分析问题并提出方案,不会固化在一种思维方式中;第三,在讨论过程中,如果有人持续提出消极负面的看法,可以请他脱下"黑色帽子",戴上"白色帽子"或"黄色帽子",清晰明确,容易被理解并执行。

七、鱼骨图

鱼骨图最初由日本质量控制专家、统计学家 Kaoru Ishikawa 开创,是通过图示化(graphical representation)的方式,对问题产生的若干原因进行层层分析并归类,以寻求问题解决方案的一种方法(Ilie & Ciocoiu,2010;Coccia,2018)。

绘制鱼骨图的步骤(见图 6.6)为:第一,描述问题,在鱼骨图的最右端描述现存问题(例如,红烧鱼不好吃);第二,列出导致现存问题的主要原因,写在鱼骨的主体上下两侧(例如,鱼没烧熟、咸盐放多了);第三,继续分析原因,逐层分解,写在鱼骨分支的左右两侧(例如,鱼没烧熟可以进一步分析原因,发现火力不足、烹饪时间不够等原因);第四,在分解到最底层后,统揽全图,对所有的原因进行定量评估以及权重计算[从可能性(probability)、影响(impact)和风险(risk)三个角度进行赋值];第五,根据上一步的权重计算结果,将各类影响因素分为重大(major)、中等(medium)、微小(minor)以及可忽略不计(negligible),并结合多重

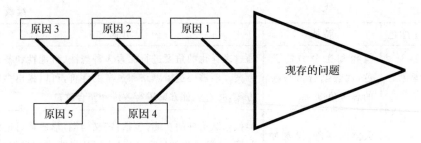

图 6.6　鱼骨图示例

影响因素,后续产生相应的解决方案。

可以看出,鱼骨图思考的流程是从"主刺(主干)"到"小刺(分支)"。先找出最主要的问题,分析导致此问题的若干因素后,再逐层分解,思考导致若干小问题的因素,最终对最根本的问题提出解决方案,从而促进最初问题得到解决。

八、脑力素描法

脑力素描法(brain-sketching)适合工程设计问题,用画图的方法将自己的概念方案描绘出来,有助于用视觉化的方式增强创造力(Leahy & Mannix,2016)。基本流程为:第一,每一位成员画出自己解决问题的方案,不允许彼此交谈;第二,全部画好后,依次交给自己右边的人;第三,每个人观察他人的想法,并对其进行修改和改进;第四,不断重复此过程,直至完整地进行一轮交换;第五,最后进行方案整合和评价。研究表明,在工程设计问题的解决过程中,脑力素描法增强了学生内在动机。

九、集体素描法

集体素描法(collaborative sketching),又称画廊法(gallery method),由Hellfritz 开发,可以认为是脑力素描法的一种延伸形式。每个成员针对待解决的问题深入思考,并将自己的方案画下来,张贴在墙上。其他参与者(一般以5~7人为一个小组)像在画廊里看画一样自由浏览,同时可在画作旁边修改或加入自己的想法。随后可以进行第二轮方案产生,经过若干轮讨论和思考之后,最后进行方案整合和评价(Tumkor et al.,2004)。

此方法有以下好处:第一,规避了小组会议冗长的讨论;第二,图示化的方式使得成员间想法的交流更加清晰高效;第三,在最终方案中,每个个体的贡献可以被清晰识别;第四,文档较为容易归档储存。

后续无论是脑力素描法还是集体素描法(画廊法),都逐渐互联网化。通过计算机辅助创新实现(软件或网页)连接全世界的个体,进行有创造力方案的产生,比较具有代表性的是 Skwiki 法(Zhao et al.,2014)、Coske 法(David et al.,2010)、Sketchfans 法(Sun et al.,2014)等。

十、属性列举法

属性列举法认为,新的创造性的方案都是从现有方案中改造而来的,一种新事物是从另一种旧事物衍生得到的(Voehl,2016)。属性指的是某种物体所具有的固有性质,例如人的性别、年龄、体重,设备的重量、工作电压、功率等(张武城等,2014)。详细列举物体的属性,并加以改变,将得到性质不同的物体和解决方案。属性列举法认为,属性列举得越细微、全面,就越容易产生新的方案。

属性列举法的实施步骤为:第一,选择一个现有物品、系统或原型机;第二,列举对象的零件和各个组成部分;第三,列举其各个部分的属性;第四,将每一种属性逐一思考改良,得到新的概念方案。例如钢笔,其属性列举为颜色、粗细、长短等,然后逐一思考改良,可得到大量钢笔的新方案。

十一、奥斯本检核表及奔驰法

奥斯本检核表从以下九个方面,帮助问题解决者进行思考(Serrat,2017):(1)同一个对象是否有其他用途?(2)能应用其他对象解决同一问题?(3)能改变现有对象的属性?(4)如果能够改变现有对象的属性,可否增加些什么?(5)可否减少些什么?(6)现有对象的某一部分能否被替代?(7)现有对象的某一部分能否被拆解?(8)现有对象的组成部分能否被重组?(9)能否从相反的作用/方向进行分析?

Eberle(1996)和 Michalko(2000)结合奥斯本检核表的思路,进行了改进和优化,提出了 SCAMPER 检核表法(又称奔驰法)。SCAMPER 是七个英文单词的缩写,每个英文单词都代表了一种改变或改进的方向,通过有引导的一系列问题,帮助问题解决者产生新的概念方案(见表 6.5)。

表 6.5　奔驰法的内涵

英文字母	英文单词	具体操作
S	substitute 替换	哪些部分可被取代或替换?(材料、配方、流程、操作人员、环境等)
C	combine 合并	哪些部分可被合并,以增强整体的协同性?(组件、流程等)

续表

英文字母	英文单词	具体操作
A	adapt 调整适应	原有系统是否有需要适应环境的地方？是否可以从环境中获得某些信息？是否可以从过往的经验中获得启示？是否可以从其他领域的类似做法获得启迪？
M	modify 修改	是否可以改变原有系统或组件的某些属性？（材料、配方、形状等） M 操作与上一条 A 操作的主要区别为：M 操作强调系统内或组件的修改，而 A 操作强调与环境的相互作用，从环境中获取资源
P	put to others uses 其他用途	原有组件或系统是否有其他用途（已知或未知）
E	eliminate 消除	是否可以将原有系统或组件缩小或消除某些部分？
R	rearrange 重排 reverse 颠倒	重新安排原有流程的顺序、组件的布局，或者把相对组件的顺序颠倒

资料来源：作者根据 Michalko(2000)整理。

Kulkarni 等(2000)的研究认为，不同的提升工程创造力的手段，虽然实施方式有所不同，但是不同手段之间存在共性的要素。对以上提升工程创造力的现有手段所包含的要素进行进一步的整合和提炼，得出以下四类，如表 6.6 所示。

表 6.6　提升工程创造力的手段及其包含的要素

提升工程创造力的手段	包含的要素			
	图示化表达	工程经验总结	外部知识引入	系统化思考流程
工程参数及矛盾矩阵	—	*	—	*
物—场模型和标准解	*	*	—	*
科学效应知识库	—	—	*	*
最终理想解	—	—	—	*
头脑风暴法	—	—	*	—

提升工程创造力的手段	包含的要素			
	图示化表达	工程经验总结	外部知识引入	系统化思考流程
六项思考帽	—	—	—	*
鱼骨图法	*	—	—	—
脑力素描法	*	—	*	—
集体素描法/画廊法	*	—	*	—
属性列举法	—	*	—	—
奥斯本检核表/奔驰法	—	*	—	—

第一，工程问题图示化表达。工程问题的表达，最初是非常具体的情境化方式呈现，这样的表述方式容易让问题解决者陷入已有思维方式难以脱离。因此在问题分析过程中，创造力技法要求工程师对问题进行抽象化的提炼，分析问题背后隐藏的要素，并用图示化的方式进行表达，便于工程师之间进行高效交流。典型代表包括物—场模型和标准解、鱼骨图、脑力素描法、集体素描法以及画廊法等。

第二，过往工程经验提炼总结。Altshuller(1984;1996;1999)通过大量专利分析发现，在大部分工程问题解决过程中，所运用的思路和知识具有相似之处。将这些相似之处提炼成规律，可以反过来指导工程问题的解决。SCAMPER 所提炼的 7 个手段、TRIZ 总结出 40 个发明原理以及 76 个标准解，包括奥斯本检核表以及属性列举法中的"逐一列举并尝试改变属性"，都是过往工程经验总结的典型代表。

第三，跨领域知识引入启发。工程师个体的思维方式是固化的，掌握的知识大都局限在特定的领域内部。头脑风暴法、脑力素描法、集体素描法、画廊法以及 TRIZ 的科学效应及知识库，都强调并鼓励通过跨个体、跨领域知识的引入，对工程问题的解决予以启发。

第四，遵循系统化的思考流程。包括六项思考帽法、TRIZ 等方法都要求将发散与收敛性思维相结合，遵循"问题分析—方案产生—方案整合优化—方案评价实施"的系统化的思考流程。

相比其他手段，TRIZ 完整地包含以上四个要素（图示化表达、工程经验总结、外部知识引入、系统化思考流程），而其他手段仅仅包含四个要素中的一部分。这也从侧面解释了第 4 章的结论，即为什么 TRIZ 是当下最常用最有效的创新方法。

姚威和韩旭(2018)提出运用 TRIZ 解决工程问题的规范流程如图 6.7 所示,共分为四大步骤,分别是问题描述、问题分析、问题解决和方案汇总,四个步骤前后承接,相辅相成,以问题分析和问题解决为核心,具体如下。

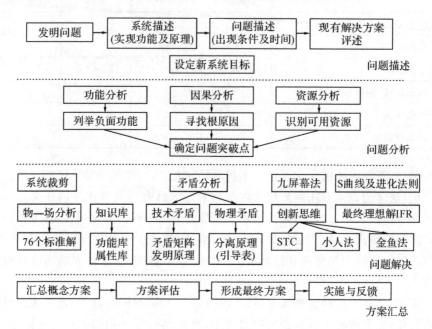

图 6.7　TRIZ 标准化解题流程

资料来源:作者根据姚威和韩旭(2018)整理。

首先,在问题描述阶段,先要明确工程系统的主要功能,然后用文字以及图示化的语言详细描述目标系统的工作原理、问题出现的具体时间和条件,以及对新系统的定量化要求。规范化的问题描述是有效分析问题的前提条件。

其次,问题分析有序应用 TRIZ 提供的功能分析、因果分析、资源分析三大分析工具,确定问题突破点。其中功能分析的主要目的是在系统、子系统以及超系统层面,明确系统中包含的组件以及作用对象等,构建彼此的功能和结构关系,画出功能模型图,找到系统中需要重点解决的负面功能;而因果分析通过原因轴和结果轴的构建,明确系统中问题产生的前因后果的逻辑关系,寻求问题产生的根本原因;资源分析则通过对系统中已有以及潜在资源的充分挖掘,引入资源,解决问题,提高系统的理想度。三大分析密切承接,分析结束后,综合确定问题的突破点 2~5 个。

再次,第三阶段将围绕问题突破点,综合运用 TRIZ 多种工具产生大量创新性解决方案。其中,最左面的工具集(系统裁剪、物—场模型及标准解、功能分析及属性分析等工具)将通过裁剪、TRIZ 提供的标准解以及科学效应库等改善或消除系统中的负面功能;中间的工具集是技术矛盾或者物理矛盾的解决,首先要选取某一个问题突破点,分析其中存在的技术矛盾或者背后的物理矛盾,然后查询矛盾矩阵(发明原理)或者分离原理产生概念解决方案;最右侧的工具集包括S 曲线及若干进化法则、理想化最终结果以及创新思维,能够打破工程师的思维定势,使得系统的理想度不断提升。

最后,方案汇总步骤能清晰地梳理问题解决过程中产生的多种方案,从成本高低、可靠性高低及实现的难易程度三个维度进行评估,优中选优,最终形成综合解决方案。且在实施过程中不断收集反馈信息,形成持续改进的良性循环。

综上所述,TRIZ 具备将发散与收敛性思维相结合的系统化的思考流程,通过抽象以及图示化表达,对问题的功能、原因以及可用资源进行详尽分析,通过对相关专利的分析以获取工程经验用于问题解决,并通过外部知识引入启发,列举并尝试改变属性。在所有提升工程创造力的手段中,最为综合全面,也最适合工程问题的解决。因此在本章的实证研究中,也将 TRIZ 作为重点考察对象。

6.3 基于 C-K 理论识别工程问题解决过程中的障碍

Kulkarni 等(2000)、Hatchuel 等(2011)以及 Rawlinson(2017)总结了工程师在解决问题时存在的障碍,包括:顺从他人或组织规范给出预期中的方案;不敢挑战显而易见的常见事物;不想提出天马行空的特殊方案,让自己看起来不合群;缺乏系统化、流程化的思考方式;对创造性的方案过于急迫否认其可行性等。Rawlinson(2017)也建议需要营造一种宽容的氛围,无论多么愚蠢或狂野的想法都是可以接受的,才能够支持创造力的产生。

但是上述的归纳是经验性、描述性的,缺乏理论和定量实证支撑。本节将以C-K 理论视角,系统性地重新审视工程问题解决过程。基于章节 6.1 的分析可以得知,工程问题解决过程体现为四个算子的正常运转(见图 6.3)。这说明工程问题解决过程中出现的障碍意味着四个算子的运转出现问题。工程问题解决过程中存在的四个障碍如下。

6.3.1 固着效应(K→C 算子障碍)

在工程问题解决过程中,后续方案的产生会受已经存在的或第一个见到的方案的束缚,以上障碍可以总结为"固着效应(fixation effect,缩写为 FE)"。不同研究者对"固着效应"的内涵探讨如表 6.7 所示。

表 6.7　关于固着效应的研究及具体描述

研究者及年份	对固着效应的具体描述
Jansson 和 Smith (1991)	在工程问题解决过程中,第一个出现的方案会影响后续新方案的产生。工程师个体可能会被现存的或第一个方案束缚,难以产生新方案,这种现象被称为固着效应
Smith 等(1995)	固着效应的本质是在寻找工程问题解决答案过程中,工程师主动地或被动地激发了一部分已有知识,忽视了其他知识的运用而导致的
Salamatov 和 Souchkov(1999)	工程师的思考方式过于具体。过于具体的思考方式和表达是一种不易被察觉的约束,它会唤醒头脑中固有知识,导致可用知识(mobilized knowledge)的数量减少且质量降低
Viswanathan 和 Linsey(2011)	固着效应和沉没成本有关联。工程师不愿改变已有方案的原因,包括已经在已有方式上投入的各类资源(包括人力物力、机器设备以及已有生产方式等)。因此,在解决新的问题的时候,工程师倾向于运用已有方案,不愿意改变现有状态
Agogue 等(2014)	固着效应存在于工程问题解决的过程中,有关于现有方案的知识会不自觉地被激发,主要思路和方案全部围绕现有方案和知识,从而束缚了新知识的运用和新方案的产生
Cassotti 等(2016)	事实上,人们倾向于跟随"最小阻力路径"(the path of least resistance),提出一些基于特定领域内知识的解决方案,而这些知识通常是最容易获取的,或者是最常见的。人们的解决方案往往受限于这些已有知识,这种现象就是固着效应

从 C-K 理论角度解读"固着效应",即工程问题的现有知识和已有方案阻碍了进一步思考。现有知识和已有方案视为 K 空间中的已知元素,因为 K 空间中已知元素的存在,导致无法产生新的概念方案(C 空间中的元素),说明 K→C 算子没有正常运行。如本节标题所示,"存在固着效应"对应"K→C 算子障碍"。接下来通过若干典型实例,进一步从 C-K 理论视角阐述固着效应的内涵。

一、关于墙壁功能的思考(Salamatov & Souchkov,1999)

当人们谈论"墙"这个表达时,直觉就会想象墙是由木材、砖块或混凝土构成的,或者在生活中最熟悉的建筑物的墙壁。已经存在的方案阻碍了进一步思考,即为"固着效应"。然而,如果用"屏障"或"障碍物""遮挡物"这样的抽象表述代替"墙",将消除具体的建筑物所带来的固着效应。因为屏障不仅仅是一堵墙,它是所有无法穿透的东西的统称,从而可以在更抽象而广泛的层次上,思考一个问题以及可能的解决方案。工程师需要了解的是,每个问题都有不止一种的创造性的解决方案,不仅仅是现存的一种,有更多潜在的方案等待发掘。

在本例中,现有知识和方案是,"墙"是由混凝土构成的实体,这个知识成为K空间中的已知元素。受到已有方案的限制,人们难以对"墙"的材料、形态以及实现的功能进行全新的探索,无法产生新的概念方案(C空间元素),体现出"存在固着效应"对应"K→C算子障碍"。

二、画出生活在外星的生物(Smith et al.,1993)

实验者要求被试想象并画出生活在外星的生物,并鼓励尽可能多的奇思妙想的方案。但是会提前向被试展示一些常见的地球生物(例如两条腿或四条腿、有眼睛、有触角等特征)。在得到提示之后,被试倾向于将这些元素整合到自己的想象中,尽管实验者明确提示过要避免运用地球生物的常见特征(Jansson & Smith,1991;Landau & Leynes,2004)。这就意味着,被试的思考受到了第一个见到的方案的束缚,即为"固着效应"。

本例与上一例类似,现有知识是人类的基本特征,该知识是所有人的共有知识和公知常识。在实验过程中,实验者向被试展示地球生物的特征,即激发了被试头脑中有关人类基本特征的知识(K空间元素)。具体描述这些位于K空间的知识可能包括:"人类是三维空间的生物"(K_1)、"地球生物的感官一般包含眼睛、鼻子、触角等"(K_2)、"地球生物的行走方式一般为蠕动、爬行或行走"(K_3),这些知识的存在导致被试难以想到:"外星生物有可能是四维甚至更高维空间的"(C_1)、"外形生物的感官可能是电波或粒子传递信号"(C_2)、"外星生物的行走方式可能是悬浮或瞬移"(C_3)。因为固着效应的存在,导致K空间元素(K_1、K_2、K_3)无法转换为C空间元素(C_1、C_2、C_3),证明了K→C算子存在障碍。

三、如何固定一个蜡烛(Kirsh,2014)

实验者提出条件:使用一堆火柴、一盒大头钉、一根蜡烛,如何将燃烧的蜡烛固定在墙上,并且让它在燃烧的时候蜡烛油不至于滴到桌上,如图6.8所示。

图 6.8　固着效应实例之蜡烛问题

资料来源：作者根据 Kirsh(2014)整理。

　　大部分被试试图直接用大头钉把蜡烛钉在墙上（蜡烛会碎掉），或者试图将蜡烛烧融之后粘在墙上（蜡油黏性不足以支撑蜡烛的重量），均宣告失败。一个相对合理的解决方案是用大头钉将盒子固定在墙上，把蜡烛放在盒子上，即可满足题干要求，如图 6.9 所示。

图 6.9　固着效应实例之蜡烛问题答案

资料来源：作者根据 Kirsh(2014)整理。

在此例中,被试头脑中有关某一物体的典型特征的相关知识被激发,从而限制了对该物体多功能用途的思考。在本例中"固着效应"具体表现为在图 6.9 先入为主的情况下,盒子的功能是用来装图钉,或者盒子的功能是在桌面上接住滴落的蜡油,没有想到用盒子直接装蜡烛,这就体现出已有方案(K 空间元素)限制了新方案的产生(C 空间元素),K→C 算子受到阻碍。

需要注意"思维定势"与"固着效应"的异同点。二者的相似之处在于都对创造力的提升有所制约。二者的区别在于,思维定势强调的是思路按照既定的流程和模式展开,而固着效应强调受到已有知识和已有方案的束缚。

综上所述,工程师掌握的是特定工程领域内部的知识、对某种类型工程问题解决的积累经验,以及对某种工程组件(产品)功能的基本认知。这些都是工程师成长过程中极其重要的知识性积累,但是也成为固着效应滋生的土壤。

固着效应近乎存在于所有领域的创造力发挥过程中,阻碍更具创造性解决方案的出现,在工程创造力领域尤为棘手。杨毅刚等(2016)的研究提出,企业进行技术创新时重视对已有技术模块或生产线、生产平台的重复利用,相当一部分工程技术类企业要求新方案中原有技术模块占比为 75%~85%。这样做的目的是缩短技术研发周期、降低研发成本、提升创造性方案的可行性和可靠性。因为要求充分利用现有技术模块和生产线,在解决工程问题时,工科学生(或工程师)大概率不会考虑去修改约定俗成的设计结构,创造力被原型机、现有及技术模块所束缚,或者直接寻找现有生产线上已解决的类似方案,阻碍了更具有创造性的、突破性的解决方案产生。

6.3.2　思维收敛(C→C 算子障碍)

Guilford(1950)的研究认为,人们过于强调获取事实性知识、迅速而准确地回忆这些知识并把它们有逻辑地重新用来寻找特定问题的最优解决方案。在整个问题解决过程中,人们有着清晰具体的目标,抵抗外界的干扰,听从师长的指导,尝试获得问题的最优解决方案。这种思维方式被称为"收敛性思维"(convergent thinking)。

Grohman 等(2006)的研究认为,在不确定的环境中,变通方案(alternatives)可能是已知的,只是每个方案的概率和后果是不确定的;或者在不确定的环境中,变通方案是根本不知道的。想要在这种情况下找到变通方案,就要求能够打破现存规则,思考与现有方案不同的新方案,这种思维方式被称为"发散性思维"(divergent thinking)。

Dym 等(2005)的研究认为,收敛性思维的特点就是针对特定问题存在一个或一组特定的答案,这些答案共有的特征是聚焦事实(converge on facts)。最终的答案应该包含真实的价值(truth value),意味着在现实中是可被验证的;而发散性思维的特点就是问题解决者尝试远离现有事实,关注多种多样的可能性。最终的答案不需要有真实的价值,也暂时不需要在现实中被验证。

Birdi 等(2012)的研究认为,收敛性思维包括有逻辑地追溯问题的根源、评价新方案的优势和劣势,发散性思维就是产生大量具有原创性的方案。也就是说,收敛性思维能够让人们得到常规的、有用的产品,而发散性思维能够让人们得到新颖的概念,因此"发散性思维"就被人们归纳为创造力的重要构成,有时候甚至等同于创造力(Redelinghuys & Bahill,2006)。而发散性思维和收敛性思维的内涵和相互转化关系,一直是研究者关注的重点。

从 C-K 理论角度解读发散性思维与收敛性思维。收敛性思维处于知识 K 空间(需要在现实中得到验证),而发散性思维处于概念 C 空间(不需要在现实中得到验证)。发散性思维所提出的概念设想,供收敛性思维去进一步验证。

工程创造过程的核心机制之一,就是综合运用发散性思维和收敛性思维,获得一定数量有用的新颖的想法(Isaksen & Treffinger,2004)。然而在实际解决工程问题时,工程师没有将发散性思维和收敛性思维两者结合起来,而是过多地侧重于收敛性思维。工程师通常针对部分已知的、常见的方案,聚焦微小改进(收敛性思维),整个过程缺乏发散性思维,阻碍了对问题的深入分析,不利于大量创造性方案的产生(Hatchuel et al.,2011),导致工程创造力中"流畅性"以及"丰富性"维度得分很低。我们把这种工程师侧重收敛性思维、忽视发散性思维的现场称之为"思维收敛",这是制约工程难题解决的又一个障碍。

举一个实例说明。Cassotti 等(2016)要求被试设计一种方式保护鸡蛋(无特殊条件限制,要求被试产生尽可能多的方案),使其从 10 米高空坠落不会碎裂。被试提出的主要概念方案包括"保护鸡蛋的外部包装"(C_1)、"在地面铺一层垫子能够缓解冲击"(C_2)、"降落伞能够减缓下落"(C_3),以上三个方案均可视为 C 空间的元素。但是,将所有被试产生的所有方案进行汇总,以上三个方案的出现频率高达 81%(见表 6.8)。

表 6.8　缺乏发散性思维实例之鸡蛋飞行器方案统计

类别	具体方案	出现概率
减缓冲击(接触地面瞬间)	在地面铺一层垫子	33%
保护鸡蛋(接触地面瞬间)	保护鸡蛋的外部包装	26%
减缓下落(下落过程中)	降落伞	22%
阻碍下落(下落过程中)	刚下落时用一个网兜住	7%
预先作用(下落之前)	利用相对高度,将 10 米变成 0 米	2%

类别	具体方案	出现概率
后续处理(下落之后)	用新鸡蛋替换摔碎的鸡蛋	0%
用有生命的设备	训练老鹰,在空中抓住鸡蛋	3%
改变鸡蛋的固有特征	冷冻鸡蛋,让其变得无比坚固	4%
改变环境的固有特征	在无重力的空间下落	3%

资料来源:作者根据 Cassotti 等(2016)整理。

图 6.10 则表明了运用发散性思维,C 空间应有的树状结构。可以看出,"借助外界设备—用无生命的设备—在下落过程中或者接触地面瞬间实施保护",仅仅是整体发散性思维的一个分枝。被试因思维(过于)收敛,"缺乏发散性思维",意味着无法大量扩展产生新的概念方案(如训练老鹰抓住鸡蛋、让鸡蛋变成弹性的、让环境变为零重力等),C 空间内部无法产生新的元素,说明 C→C 算子没有正常运行。如本节标题所示,"思维收敛"对应"C→C 算子障碍"。

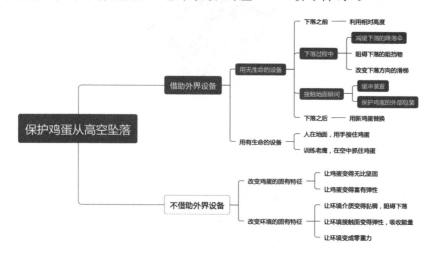

图 6.10　缺乏发散性思维实例之鸡蛋飞行器

资料来源:作者根据 Cassotti 等(2016)整理。

6.3.3　知识壁垒(K→K 算子障碍)

在解决工程问题时,工程师受制于本专业本领域的知识,缺乏跨学科的知识,对于很多跨学科的原理和效应在本领域的应用缺乏了解,也缺少去学习和使用的动力,从而产生了知识壁垒。这一障碍的存在,源自任何工程师个人的知识领域都是有限的,而特定的工程技术问题可能在不同的领域已经得到能够类比的解决方案。接下来将通过两个典型实例,进一步阐述知识壁垒的存在性。

一、容器内部液体的转移

试想有一个半密闭的玻璃容器,里面盛装有液体(见图6.11),如何将玻璃容器中的液体(例如水或酒精)转移到容器外?

图 6.11　半密闭的玻璃容器示意图

资料来源:作者根据姚威和韩旭(2018)整理。

面对此问题,大多数工程师已经掌握的知识(K空间中元素)包括直接倾倒、蒸馏,甚至打碎玻璃容器,都是可以用来实现题干要求的。但是,工程师并不了解自身领域之外可能存在海量的知识,能够解决特定问题。以本题为例,在创新咖啡厅网站上[①]查询"移动液体"的实现方式(见图6.12),在不同学科领域共计可检索到180种实现手段,列举部分如下:吸收、声空化、声振动、阿基米德原理、伯努利定理、沸腾蒸发、毛细管凝结、毛细管蒸发、毛细管压力、康恩达效应、凝结、库伦定律、形变、干燥、电毛细管效应、电解法、电渗透、电泳、静电感应、爆炸、铁磁性、漏斗效应、重力、液压冲击、惯性、离子交换、喷射流、洛伦兹力、磁致伸缩、机械致热效应、渗透、帕斯卡定律、泵、兰克赫尔胥效应、共振、冲击波、螺旋形物、超热导性、超流动性、表面张力、热膨胀、热毛细管效应、热机械(应力)效

―――――――――

① 创新咖啡厅由浙江大学团队开发,能够实现功能/属性知识库、技术/管理进化法则、2003矛盾矩阵/管理矛盾矩阵等模块的查询,网址 www.cafetriz.com.

应、超声波毛细管效应、超声波振动、应用泡沫、韦森贝格效应、润湿。

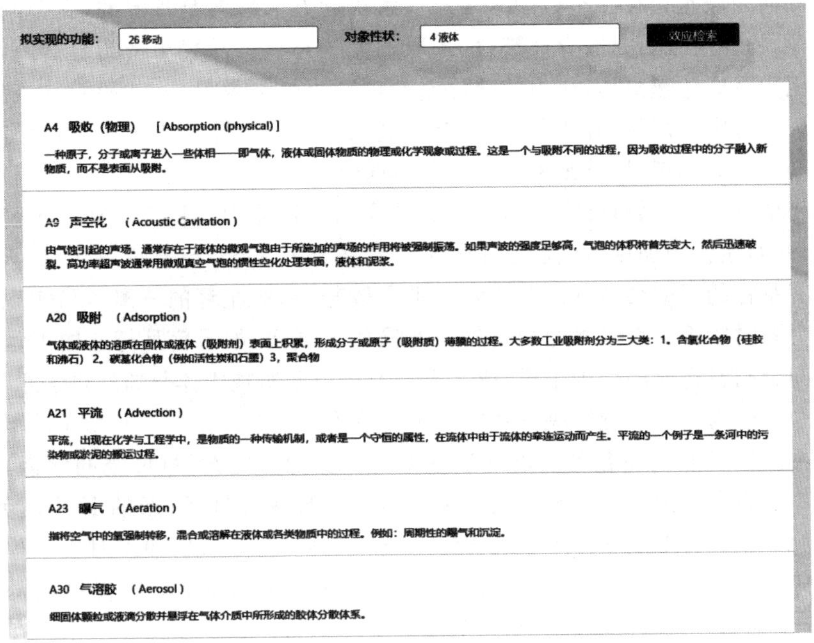

图 6.13　移动液体实现方式的检索结果示意图

资料来源:创新咖啡厅网站 http://www.cafetriz.com/＃/repository/functionsearch.

可以发现,在检索到的 180 种实现"移动液体"的方式中,一部分是工程师了解但是一时难以想到的,一部分是工程师闻所未闻的知识。这些知识能够实现特定功能、解决特定问题,但是在工程师的知识空间中却不存在,体现了知识壁垒的存在性。从 C-K 理论角度解读知识壁垒,跨学科、跨领域的知识对于工程师来讲是完全未知的(例如韦森贝格效应),或者学习过此知识,但根本不会想到用来解决特定问题(例如毛细管蒸发效应以及离子交换现象等),这都意味着 K空间内部无法扩展产生新的元素,说明 K→K 算子没有正常运行。

二、如何批量去除果壳

试想有一个食品加工企业,如何将葵花籽的外壳剥离,只留下葵花籽进行后续加工? 或再设想有一个农产品加工企业,如何将甜椒的籽全部去除洗净,只留下外面可食用的部分?

以上两个问题,都涉及极大规模的批量处理,人工操作不可行。在思考解决方案的过程中,仍然存在知识壁垒,即工程师并不了解在其他行业或其他领域是否已经解决了类似问题,或者有相关的解决方案能够进行类比。

其他领域是否存在类似的方案能够解决问题?答案是肯定的,在金刚石加工行业,检验金刚石是否存在裂缝,采取的方式是将样品置于密闭容器内,缓慢增加压力然后急速降压,压力的差异会产生一个炸裂效果(explosion)以使物体分离。在特定的加压/降压条件下,有裂缝的金刚石会碎裂成小块,而没有裂缝的金刚石不会碎裂,后续则可以将二者筛选分离。

将金刚石加工领域的知识,运用到食品加工行业中。将葵花籽置于密闭容器内,开始缓慢增加压力然后迅速降压。在高压之下空气会渗入葵花籽内,一旦降压葵花籽的壳就会裂开。葵花籽壳重量较轻,和葵花籽的分离容易实现。此方法可同时实现极大批量的葵花籽分离操作。试问,如果食品行业的工程师从未听闻金刚石行业的处理手段,或从未学习压力差实现固体分离的科学原理,知识壁垒将成为工程问题解决过程中的明显障碍。

再次从 C-K 理论角度解读知识壁垒。工程师已知知识(K 空间元素,在本例中体现为人工操作的实现方法),无法有效推导未知知识(新的 K 空间元素,在本例中体现为批量操作的实现方法),或跨学科、跨领域的知识对于工程师来讲是完全未知的(在本例中体现为金刚石加工的跨领域知识),K 空间内部无法扩展产生新的元素,说明 K→K 算子没有正常运行。如本节标题所示,"存在知识壁垒"对应"K→K 算子障碍"。

6.3.4　约束思维(C→K 算子障碍)

工程师在解决工程问题时,会考虑经济、技术和社会方面的限制,遵守客户要求和法律要求,考虑现有生产线和成本方面的限制,排除现实中不可行的方案,约束思维就是使最终的工程系统和产品符合这些限制的思维过程。

约束思维可以被比喻为一个过滤器,好处是产生的方案能够保证比较高的可行性、经济性和可靠性;坏处就是带着过滤器的眼光,会不假思索地否定许多具有创造性的解决方案,因为这些方案在表面看起来可行性相对较低(或成本较高),但是轻而易举地否定具有创造性的方案,一直带着约束思维进行问题解决,恰恰成为提升工程创造力的阻碍。

从 C-K 理论角度解读"约束思维"。工程师提出的概念解决方案(C 空间中的元素),没有被进一步验证和细化,无法转化为 K 空间中的已知知识(可行的方案以及积累的工程知识及经验);或者工程师提出的概念解决方案(C 空间中的元素),被过早地,或过于草率地否定,无法转化为 K 空间中的知识(某个概念方案可行性、经济性或可靠性不高,但这些知识可能是武断的、错误的)。以上两种情况均说明 C→K 算子没有正常运行,如本节标题所示,"存在约束思维"对应

"C→K 算子障碍"。

根据不同研究者对约束思维的内涵探讨可以得出,约束思维存在的原因是工程师想要规避风险、规避不确定性、提升可行性,如表 6.9 所示。

表 6.9　关于约束思维的研究及具体描述

Amabile(1996)	工程师在方案选择阶段,通常选择常规的或之前被验证过成功的类似方案,因为全新的方案会有不可预知的失败风险。人们通常把可行方案当成是有价值的,一个新颖的方案是否可行、有否错误是未知的
Adams 等(1998)	很多具有创造性的方案在萌芽阶段就遭到否定。这是因为新想法具有固有的风险,在许多以营利为目的的情况下,公司和组织并不欢迎风险
Salamatov 和 Souchkov(1999)	约束思维就是在没有试验的情况下,断然否定新想法的可行性。对一个新想法不可行的判断,通常是基于对特定知识领域的掌握和当前限制条件的理解,然而这样的判断有可能是不准确的。因为:第一,任何人都不可能掌握所有的知识;第二,新资源的引入可能推翻当前的限制条件;第三,人们有拒绝新鲜事物的本能反应,因为新鲜事物可能带来不确定性和损失
Goldenberg 等(2001)	人们避免激进的创造性方案,因为想要保证可行性
Ashford 等(2003); Cleveland 等(2007)	由于创造性的想法与之前的常规想法是不同的,因此常常会受到更高程度的怀疑和批评,许多员工都害怕收到此种类型的反馈
Rietzschel 等(2010)	人们宁愿选择更加可行的方案,而不是更加新颖的方案,从而能够避免不确定性
Mueller 等(2014)	从其他社会成员的角度来讲,人们心里期待创造性的方案,但是在真正创造性的新颖方案产生时反而加以排斥。原因是为新方案提供支持有风险
Starkey 等(2016)	在最后的方案选择阶段,为了提升可行性,工程师会选择创造性较低、成本较低的方案。也就是说,在概念产生阶段的方案原创性高,不代表最终的实施方案原创性也高

举一个工程实例说明约束思维的存在导致 C→K 算子障碍。某电器元件公司生产的是常见的通断开关。在新产品开发以及设计过程中,针对动触片与静触片接触问题,曾提出"陶瓷分断触点"(C_1)、"触片之间加入导电油介质"(C_2)、"触片间加入惰性气体作为介质"(C_3)等一系列概念方案,这些概念方案均因成本相对较高、实施的可行性、可靠性等因素被否定(约束思维的存在,导致 C 空间方案无法转化为 K 空间知识)。

实际生产过程中采取的方案,是通过开关的动触片上的动银触点,与静触片上的静银触点接触(或断开)来控制电路上的电灯电量或熄灭。该方案是成本较低、可行性较高的方案(经过约束思维筛选之后的方案)。但实际投产后发现,开关的动银触点与静银触点断开瞬间,容易产生电弧,导致塑料基座熔化变形,开关使用失效,降低产品使用寿命。后续工程师进一步研发,摆脱约束思维,确定之前被否定的概念方案"陶瓷分断触点"(C_1)能够解决现有问题。经过进一步的方案细化,得出"在触点分开后立即引入陶瓷介质,能够防止产生电弧"的结论,该结论是位于 K 空间的得到验证的知识(K_1),也即破除约束思维障碍后,能够使概念方案转化为知识,C→K 算子正常运行。新的方案虽在制造过程中成本上升,但是增加了产品的寿命和可靠性,综合来看为公司带来 200 万元/年的产值收益(该数据为工程师根据公司销量预估得出)。本例证明了约束思维的存在,导致 C→K 算子障碍,反而不利于工程问题的解决。

6.4　C-K 理论视角下工程创造力的提升机理

上一节研究基于 C-K 理论,识别了工程问题解决过程中存在的四个障碍。四个障碍与 C-K 理论四个算子的对应关系如图 6.13 所示。

基于 C-K 理论考察工程创造力内涵和测评的六个维度。流畅性和丰富性两个维度体现出发散性思维能力,工程师进行问题分析并由相应工具获得概念性解决方案,对应 K→C 算子以及 C→C 算子;原创性体现出在现有知识范围的向外拓展,概念方案所包含的新知识增添了 K 空间的元素,因此对应 K→K 算子;可行性、经济性、可靠性三个维度,目的是验证概念方案的可行性以及实际价值,对应 C→K 算子。

基于 C-K 理论视角,将工程创造力内涵和测评的六个维度与工程问题解决过程中存在的四个障碍加以对应。工程师在解决问题的过程中存在固着效应,缺乏发散性思维,意味着 K→C 算子以及 C→C 算子无法正常运转,导致工程创造力的流畅性和丰富性两个维度无法提升;存在知识壁垒,意味着 K→K 算子无

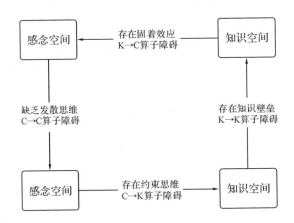

图 6.13 四个障碍与 C-K 理论四个算子的对应关系

法正常运转,导致工程创造力的原创性无法提升;存在约束思维,意味着 C→K 算子无法正常运转,导致工程创造力的可行性、经济性、可靠性三个维度无法进一步提升。

在本书第 5 章实验研究中,已经验证 TRIZ(包括工程问题图示化表达、过往工程经验提炼总结、跨领域知识引入启发、遵循系统化的思考流程,共计四个要素)对提升工程创造力存在显著的正向作用,使得工程创造力测评的六个维度均有统计学意义上的显著提升。通过以上分析可以得知,工程创造力测评六个维度能够提升,说明在工程问题解决过程中,TRIZ 中包含的四个要素,能够解决四个算子的障碍。本节将对此过程中内在机理加以研究。

6.4.1 机理一:图示化表达克服固着效应,提升流畅性、丰富性

工程问题图示化表达,能够克服固着效应(破除 K→C 算子障碍),提升工程创造力的流畅性、丰富性,具体表现在以下几个方面。

为了提升问题解决的效率,工程师一般会形成一套固有思维,面对特定的问题类型时,迅速思考已有的解决方案,在认知科学的研究中,这被称为思维结晶化(crystalization)。思维结晶化有助于提高思维效率,但却是以牺牲创造性为代价(赵炬明,2017)。工程问题的表达,最初是以非常具体的情境化方式呈现,这样的表述方式容易让问题解决者陷入已有思维方式难以脱离,这描述的正是固着效应的负面效果。

Ward 等(1999)的研究也发现,认知因素可能阻碍人们的创造力,研究者在实验中要求被试想象一个外星动物并画下来,人们的方案通常都包含了腿、眼

151

睛、脑袋等部分(同属于"人"的种群特征)。研究结论为被试的方案通常属于同一个"家族",意味着创造性方案的流畅性(数量)和丰富性(多样性)不足。在其他的研究(Boden,1996;2001)中,尽管研究者希望被试能够打破规则,进行创造性思考,但是人们还是倾向于重新运用已有知识,特别是最近"被激活过"的知识,该结论也清晰地表明了固着效应的存在——因为 K 空间的稳定结构,导致无法产生 C 空间最初的突破性设计 C_0,如图 6.14 所示。

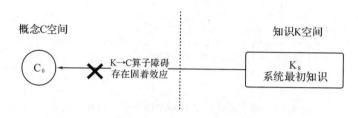

图 6.14　引入图示化表达之前

工程问题图示化表达,是指运用图形手段,清晰描绘工程系统组件之间的相互位置、连接关系、所实现的作用(功能)、物质信息的流动过程,以及问题产生的因果关系。工程图是工程师和工程技术人员表达工程思维、传递工程方案的语言(康仕仲、张玉连,2017)。

工程问题的图示化表达,在 TRIZ 中主要指运用"功能模型图""因果分析图""流分析图"以及"物—场模型图"等图示工具,对工程系统的最初知识 K_S(字母 S 为 system 的缩写),进行进一步的细化分析。工程系统的最初知识 K_S 包括系统实现的特定功能、系统工作原理、系统现存问题及发生条件等。

其中,"功能模型图"基于组件和功能的视角,逐个分析工程系统内部各个组件(具体包含组件、子组件和超系统组件三个层次)之间的相互作用关系(即功能,具体包括有用功能、有害功能、过度功能和不足功能四大类),并将组件之间的相互作用关系用规范的、图示化的语言进行表达,并据此分析系统中可能存在的问题,得出功能分析结论,为提出概念方案 C_0 指明方向。用 C-K 理论的语言表达,就是将工程系统的最初知识 K_S,逐渐细化为功能模型图 K_F(字母 F 为function 的缩写),基于功能分析的结论,产生新的概念方案 C_0,克服固着效应。

此外,"因果分析图"与前文介绍的鱼骨图相似,以系统中现存问题(即工程系统的最初知识 K_S)作为起始点,层层剖析,将所有导致问题产生的因素加以列举,并用树状的、图示化的语言进行表达,并据此分析系统中存在问题的根本原因,得出因果分析结论,为提出概念方案 C_0 指明方向。Souchkov(2010)认为,因果分析基于一个科学前提,即越深入地理解某个问题产生的原因,则越有可能解决该问题。用 C-K 理论的语言表达,就是将工程系统的最初知识 K_S,逐渐细化为因果分析图 K_C(字母 C 为 causality 的缩写),基于因果分析的结论,提出新的概念方案 C_0,克服固着效应。

很多情况下,工程师受到已有方案的束缚而不自知(Hatchuel et al., 2011)。Roy 和 Group(1993)以及 Cross 和 Cross(1996)的研究均表明,灵活的问题表述方式,包括抽象化的(abstract)提炼,以及图片化的(pictorial)展示手段,可以避免问题表述方式僵化单一。具体来讲,通过引入图示化表达的手段(例如功能模型图及因果分析图,见图 6.15),工程师可以更加清晰地了解系统之间的作用关系(K_F)、问题产生的根原因(K_C),以及现有方案的缺陷所在(K_{PRO},PRO 是 problem 的缩写)。这样能够将 K 空间的所有元素清晰地展现在工程师的眼前,而不仅仅局限于现有解决方案(K_{PRO}),从而能够有效克服固着效应,提出与已有方案不同的概念方案 C_0。

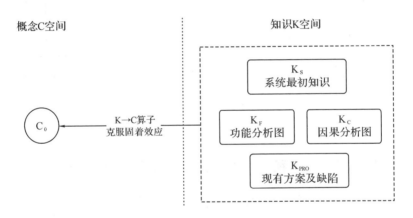

图 6.15 引入图示化表达之后

根据上述内容,总结提升工程创造力的机理一:工程问题图示化表达,通过功能模型图等多种图示工具,可以将有关工程系统的所需知识全面展现在工程师的眼前,而不仅仅局限于已有解决方案,进而提出与已有方案不同的概念方案,因此能够克服固着效应(破除 K→C 算子障碍)。并且通过对工程问题的细致分析,扩展了问题解决的思路和角度,能够提升概念解的数量(提升工程创造力的流畅性),也能够增加概念解的种类(提升工程创造力的丰富性),如图 6.16 所示。

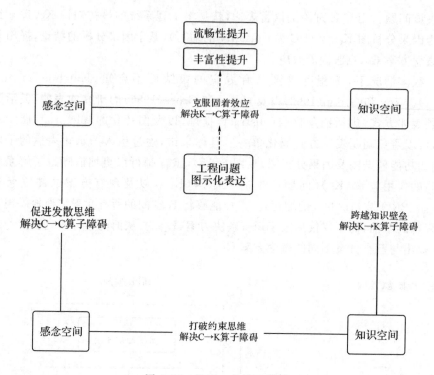

图 6.16　机理一总结示意图

6.4.2　机理二：工程经验提炼突破思维收敛，提升流畅性、丰富性

工程经验的提炼总结，能够突破思维收敛，促进发散性思维（破除 C→C 算子障碍），提升工程创造力的流畅性、丰富性，具体表现在以下几个方面。

Souchkov(2010)的研究表明，人们会试图通过简单的猜测来尝试解决问题，通常依据的是已有的经验和知识，这样的方式被称为试错法。试错法对于低难度的问题可能是可行的，但是在解决高难度的问题时，尤其是真实的复杂工程问题时，试错法中没有促进发散性思维的工具和操作流程，产生大量方案所需要的时间和成本将变得难以承受（文援朝、胡慧河，2002）。在工程问题的解决过程中因为思维收敛而缺乏发散性思维，导致 C→C 算子障碍，如图 6.17 所示。

工程经验提炼总结，是指在大量工程问题解决过程中，所运用的思路和知识具有相似之处。将这些相似之处提炼为规律，反过来指导后续工程问题的解决。工程经验的提炼总结，在以 TRIZ 为代表的系统化创新方法中突出表现为运用"40 条发明原理"、流优化措施、进化法则以及"76 个标准解"等工具，通过从专利分析中提炼总结出的不同类型工程问题、其解决方案所具备的共性特征

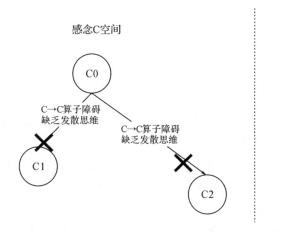

感念C空间

知识K空间

C0

C→C算子障碍
缺乏发散思维

C→C算子障碍
缺乏发散思维

C1

C2

图 6.17 引入工程经验之前

(Altshuller,1996;1999;2002),促使工程师打破现有思维收敛,提升其发散性思维能力,产生大量 C 空间概念方案。

例如,"40 条发明原理"所蕴含的工程经验是,绝大多数专利都是在解决矛盾,而且相似的矛盾之间,其解决方案在本质上也具有一致性。基于这些解决方案,Altshuller 分析、提炼并总结出了解决矛盾的 40 个常用发明原理,能够指导人们解决大部分的工程问题,如表 6.10 所示。

表 6.10 40 条发明原理具体列举

编码	名称	编码	名称	编码	名称
1	分割原理	15	动态性原理	29	气压或液压结构原理
2	抽出原理	16	不足或过量作用原理	30	柔性壳体或薄膜结构原理
3	局部特性原理	17	多维化原理	31	多孔材料原理
4	不对称原理	18	振动原理	32	变换颜色原理
5	组合原理	19	周期性动作原理	33	同质原理
6	多用性原理	20	有效持续作用原理	34	自弃与修复原理
7	嵌套原理	21	急速作用原理	35	状态和参数变化原理
8	反重力原理	22	变害为益原理	36	相变原理
9	预先反作用原理	23	反馈原理	37	热膨胀原理
10	预先作用原理	24	中介原理	38	强氧化作用原理

续表

编码	名称	编码	名称	编码	名称
11	预先防范原理	25	自服务原理	39	惰性介质原理
12	等势原理	26	复制原理	40	复合材料原理
13	反向作用原理	27	一次性用品替代原理		
14	曲面化原理	28	替换机械系统原理		

资料来源:作者根据 Altshuller(2002)整理。

再如,"76 个标准解"所蕴含的工程经验是,Altshuller 认为,每一个工程系统所实现的功能,都可分解为两种具体的物质(分别为对象物质 S_1 和工具物质 S_2)和一种场(物质之间的相互作用)的基本模式来描述。这样的描述方式被称为物—场模型。物—场模型的建立能够将具体问题转化为典型问题,继而通过76 个标准解(也即典型问题的典型解法)所给出的建议,找到具体问题的解决方案。"76 个标准解"与"40 个发明原理"的表象不同,本质相同,都是对过往工程经验(专利)的总结提炼,如图 6.18 所示。

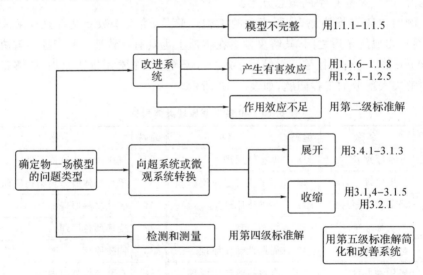

图 6.18　76 个标准解的具体列举

资料来源:作者根据 Altshuller(2002)整理。

Souchkov(2010)曾举一个简单实例,表明"40 条发明原理"和"76 个标准解"的来源和应用。对于一个喝咖啡很慢的人,杯子里的咖啡会很快变冷,味道也会变差,如何解决这个问题?利用 40 条发明原理中的"多孔原理",可以在咖啡表面放置一个漂浮食品作为挡板阻挡热量散失(与阿拉伯居民用厚厚的服饰来阻挡外界的热量,或者楼房建筑使用多孔的隔热棉类似),或者利用"复合材料原理",利用隔热性能较好的高分子材料制作杯子。

此外,提炼问题的共性特征,将来自不同领域的知识和解决问题的模式抽象化,并将问题特征和抽象的问题解决模式对应,能够提升解决问题的效率和效果。具体到咖啡变冷的问题,76个标准解中的1.2.2描述,"如果两个对象的相互作用产生了有害影响,那么在它们之间引入另一个对象,或者对其中一个对象进行修改。改性可以是广义的(不同的相态、物理态、化学态均可)"。通过此条标准解的提示,我们可以思考在液态咖啡的顶部做一层泡沫,它的导热性会降低,防止咖啡过快变冷。

基于C-K理论视角,通过共性解法和工程经验的引入,能够有效促进发散性思维。40个发明原理(K_{prin},其中prin是principle的缩写)和76个标准解(K_{stan},其中stan是standard的缩写),位于知识空间,是已经存在但是大多数问题解决者未知的,通过K空间元素的引入,能够使初始命题C_0在查询到的若干发明原理或标准解(设为N个)的提示下,分别细分成为C_1、C_2……C_n,也就意味着提出了N个概念解C_1、C_2……C_n,并在上述形成的概念解的基础上,通过进一步改进和完善,形成新的概念解,体现C→C算子的正常运行,如图6.19所示。

根据上述内容,总结提升工程创造力的机理二:工程经验的提炼总结,即将过去工程问题的解决规律加以提炼,作为新的K空间的元素(如通过提炼数百万份专利得出的40条发明原理、76个标准解等工具)提供给工程师,这些知识可以帮助工程师更容易地在已有设计命题(C空间元素)的基础上增加或替换某些属性,形成新的设计命题(C空间元素扩展,代表C→C算子正常运行),从而破除C→C算子障碍,进而促进发散性思维。经过提炼的有效经验扩展了问题解决的思路和角度,能够提升概念解的数量(提升工程创造力的流畅性),也能够增加概念解的种类(提升工程创造力的丰富性),如图6.20所示。

6.4.3 机理三:跨领域知识引入跨越知识壁垒,提升原创性

跨领域知识的引入,能够跨越知识壁垒(破除K→K算子障碍),提升工程创造力的原创性,具体表现在以下几个方面。

C-K理论提出,问题解决过程中的方案产生(C空间扩展),主要分为限制性细分(restrictive partition)和扩展性细分(expansive partition)。限制性细分指不改变已有方案的基本特征和属性,或改变仅仅局限在工程师已经掌握的知识范围内(K空间);扩展性细分指的是给最初概念方案添加全新的特征和属性,这些特征和属性的来源不属于工程师已有的K空间(Hatchuel & Weil,2003)。

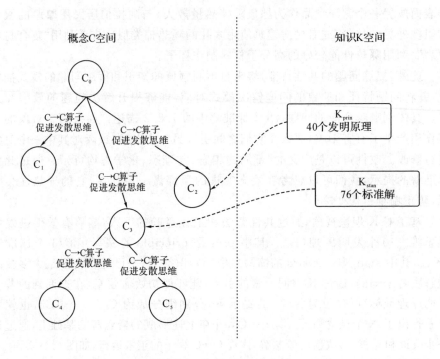

图 6.19 引入工程经验之后

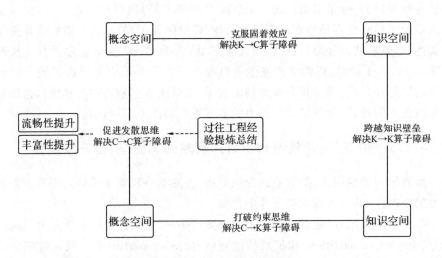

图 6.20 机理二总结示意图

Agogue 等(2014)认为知识壁垒的本质就是工程师的 K 空间无法拓展,导致问题解决一直依靠限制性细分,无法产生扩展性细分。

为何一直依靠限制性细分? Agogue 等(2013)区分了两类 K 空间知识的类型。第一类是被直觉激发了的知识(activated knowledge),即在思考问题时,工程师头脑中自然而然想到的知识;第二类是可用知识(mobilized knowledge),即工程师想不到,但是知晓之后能够运用的知识。无法跨越知识壁垒的原因,就是可用知识无法被发掘和运用,如图 6.21 所示。

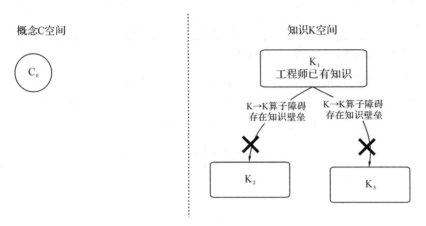

图 6.21　引入跨领域知识之前

跨领域知识的引入,是指在解决特定工程问题时,通过不同学科、不同行业、不同领域的知识引入,这些知识与特定工程问题的解决具有相关性,能够对特定工程问题的解决予以启发。

跨领域知识的引入,在 TRIZ 中主要指"功能效应库"以及"属性效应库"在工程问题解决中的应用。无论是"功能效应库"还是"属性效应库",二者的本质均为"科学效应和知识库"——不胜枚举的科学效应和现象,对于在不同领域开展发明创造具有非常重要的价值。某一个领域的经典科学效应,移植到另外的领域里,可能诱发高等级发明的出现,从而使技术系统产生突破性变革。Altshuller(1996;1999;2002)及后续研究者将大量的、能够被应用在工程创造中的科学效应和现象整合,按照异于分析和检索的方式进行编排,形成完整的知识库。

其中,"功能效应库"按照科学效应能够实现的功能进行分类。以使用者期望达到的功能(共计 35 项,见表 6.11)为基础,将对象的性状分成五类(粉末、场、气体、液体、固体),构建了功能效应库。

表 6.11　功能效应库能够实现的功能列表

1. 吸收	2. 积聚	3. 弯曲	4. 分解	5. 改变
6. 清洁	7. 压缩	8. 聚集	9. 浓缩	10. 约束
11. 冷却	12. 堆积	13. 破坏	14. 检测	15. 稀释
16. 干燥	17. 蒸发	18. 扩大	19. 提取	20. 冷冻
21. 加热	22. 保持	23. 连接	24. 融化	25. 混合
26. 移动	27. 指向	28. 产生	29. 保护	30. 提纯
31. 去除	32. 抵御	33. 旋转	34. 分离	35. 振动

资料来源:作者根据 Altshuller(2002)整理。

此外,"属性效应库"按照科学效应能够改变的对象的属性进行分类。以使用者期望改变的属性(共计 35 项,见表 6.12)为基础,将对属性的操作分成五类(改变、稳定、减少、增加、测量),构建了属性效应库。

表 6.12　属性效应库涉及的属性列表

1. 亮度	2. 颜色	3. 浓度	4. 密度	5. 电导率
6. 能量	7. 力	8. 频率	9. 摩擦力	10. 硬度
11. 热导率	12. 同质性	13. 湿度	14. 长度	15. 磁性
16. 定位/方向性	17. 极化/偏振	18. 孔隙率	19. 位置	20. 动力/功率
21. 压力/压强	22. 纯度	23. 刚性	24. 形状	25. 声音
26. 速度	27. 强度	28. 表面积	29. 表面光洁度	30. 温度
31. 时间	32. 透明度	33. 黏度	34. 体积/容积	35. 重量

资料来源:作者根据 Altshuller(2002)整理。

基于 C-K 理论视角进行考察,如何将 K 空间中被直觉激发了的知识,扩展到更多未想到的可用知识? 通常需要扩展性案例的提示(扩展性案例指能够引发扩展性细分的案例;同理,限制性案例指只能引发限制性细分的案例)。需要注意的是,每个工科学生(或工程师)其自身的知识结构不完全一样,面临相同问题以及相同案例时被激发的知识也不一样。一般来讲,优先被激发的知识包括用户功能要求、环境及资源约束条件、已有的类似解决方案以及特定领域的工程知识等,不会被激发的知识包括其他行业或产业已有的解决方案、或其他科学领域的知识或原理。因此,包括功能效应库(图 6.22 中 K_2)和属性效应库(图 6.22 中 K_3)在内的科学效应知识库,能提供工程师未想到的更多的可用知识,对 K 空间进行扩展,体现出 K→K 算子的正常运行,从而跨越知识壁垒,产生更多的扩展性细分（C_1、C_2、C_3），如图 6.22 所示。

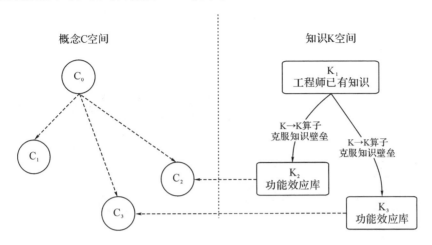

图 6.22 引入跨领域知识之后

根据上述内容,总结提升工程创造力的机理三:将跨领域的知识,通过知识库等不同形式,作为新的知识空间的元素(如"功能效应库""属性效应库"提供了911条[①]来自不同领域的常用效应知识)提供给工程师,从而实现 K 空间扩展(破除 K→K 算子障碍)。跨学科知识的引入,能够打破学科或领域内部固有的解决问题的方式。同时,也可能带来系统工作原理的改变,为整体工程系统带来幅度较大的变化,显著提升概念方案和最终方案的原创性,如图 6.23 所示。

6.4.4 机理四:系统思考流程打破约束思维,提升可行性、经济性、可靠性

遵循系统化的思考流程,能够打破约束思维(破除 C→K 算子障碍),提升工程创造力的可行性、经济性、可靠性,具体表现在以下几个方面。

创造性的方案既没有办法轻易产生,产生之后很容易因为其不确定性而被否定,即为存在约束思维的体现。Candy 和 Edmonds(1996)以及 Kolodner 和 Wills(1996)的研究表明,约束思维强调满足客户要求、资源的现实约束条件,表面上提升了方案的可行性。但在没有试验的条件下,在没有进行方案整合和细化的情况下,断然否定新想法的可行性,轻易否定了大量新方案,仅仅停留在现有可行方案,反而不利于新方案的产生,无法对新方案进行整合和细化,使最终

---

① 数据来源:创新咖啡厅网站资料 http://www.cafetriz.com/#/repository/functionsearch.

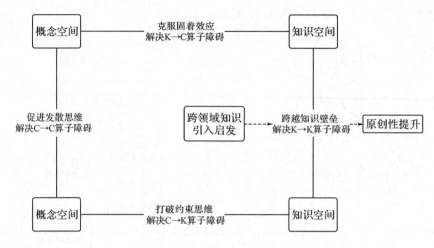

图 6.23　机理三总结示意图

工程创造力的可行性、经济性和可靠性降低，如图 6.24 所示。

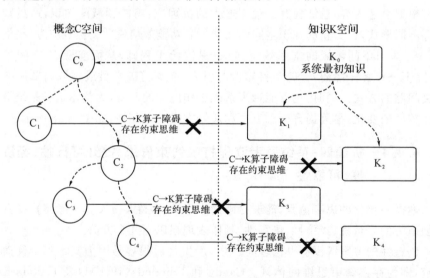

图 6.24　引入系统思考流程之前

　　系统化的思考流程，是指在工程问题解决过程中，遵循"问题分析—方案产生—方案整合优化—方案评价实施"的系统化的思考流程。这样的思考流程不因工程师的个人习惯或喜好变化，也适用于绝大部分工程问题的解决。

　　引入系统化的思考流程，能够打破约束思维的过度束缚（Kulkarni et al.，2000；Rawlinson，2017）。清晰地认识到约束思维的存在，有意识地抛弃已有的方案和约束条件,不要让其束缚思维过程,才能产生更多创造性方案。King 和 Sivaloganathan(1999)的研究认为,应该在最终进行所有方案评价和汇总的时候再重新考虑约束条件,进一步选择和综合多种概念方案,决定最终方案的整体方向,实现最初的功能目标。在这一阶段帮助工程师的方法也有很多(Mangla et al.,2017;Bolar et al.,2017),包括层次分析法(the analytical hierarchy process,缩写为 AHP)、质量功能展开(quality function deployment,缩写为 QFD)、模糊集方法(the fuzzy set method,缩写为 FSM)等。

系统化的思考流程,是工程问题解决过程中学者关注的重点之一。Mumford(2003)提出了创造力八阶段模型,该理论认为创造力实现的过程是从识别问题或机会开始,然后收集用于解决问题的信息,最后选择关键概念并缩小范围,开始正式的概念生成。一旦创意产生,就可以对其适当性和实用性进行评估。之后,流程转移到确定如何实现一个综合的想法或解决方案。解决方案到位后,注意力转移到监控实施过程中,可以根据需要识别和解决新出现的问题。虽然描述为线性的过程,但在实际的工作环境中不太可能以线性的方式出现(Finke et al.,1992)。阶段经常是跳跃式的,每个阶段的信息都反馈到早期阶段。

Pressman(2018)认为工程问题解决过程分成以下五个阶段。第一,信息收集(information gathering)。深入研究问题背景,并对利益相关者进行访谈和研究,以深入了解问题的相关信息、存在的冲突和现有的限制条件。研究该问题产生的来龙去脉,以及可能适用于解决该问题的一系列先例。

第二,问题分析和定义(problem analysis and definition)。详尽而严格的分析是必要的,以确保问题的所有方面都得到考虑,问题的根本原因挖掘得比较充分。在问题分析的过程中质疑最初的假设,重新审视问题,最终才能多角度细致而清晰地定义问题。

第三,方案产生(idea generation)。运用头脑风暴、创造技法以及一系列其他手段,产生尽可能多的想法(无论是好是坏,可行与否),在此阶段不去判断方案的可行性,尽可能多地通过收集到的信息和问题分析的结论,产生大量概念方案。

第四,通过建模进行综合(synthesis through modeling)。根据上一步方案产生中的若干想法,进一步思考更加清晰的实施方案和细节,从而整合成一些可供模拟试验的原型或模型。这些原型或模型不仅仅是初步方案,更能促进后续的进一步实施和转化。

第五,批判性评价(critical evaluation)。对上一步产生的原型或模型进行试验,在试验过程中听取利益相关者、同事或外部人员的评判性评价,并选取有价值的评价对原型进行改进,然后再次进行测试和优化。

欲克服约束思维障碍,引入系统化的思考流程(无论是八阶段模型还是五阶段模型),均应该包含 C-K 理论所提出的四个算子的有效结合(Hatchuel et al., 2011)。如图 6.25 所示,最终在大量概念方案产生之后(C 空间充分扩展),再考察最终的概念方案 C_4 是否能够成立,考虑诸如技术约束条件(材料、尺寸、蓝图、公差等)、商业约束条件(专利、供货商、竞争产品、截止期限等)以及行政管理约束条件(预算、环保要求、上级批准等),验证以上所得概念解的可行性,可视为 C→K 算子正常发挥作用,得到可以被验证的知识 K_4,也即被验证的问题解决方法。

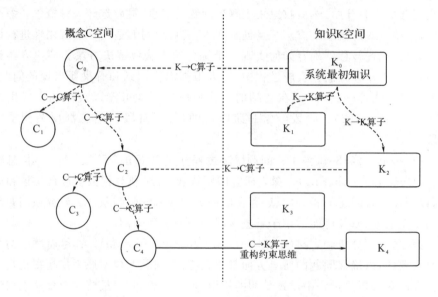

图 6.25　引入系统思考流程之后

根据上述内容,总结提升工程创造力的机理四:遵守系统化的思考流程,工程师能够打破约束思维(破除 C→K 算子障碍)。把约束思维重新安排至问题解决过程中的"方案汇总及评价"阶段,能够消除约束思维对新方案产生的负面影响。相比最初单一的、存在缺陷的原始解决方案,通过对大量新方案的汇总及整合,更能够提升最终方案的可行性、经济性和可靠性,如图 6.26 所示。

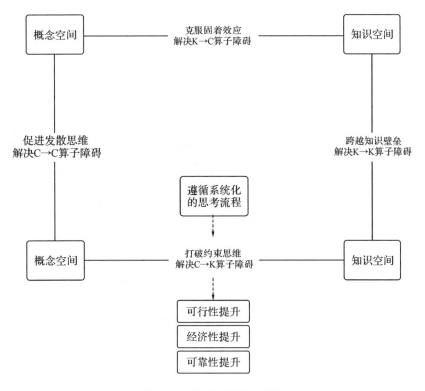

图 6.26　机理四总结示意图

6.4.5　小结

通过以上分析可知,在 C-K 理论框架的帮助下,通过梳理提升工程创造力的四个机理,能够阐明现有提升工程创造力的手段所包含的四个要素如何克服工程问题解决过程中的障碍,实现工程创造力测评维度的相应提升,如图 6.27所示。

需要注意的是,在工程问题的解决过程中,四个障碍的存在并不是线性的、互斥的。实际情况是非线性的、互容性的(问题解决的同一时段,可能存在若干障碍)。对工程创造力各子维度的提升,也不是单一的。例如,跨越知识壁垒能够提升"原创性"维度,但并不意味着"流畅性""丰富性"维度不会提升。工程创造力的六个维度是一个有机整体,本机理研究所探讨的是宏观上的线性对应关系,对于在具体问题中更加复杂的非线性对应关系,应在后续研究中加以深化。

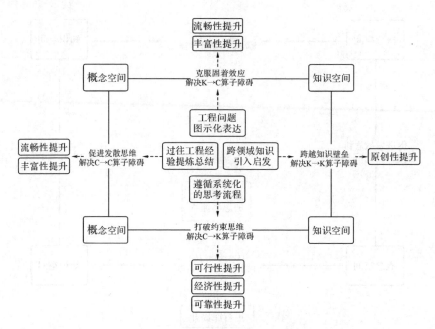

图 6.27　提升工程创造力的机理

6.5　提升工程创造力机理的验证性案例分析

　　本节选取两个验证性案例,均为本书作者在"提升工程创造力的实证研究"中实际参与并追踪的案例。案例选取的原则为,能够为前序研究的理论框架提供充足的信息(苏敬勤、崔淼,2011)。本书已经提出工程问题解决过程中的四个障碍以及障碍得以克服的机理,案例的选择应能较完整地体现工程问题的解决过程。案例仍然依托 2016—2019 年浙江省创新方法推广专项(以下简称"专项")进行发明问题解决理论即创新方法培训工程师的项目报告。作者作为浙江省创新方法推广核心师资团队成员,全程参与了工程问题解决过程,能够获取详尽的一手资料。因此,本节通过验证性案例分析,更加具体地描述工程师在工程问题实际解决过程中存在的障碍,这些障碍是如何被特定手段克服的,最终在创新方法的帮助下提升工程创造力的水平,从而验证上一节提出的工程创造力提升机理。

6.5.1　直线电机温度过高问题

本案例中学员尝试解决的工程项目来自杭州 BF 科技有限公司的实际工程问题,具体研究直线电机在室温下连续运行时温度过高的问题。在解决问题的初始阶段,根据企业工程师提供的资料及实际车间实习经历,学员尝试对系统的工作原理及现存问题进行描述,可视为系统最初知识 K_S 及 K_{PRO}(位于知识空间)。

现有系统的工作原理为:直线电机系统由接入导线、金属线圈、金属外壳、非接触保护棉、下方及两边散热风扇与温度传感器组成。直线电机接入变频后的工业交流电压后,金属线圈中电流的变化产生变化的磁场,变化的磁场引起中间直线铝板中产生涡流,铝板在电磁作用下定向移动,带动大转盘的定向转动。其工作原理如图 6.28 所示。

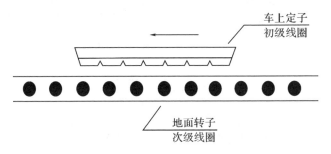

图 6.28　直线电机工作原理图

直线电机风扇有 5 个,左右各 2 个,下方一个较大的风扇,用来对直线电机进行散热。温度传感器是用来监控直线电机实时温度的。非接触保护棉附在电机中空处,用来防止直线铝板触碰到直线电机。现存的问题是,直线电机负载能力不足,需要更大频率的电压,而频率大导致直线电机在室温下连续运行半个小时后,外壳温度高达 90 摄氏度并有继续上升的趋势,温度过高会导致零部件损毁,且不利于工人操作。

针对现存问题,学员提供了现有解决方案,即"增加散热风扇个数",但实际效果不明显。除了此方案外,学员并未产生其他思路。在进一步访谈追问下得知,针对散热不良的情况,增加散热风扇个数是领域内最常用的解决方案之一。因为现有解决方案的存在(K 空间元素 K_{PRO}),导致学员无法产生突破性思路(C 空间元素 C_0),即视为存在固着效应,C→K 算子无法正常运行。

为了帮助学员克服固着效应,引入了工程问题图示化表达手段。首先由讲师授课,讲解创新方法中"功能模型图"以及"因果分析图"的实施步骤及注意事项,在具体操作过程中,学员由助教予以辅导。本案例最终完成的"功能模型图"如图 6.29 所示,"因果分析图"如图 6.30 所示。

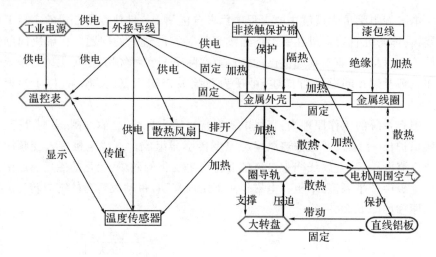

图 6.29　自动分拣机系统功能模型图

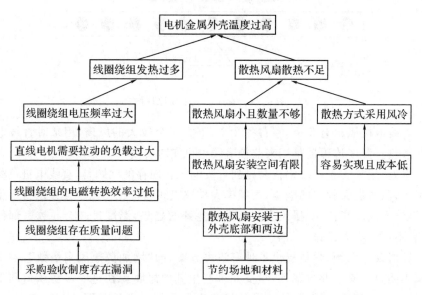

图 6.30　自动分拣机系统因果分析图

通过构建系统功能模型图并进行分析,描述了系统元件及其之间的相互关系,确定导致问题存在的功能因素,列举本系统中存在的负面功能如下:

负面功能 1　线圈绕组对绝缘漆的过度加热(有害作用);

负面功能 2　金属线圈对金属外壳的加热(有害作用);

负面功能 3　非接触式保护棉对金属外壳的隔热(有害作用);

负面功能 4　金属外壳对接触式保护棉的加热(有害作用);

负面功能 5　金属外壳对圆导轨的加热(有害作用);

负面功能 6　大转盘对圆导轨的压迫(有害作用);

负面功能 7　金属外壳对空气的加热(有害作用);

负面功能 8　空气对圆导轨的散热(不足作用);

负面功能 9　空气对周围线圈的散热(不足作用);

负面功能 10　电机周围空气对金属外壳的散热(不足作用)。

通过构建系统因果分析图,描述了系统运行过程中原因和结果之间的相互关系,确定导致问题存在的原因,列举本系统中导致问题存在的根原因如下:

原因 1　线圈绕组的电磁转换效率过低;

原因 2　散热效率不高;

原因 3　直线电机需要拉动的负载过大。

功能模型图和因果分析图所得到的结论,在 K 空间中分别视为 K_F 和 K_C,是对工程系统已有知识 K_S 的细化,能够帮助学员分析除了已有解决方案之外的其他思路,有效克服了固着效应,产生了 C 空间的初始概念方案 C_0。

在产生初始概念方案的基础上,引入提炼总结之后的工程经验,帮助学员充分运用发散性思维。首先由讲师授课,讲解创新方法中"40 条发明原理"以及"76 个标准解"的内涵及实例。在具体操作过程中,学员由助教予以辅导,并不断与小组同伴交流探讨。

在本案例中,引入"40 条发明原理"之后,所产生的概念方案(C 空间中元素的扩展)如下:

方案 1　运用 35-状态或参数变化原理,可以得到如下概念方案:使用散热性能更好的其他金属材料作为直线电机的金属外壳;

方案 2　运用 35-状态或参数变化原理,可以得到如下概念方案:使用发热少且产生电磁力更强的金属线圈;

方案 3　运用 35-状态或参数变化原理,可以得到如下概念方案:使用能产生更强涡流或者受电磁感应力更强的金属材料代替直线铝板,从而增大直线电机对该材料的推动力;

方案 4　运用 35-状态或参数变化原理,可以得到如下概念方案:将直线铝板做成不规则利于推风状,使得铝板在被推动过程中能同时带动电机周围空气的流动,从而加强散热效果;

方案 5　运用 36-相变原理,可以得到如下概念方案:使用水冷方式进行散

热,水相变为水蒸气的时候会吸收大量的热量,从而大大提高散热效果;

方案6 运用24-中介原理,可以得到如下概念方案:将非接触保护棉转移至直线铝板上,减小保护棉对金属外壳的隔热作用,同时增大直线铝板运动时与空气的接触面积,从而增加电机周围空气的流动,增强电机的散热效果。

方案7 运用31-多孔材料原理,可以得到如下概念方案:将金属外壳做成孔状结构,利于散热。

在本案例中,引入"76个标准解"之后,所产生的概念方案(C空间中元素的扩展)如下:

方案8 运用标准解2.2.5构造一个新的热场,利用水冷方式来进行降温;

方案9 运用标准解2.1.2,引入新的物质特殊结构铝板,将铝板改为外涂内凹有空心结构,铝板被推动运动时,也会加快空气的流动,增加金属外壳的散热效果。

引入以"40条发明原理"和"76个标准解"为代表的工程经验之后,学员解决问题过程中的发散性思维得以促进,产生了大量概念方案,可以视为C空间的元素得到充分拓展,C→C算子有效运行。

在学员解题过程中,并不了解自己领域之外的知识,说明存在知识壁垒,K→K算子无法正常运行。因此尝试引入跨领域的知识库,首先由讲师授课,讲解创新方法中"功能效应库"以及"属性效应库"的应用流程及实例。在具体操作的过程中,学员由助教予以辅导,并不断查询书籍及网络资料,补充相关知识。

在本案例中学员查询到"热电效应"可以构造概念方案,其原理是:两根不同金属导体相互连接在一起,形成一个闭合电路,一端放在金属外壳通以直流电,就会使其中一个连接点变热,另一个连接点变冷。直流电负极接金属外壳,散热点放低温物体,会使金属外壳较快速降温。

在查询知识库之前,学员不能应用跨学科的知识,很多效应闻所未闻,也不会去使用。在启发和帮助下,学员进一步查询了科学效应库,产出如下更多方案:

方案10 气射流冲击冷却,有大量专利运用于金属磨削以及电子器件发热冷却过程中;

方案11 毛细管多孔材料,对机身外壁以及发热元件加以改造,使用散热好的多孔材料;

方案12 吸热反应,采用无机或有机化学热泵,提升余热品味;

方案14 热声效应,采用驻波型或者行波型热声热机,将热能转化为机械能(斯特林电机)或者电能(温差发电机);

方案15 热管传热,该元件采用介质相变传热,具有低噪音、传热能力高于任何已知金属的优点;

方案 16　引入喷雾状冷却液或引入超导液降温;

方案 17　使用磁场的思路,采用磁铁或者磁悬浮装置,减弱或消除针头与套管的机械摩擦,彻底消除发热。

引入以"功能效应库"和"属性效应库"为代表的跨领域知识之后,学员解决问题过程中的知识壁垒得以跨越,产出原创性较高的概念方案,可以视为 K 空间的元素得到充分拓展,K→K 算子有效运行。

最终,学员将前面产生的概念方案进行整合、细化,形成最终概念方案,并评价其可行性、经济性以及可靠性。在本案例中,最终方案是将直线电机更换为质量达标、电磁转换效率更高的直线电机;同时去除非接触保护棉,在直线铝板两侧都粘上长方体泡棉,让直线铝板运动时能给直线电机散热;另外增加大转盘与圆导轨之间的润滑度,减小两者间的摩擦,降低直线电机的负荷;最后采用多加一个备用电机,使得每个直线电机都能够在大转盘工作中轮流冷却散热,大大增加大转盘持续工作的时长。

通过对直线电机发热过度问题的深究,得出的解决方案不仅能够解决当前问题,还起到了增加大转盘持续工作时长的作用,增强了系统的可持续工作能力,提升了产品的市场竞争力。根据测算每年可节省运行、养护成本约 120 万元。

最终在案例总结以及答辩过程中,三位专家对其工程创造力予以评价,专家平均分如表 6.13 所示。从表中数据可以看出,在引入提升工程创造力的四种手段之后,工程问题解决过程中的四个障碍相应得以克服,结果为工程创造力测评的六个维度均有显著提升,基于 C-K 理论验证了提升工程创造力的机理。

表 6.13　案例一专家平均分对比

	引入手段前测—专家平均分	引入手段后测—专家平均分
流畅性	1.00	27.00
丰富性	1.00	9.00
原创性	1.00	2.33
可行性	2.33	5.00
经济性	1.33	3.33
可靠性	1.67	4.00

6.5.2　缝纫机牙架漏油问题

本案例中学员尝试解决的工程项目来自 JK 缝纫机股份有限公司所提供的实际工程问题,具体研究缝纫机牙架处漏机油问题的问题。在解决问题初始的阶段,根据企业提供的资料及实际车间实习经历,学员尝试对系统的工作原理及现存问题进行描述,可视为系统最初知识 K_S 及 K_{PRO}(位于知识空间)。

现有系统的工作原理为:缝纫机的送布系统是由电机主轴提供动力,由主牙架和辅助牙架进行周期性沿一定轨迹的运动,进而实现送布。由于辅助牙架和主牙架要进行相对运动,进而产生摩擦,为了提高牙架的使用寿命,用机油进行润滑,整体结构如图 6.31 所示。

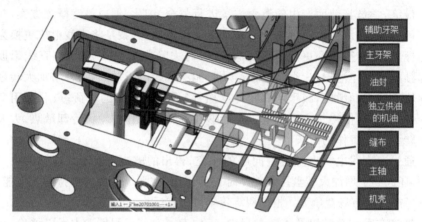

图 6.31　某型工业缝纫机工作原理示意图

当前系统的现存问题为:辅助牙架和主牙架的接触面对机油密封不足,导致机油从接触面中漏出来污染缝布。当缝纫机主轴转速达到 3000r/min 时,或当缝纫机连续运行 1 小时后,或同时达到两个条件时,问题开始出现。

针对现存问题,学员提供了现有解决方案。一个是提高牙架接触面的精度来防止漏油。此方案虽为当前部分国外企业所采用,但存在缺点,牙架加工成本成倍增加,且不能完全防止漏油,只能相对降低漏油的程度;另一个是采用降低独立供油系统中的供油量来防止漏油。此方案也存在缺点:辅助牙架和主牙架的接触面摩擦加剧,故辅助牙架和主牙架使用寿命缩短。

除了此方案之外,学员并未产生其他思路。因为现有解决方案的存在(K空间元素 K_{PRO}),导致学员无法产生突破性思路(C 空间元素 C_0),即视为存在固着效应,C→K 算子无法正常运行。

为了帮助学员克服固着效应,引入了工程问题图示化表达手段。首先由讲师授课,讲解"功能模型图"以及"因果分析图"的实施步骤及注意事项,在具体操作的过程中,学员由助教予以辅导。本案例最终完成的"功能模型图"如图 6.32所示,"因果分析图"如图 6.33 所示。

通过构建系统功能模型图并进行分析,描述了系统元件及其之间的相互关

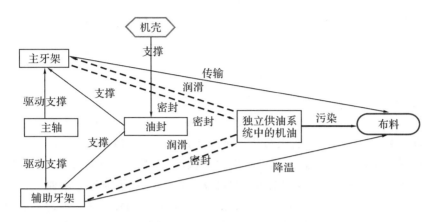

图 6.32 某工业缝纫机系统功能模型图

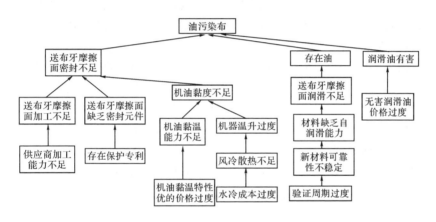

图 6.33 某工业缝纫机系统因果分析图

系,确定导致问题存在的功能因素,列举本系统中存在的负面功能如下:

负面功能 1 辅助牙架和主牙架的接触面对机油密封作用不足(不足作用);

负面功能 2 油封对机油的密封作用不足(不足作用)。

通过构建系统因果分析图,描述了系统运行过程中原因和结果之间的相互关系,确定导致问题存在的原因,列举本系统中导致问题存在的根原因如下:

原因 1 主牙架和辅助牙架的接触面无法有效地密封机油;

原因 2 主牙架和辅助牙架的接触面需要润滑油润滑。

功能模型图和因果分析图所得到的结论,在 K 空间中分别视为 K_F 和 K_C,是对工程系统已有知识 K_S 的细化,能够帮助学员分析除了已有解决方案之外的其他思路,有效地克服了固着效应,产生了 C 空间的初始概念方案 C_0。

在产生初始概念方案的基础上,引入提炼总结之后的工程经验,帮助学员充

173

分运用发散性思维。首先由讲师授课,讲解"40 条发明原理"以及"76 个标准解"的内涵及实例。在具体操作的过程中,学员由助教予以辅导,并不断与小组同伴交流探讨。

在本案例中,引入"40 条发明原理"之后,所产生的概念方案(C 空间中元素的扩展)如下:

方案 1 运用 40-复合材料原理,得到新方案:辅助牙架和主牙架采用钢材料—自润滑材料的复合材料来替代原来纯钢铁材料,钢材料保证零件的刚度,自润滑材料保证零件的润滑性,因此可以去除机油,从根本上解决漏油;

方案 2 运用 3-局部特性原理,得到新方案:在独立供油管上增加一个小型油气发生器,使主牙架和辅助牙架之间的接触面为气体润滑,使之均匀有效地润滑摩擦面,减少机油单位体积的质量,缝纫机其他接触面为液体润滑;

方案 3 运用 37-热膨胀原理,得到新方案:在主牙架或辅助牙架接触面的出口处为高热膨胀率材料,其他部位为低膨胀率材料,当温度升高时,因热膨胀率不同,高热膨胀率材料处的牙架紧紧抵靠,防止机油泄露;

方案 4 运用 6-多用性原理,得到新方案:主牙架和辅助牙架采用自润滑材料,使之具备送布功能的同时,具备润滑功能,无需机油润滑;

方案 5 运用 11-预先防范原理,得到新方案:预先增加一种强制回油装置,强制回油装置一端连接油封外侧的牙架部分,一端与缝纫机内腔相同,将漏出来的机油通过强制回油装置引流到缝纫机内部供循环使用;

方案 6 运用 30-柔性壳体或薄膜结构原理,得到新方案:镀自润滑薄膜防油,即在主牙架和辅助牙架接触面上镀上一种减摩性优、耐磨性强的物质,使其自润滑无需机油,例如采用表面镀陶瓷技术,或金属表面镀上一种氧化硅薄膜;

方案 7 运用 4-不对称原理,得到新方案:主牙架和辅助牙架摩擦面为一整块光滑平面,为了阻止机油漏出,可以将靠近油封的摩擦面由光滑平面改为台阶面,增加对机油漏出的阻碍,具体实现为迷宫式防油。

引入工程经验的提炼总结之后,学员解决问题过程中的发散性思维得以促进,产生了大量概念方案,可以视为 C 空间元素得到充分拓展,C→C 算子有效运行。

学员在解题过程中,并不了解自己领域之外的知识,说明存在知识壁垒,K→K算子无法正常运行。因此尝试引入跨领域的知识库,首先由讲师授课,讲解创新方法中"功能效应库"以及"属性效应库"的应用流程及实例。在具体操作过程中,学员由助教予以辅导,并不断查询书籍及网络资料,补充相关知识。

在查询知识库之前,学员不能应用跨学科的知识,很多效应闻所未闻,也不会去使用。在启发和帮助下,学员进一步查询了科学效应库,得到适用于"控制液体或气体运动"的科学效应包括:伯努利定律、电泳现象、惯性力原理、毛细管现象、渗透原理、韦森堡效应等,并进一步根据这些知识产出如下更多方案:

方案 8 利用毛细管原理,增加一种毛毡,毛毡一端连接油封外侧的牙架部分,一端与缝纫机内腔相同,形成回油;

方案 9 利用电泳原理,在机油中加入一种胶体粒子,并通入外电源,使胶体粒子堆积在牙架摩擦面漏油处,防止漏油。

引入以"功能效应库"和"属性效应库"为代表的跨领域知识之后,学员解决问题过程中的知识壁垒得以跨越,产出原创性较高的概念方案,可以视为 K 空间的元素得到充分拓展,K→K 算子有效运行。

表 6.14 汇总了所有概念方案和学员自评价。需要说明的是,表中所列举的概念方案是最终答辩的完整材料,一部分方案的产生过程未在案例中进行详尽描述。学员将这些概念方案进行了进一步的整合、细化,形成最终概念方案,并评价其可行性、经济性以及可靠性。在本案例中,最终方案采用了牙架自润滑的方案,具体是主牙架和辅助牙架采用自润滑材料,去除独立供油系统,由油润滑变为无油润滑。最终方案原创性高,为产品进入中高端市场打下了坚实的技术基础,经济价值 300 万元/年以上。

表 6.14 初步概念方案汇总评价表

序号	概念方案	可行性	经济性	可靠性
1	磁力送布	较低	高	较低
2	自润滑材料防油	低	低	高
3	复合材料防油	低	低	高
4	气体润滑	低	中	高
5	无间隙防油	低	高	高
6	强制回油	低	低	高
7	镀自润滑薄膜防油	低	低	高
8	迷宫式防油	低	低	高
9	可控流量防油	低	高	低
10	蒸发防油	高	高	低
11	电泳防油	高	高	低
12	牙架悬磁浮	高	高	低
13	镜面防油	高	高	低
14	缝布静止	低	低	高

序号	概念方案	可行性	经济性	可靠性
15	机械手送布	高	高	高
16	手送布	低	低	高
17	牙架悬磁浮	高	高	低

最终在案例总结以及答辩过程中,三位专家对其工程创造力予以评价,专家平均分如表 6.15 所示。从表中数据可以看出,在引入提升工程创造力的四种手段之后,工程问题解决过程中的四个障碍相应得以克服,结果为工程创造力测评的六个维度均有显著提升,基于 C-K 理论验证了提升工程创造力的机理。

表 6.15　案例二专家平均分对比

	引入手段前测—专家平均分	引入手段后测—专家平均分
流畅性	2.00	17.00
丰富性	2.00	8.00
原创性	1.00	3.33
可行性	2.00	5.00
经济性	1.00	4.33
可靠性	2.33	4.67

6.5.3　小结

以上两个案例验证了本章所提出的基于 C-K 理论提炼的"提升工程创造力的机理",具体如图 6.34 所示。图中共有四列,第 5 章实验研究验证了最左边一列"工程创造力提升手段"和最右边一列"工程创造力水平"的相关性。而在本章机理研究中,则借助 C-K 理论(与 C-K 算子的对应关系体现在图中第三列)剖析"工程创造力提升手段"到底如何破除制约工程创造力提升的障碍(图中第二列),以及特定障碍的克服是如何使得"工程创造力"各维度得以提升,真正打开了(创新方法)提升工程创造力的"黑箱",验证了工程创造力提升手段与工程创造力水平提升的因果关系。

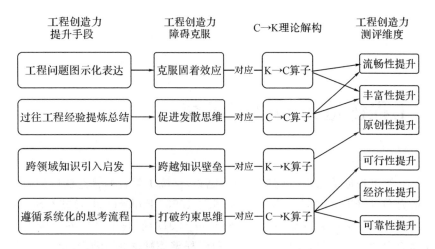

图 6.34　提升工程创造力的机理（连线图）

7 工程创造力的培养研究

　　第 6 章工程创造力提升机理的研究结论,支撑了学者们普遍认可的观点:工程创造力是可以提升的(Amabile & Tighe,1993;Finke et al.,1992;Sternberg & Lubart,1996;Hunsaker,2005)。Sawyer(2012)研究了全世界范围内 10 个工程创造力的培训项目,发现这些项目和课程整体缺乏理论基础和概念框架指导。因此综合本书提出的工程创造力的内涵维度、测评方式以及提升机理,可为工程创造力的培养研究提供理论基础和指导框架。

　　高等教育人才培养的主要关注点是人才培养过程的建构与整体设计。具体而言,高等教育人才培养的概念是为了实现特定的人才培养目标,在相应培养理念的指导和配套保障制度支持下,所实施的人才培养过程的运作模式与组织方式(董泽芳,2012)。从中可以提炼出人才培养的基本要素,包括培养理念配套的支撑条件和保障制度、具体的培养过程及评价手段,以及最终的结果产出。

　　因此,本章聚焦解决如何培养"工程创造力"的关键问题,首先通过分别对国内外工程创造力培养项目进行分析,总结在高等教育中培养工程创造力的宏观对策建议。其次,通过对已开展工程创造力培养课程(主要是创新方法课程)的案例进行分析,总结工程创造力培养的微观经验。本章与前序各章之间的关系如图 7.1 所示。

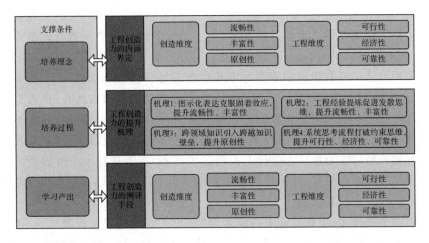

图7.1 工程创造力内涵、测评及提升机理与培养研究的关系图

7.1 工程创造力培养的国际案例分析[①]

7.1.1 案例研究背景

新工业革命对工程创造力培养提出了更高要求。本节从工程创造力及其提升障碍出发,系统研究了中外四所高校的培养经验,从目标、过程、支撑、评价四个维度构建了面向工程硕士创造力的培养模式:该模式以塑造创造性人格,面向重大需求为目标指向;通过革新培养内容、课程体系和教学方法改革,引入项目式学习、创新思维与方法等重构工程硕士培养过程;以校政企协同、科教融合与创新文化环境等为支撑保障;建立针对工程硕士创造力、教学效果和综合质量的培养评价方法。

以大数据、云技术、人工智能和物联网等为代表的新一轮技术革命,对经济生产和社会发展带来颠覆性影响,也对高层次工程技术人才的培养提出了新的挑战。一方面,技术创新、产业转型和全球价值链升级使市场竞争日趋激烈,要求企业和人才具备快速创新能力;另一方面,智能技术的应用使常规性和重复性的工作大大减少,"劳动力素质"成为驱动经济发展的关键(赖德胜、黄金玲,

---

① 本节改编自姚威等.新工业革命背景下面向工程硕士创造力的培养模式研究——基于四所大学的多案例分析[J].学位与研究生教育.2022,(5):8-15.

2020)。为此,《中国制造2025》提出要"深化相关领域工程博士、硕士专业学位研究生招生和培养模式改革",教育部《关于加快新时代研究生教育改革发展的意见》指出要"针对'卡脖子'问题,以超常规方式加快人才培养"。但长期以来,我国工程人才创新意识和创新能力培养存在不足(冯涛等,2017)。工程创造力(engineering creativity)是创新型工程人才培养的关键和难点所在,原教育部长周济曾指出:"中国每年培养的工程师的数量,相当于美国、欧洲、日本和印度的总数。规模很大,但关键是提高质量,提高整体创新能力,这是真正实现创新驱动发展的最根本力量。"为强化工程创造力培养,本节选择了中外四所高校的典型实践进行案例研究,以构建面向工程创造力的培养模式,回应新工业革命对创新型工程人才的需求。

如第2章所述,工程创造力的概念为"发现工程问题或工程需求,在约束条件范围内,通过工程设计方法综合运用具体技术最终创造特定功能或产品的智能品质或能力"。当前,工程专业硕士的创新能力培养相对于工程本科学生及工学硕士得到了更多关注。例如康妮等(2011)提出通过课程理念改革、校企双导师制和导师组指导论文等方式培养工程硕士创新能力。李枫和于洪军(2018)提出产教融合等方式培养高层次创新型应用人才。郭蕾(2008)以电子与通信工程领域工程硕士培养为例,指出如何从办学理念、师资队伍、课程体系、教学模式和实习实践等方面进行培养模式改革以提高创新能力。冯玉龙和高阳(2008)提出要加强工程硕士的工程理念、工程视野和决策能力,从而提高其技术开发和问题解决能力。

如第6章所述,制约个体工程创造力的提高存在四种障碍,分别是发散与收敛性思维结合障碍、固着效应、约束思维、知识壁垒。现有研究较少从工程创造力概念出发,对工程人才培养进行系统性和针对性研究。而工程活动的综合性,又要求在理论指导下进行系统的培养模式构建,以持续高效地提高工程创造力(Scott et al.,2011)。因此,本节尝试从工程人才个体视角出发,围绕工程创造力培养实践进行案例研究。

7.1.2 案例选取与分析框架

一、案例选择与资料收集

基于分析工程创造力培养的领先实践以提炼培养模式要素为研究目的,综合考虑研究内容的效度和边际收益,采取多案例研究方法。在案例院校和培养项目的选择上,严格遵循以下标准:第一,案例院校在工程人才培养上具有典型性,紧跟新工业革命人才需求,满足逐项复制原则;第二,案例院校来自四所著名工科或综合性大学,培养环境和举措存在一定特色,满足差异复制原则;第三,案例院校必须具有三年以上工程人才培养经验,形成了完善的培养体系。根据上述原则,最终选择了浙江大学等四所大学作为案例。案例资料的收集遵循"证据三角形"原则:首先,利用海外交流机会,对相关访谈对象包括授课老师、学生、管理人员等展开访谈和资料收集;其次,通过公开途径的论文文献、宣传报道、招生材料和课程信息,以及线上参与收集了海外学校的培养资料;最后,从实际参与国内高校的课程教学过程获取了部分资料。

二、案例培养项目简介

在案例选择和资料收集过程后,最终选择了四所大学工程院系的典型工程硕士培养实践作为案例:新加坡国立大学(National University of Singapore)工程学院推出的产业研究生项目(Industrial Postgraduate Program,缩写为IPP),以校企合作培养工程硕士为主要特色;加州大学伯克利分校(University of California, Berkeley)工程学院的电气工程与计算机科学系(Electrical Engineering and in Computer Science,缩写为EECS)是相关学科的发源地和全球顶级研究机构,重视新工业革命对工程硕士的智能化、数字化、跨学科和研究能力的要求;浙江大学工程师学院/浙江工程师学院(Zhejiang Polytechnic Institute)瞄准地方产业发展需求,专门培养工程硕士和工程博士,形成了体量庞大、特色鲜明的培养模式和课程体系;纽约大学创造力国际研究中心(New York University)形成了以各类创造力研究和开发为中心的培养模式,是全球领先的创造力研究和人才培养机构。综合来看,四所学校都探索出各具特色的工程人才培养体系,为工程创造力培养提供了重要借鉴。

三、案例研究框架

人才培养模式是指培养主体为实现特定人才培养目标,在一定的教育理念指导和制度保障下设计的,由若干要素构成的人才培养过程的运作模型和组织样式(董泽芳,2012)。工程硕士创造力培养兼具复杂性和系统性,前者要求培养模式充分涵盖高层次工程人才的培养要素,后者则要求要素间符合创造力培养逻辑。因此本书引入经典创造力构成理论模型作为案例研究框架,该理论认为创造性人格(Person)、创造性过程(Process)、创造性环境(Press)[①]、创造性产品

---

① Tang M 在 Handbook of the Management of Creativity and Innovation 中指出:Press是人与环境(environment)的关系,因为环境不会直接塑造创意,但会通过中介或调节的方式影响创造性过程和进行创造的人。部分研究者如 Cropley 也直接采用 environment 或 environmental press 等词汇。

(Product)是形成创造力的四大要素,简记为"4P"模型(Cropley & Cropley,2012)。面向"4P"建构的培养目标、培养过程、支撑体系、评价体系,以及在此基础上形成的培养模式具有严谨的理论支撑,适用于分析和建构工程创造力的培养模式(Tang & Werner,2017)。

7.1.3 基于"4P模型"的工程创造力培养考察

综合来看,四所学校在工程硕士创造力培养上兼具特色与代表性。根据"4P模型",本书分别对案例中工程人才的培养目标、过程、支撑体系和评价方式等进行梳理,提炼当前实践中工程人才培养的典型维度和具体策略。

1. 培养目标

培养目标通常可分为学校、专业和课程三个层次,分别体现对应层次人才培养的预期结果,对工程人才创造性人格的养成有决定性作用(王伟廉等,2011)。如表7.1所示,可以从三个维度解读四所学校的培养目标。第一,强调目标驱动,鼓励学生直面工程前沿问题和重大社会需求,为此新加坡国立大学将工程人才、工程博士和工学博士共同定义为"以研究为基础的学位项目(Research-based Program)",与强调前沿知识学习"以课程为基础的学位项目(Coursework-based Program)"的工学硕士进行区分,前者强调通过工程科技研究带来创新方案和灵感。第二,动机激发,使学生意识到个人可以通过工程创新改造社会,加州大学伯克利分校认为工程人才必须能够与其他学科广泛合作,以

表7.1 工程人才培养目标的典型维度与表述

创造力要素	维度	典型表述
创造性人格	目标驱动	新加坡国立大学工程学院:培养整体工程师(holistic engineers)并通过研究、创新、灵感和影响来应对全球挑战
	动机激发	加州大学伯克利分校:通过严格的理论和应用课程,提高个人和团队解决问题的能力,培养学术界、政府、行业和创业的未来领导者
	实践导向	纽约大学创造力中心:在全球范围点燃创造力的"星星之火",使人们将创造性思维视为基本技能; 浙江大学工程师学院:培养具备宽厚基础、能够支撑国家和区域产业转型升级且具有国际一流水准的"高层次、高素质、国际化"的高级工程科技人才

对工业界、社会甚至区域和国家产生重大影响。第三，实践导向，让学生通过实践积累领导力、协作能力和创新技巧，如纽约大学和浙江大学都强调服务于地方发展需求，通过改善工程人才的专业基础和思维技巧以提高实践能力。

2. 培养过程

培养过程直接决定了人才培养能否达到预期目标，是培养模式的执行子系统。如表 7.2 所示，案例分析后从培养内容、教学方法、课程结构和过程管理四个方面进一步分解培养过程。在培养内容上，更关注在新工业革命背景下具有重要应用前景的专业方向和领域，从而强化培养特色和深度。如浙江大学围绕新工业革命带来的智能化产业需求，设计了四大重点方向；加州大学伯克利分校根据专业特点设计了工程人才培养的五大专业方向。

在教学方法上，有几个显著特点：一是强调由真实工程问题驱动学习过程，并根据学习阶段提供不同难度的问题和项目；二是采用以项目为基础的跨学科教学，通过不同学科知识的综合运用解决产业问题，使学习过程更加聚焦；三是学习过程呈现阶段化、阶梯式和精细化的特征，在培养过程中需要由导师把握进度，采取小班制的"渐进式"培养，不断增加课程和训练的复杂程度，使学生认知思维能力逐步提升。

在课程结构设计上，既要满足工程人才进入企业实习实践的时间要求，又要提高工程创造力。学校可采取以下措施：一是提高课程的灵活性，通过必修和成绩要求、选修等方式保障课程质量，并开设相关证书课程；二是制定分布式课程，如加州大学伯克利分校的工程人才课程分为技术课程、领导力课程和顶点项目课程（Capstone Project）三类，技术课程培养学生的专业基础和前沿知识，领导力课程培养管理、创新创业等能力，顶点项目培养学生以团队形式解决跨学科工程问题的能力；三是积极引入创新思维与方法类课程，通过知识库、决策工具等帮助工程学生提高问题解决能力，如纽约大学和浙江大学的创新思维与创新方法课程改革。

为了提高培养质量，还需要设计严格的过程管理机制：一是厘清不同学习阶段的责任方，如在新加坡国立大学"准双元制"培养过程中，分别由学校和企业负责两个阶段的学习，IPP 项目的产业导师（industrial supervisor）需要为学生提供专业指导，确保研究活动的质量并对学生学习情况及时预警；二是由校政企协同制定培养计划，商定课程方案，并由企业提供工程项目选题、实习实践机会等；三是重点企业或行业可以通过资金赞助的方式，在政府协调下，共同设计面向产业需求的工程人才项目，确保人才培养质量和就业问题。

表7.2　工程人才培养过程的典型维度与表述

创造力要素	维度	典型表述
创造性过程	培养内容	加州大学伯克利分校:EECS 在 2022—2023 学年为工程人才设计了数据科学与系统、物理电子与集成电路、机器人与嵌入式系统、通信与信号处理、可视计算与计算机图形学五大方向;浙江大学工程师学院重点面向电子、智能制造、新能源、生物医药等领域;纽约大学:组建与管理创新团队、基于创造性技巧的分析应用和实践
	教学方法	浙江大学:真实工程问题驱动和创新思维与创新方法的运用提高个体创造力;新加坡国立大学:重视深度研究的能力,每位学生都专注于一个由企业发起的主题项目
	课程结构	加州大学伯克利分校的工程人才课程:技术课程,专业领域课程共 8 学分;领导力课程,共 8 个学分,涉及管理、创业和科学技术等方面;顶点项目,由 3~5 名学生团队解决一项技术问题,并通过考试;浙江大学和纽约大学创新思维方法课程;开设专门的辅修或模块化证书课程
	过程管理	新加坡国立大学:"准双元制"学习方式和身份,学生 50% 时间在校学习,50% 时间作为企业全职受薪员工开展课题研究

3. 支撑体系

支撑体系是确保人才培养过程有序进行,最终达成培养目标的关键。根据各自培养目标和培养过程的需要,如表 7.3 所示,支撑体系建设主要从校外资源、校内资源和师资保障三个方面开展。校外资源方面,学校可以与政府、企业等通过搭建研究合作网络和协同育人平台等方式整合资源,寻求资金、政策和师资与实习方面的支持。如新加坡国立大学的 IPP 项目,由政府提供基本资金和信息支持,企业为在校生提供带薪工作岗位和产业导师,学校为学生提供基础课程教学和研究指导,实现了人才培养上的深度合作。校企科研合作、设备和人员流动等也能够充实双方的资源,如加州大学伯克利分校与地方政府、企业通过签订协议共建研究中心的方式共享人员和设备。

校内资源方面,要围绕兴趣小组和学生社团培育校园创新文化,促进科教融合育人。如建立工程人才兴趣社团和专业小组,由学院或系所定向提供资金、实验设备、场地、联络行业内外专家作为支持,将参与工程研究、专业学习和成果应用转化的过程融合。加州大学伯克利分校的顶点项目实际上是鼓励学生以项目团队形式解决复杂工程技术问题。

师资水平是确保工程人才教育质量的重要因素，可从以下方面进行改善：第一，通过新教学法开发、教学手册编制和教师培训等方式提升新晋师资水平；第二，通过设立"研究生指导委员会"等方式引入企业资深工程师、政府官员等与校内教师组成导师组；第三，定期组织业内顶级的会议和交流活动，帮助老师扩大研究和实践的国际视野。

表 7.3　工程人才培养支撑体系的典型维度与表述

创造力要素	维度	典型表述
创造性环境	校外资源	与地方政府共建实验室，加强人员、装备和科研成果的流动；与企业建立带薪实习/任职、师徒制学习机会；与企业联合制定人才培养、工作和开发计划
	校内资源	资助学生的顶点项目，鼓励开展俱乐部和专业活动小组；提供专门的工作坊、实验室、模拟计算平台等软硬件保障
	师资保障	重视教学法的开发与革新，强调教学反思；编制教学手册，强化师资培训；聘请企业或行业专家作为行业导师或学生咨询委员会成员（Student's Advisory Committee）等

4. 培养评价

培养评价是判定培养目标完成情况和完善培养过程的依据，是培养模式的重要组成部分。与通用创造力、科学创造力、艺术创造力等以发现（finding）为目标不同，工程创造力评价更关注工程产品或解决方案（solution）的数量、原创性、灵活性等指标（Birdi et al.，2012）。纽约大学提出了创造力评价公式，认为创造行为（creative behavior）是三种变量的函数，如公式1所示：知识（knowledge）表示对事实性和规范性知识的掌握，强调收敛性思维和操作性能力；想象力（imagination）表示思维的灵活性和原创性，强调迁移和发散性思维能力；评价（evaluation）表示对方案的综合，强调决策与判断能力。态度（attitude），如动机、灵活性等创造性人格，是决定个体的创造性行为表现的调节变量。

$$\text{creative behavior} = f_{\text{attitude}}(\text{knowledge}，\text{imagination}，\text{evaluation})$$

（公式1）

如表7.4所示，工程人才的培养评价具有以下特征：第一，评价方式趋向于综合评价，通过总体考察个人和团队的项目完成情况，实现多角度评价；第二，评价内容多维化且原则明确，如加州大学伯克利分校重视团队合作、表达和沟通、自信心、决策等非认知能力,浙江大学工程师学院和纽约大学均从产品和方案角度测试创造力水平,提出了包含流畅性(方案数量多少)、灵活性(各个方案之间的差异程度)、原创性(所提方案与现有方案的差异程度)等多个参考指标。

表7.4 工程人才培养评价的典型维度与表述

创造力要素	维度	典型表述
创造性产品	评价方式	以团队成果进行评价;从校内导师、校外导师、同学等开展综合评价;从工程和创造力两个维度进行评价
	评价内容	工程产品与问题解决方案的流畅性、灵活性和原创性等;工程领导力;工程沟通能力;自信心;知识储备、思维活跃度、领导力和决策

7.1.4 面向工程人才创造力的培养模式研究

围绕上述四个案例的经验,能够基于"4P模型"构建面向工程人才创造力的培养模式。该模式具体包括四个部分:以创造性人格为培养目标、以工程人才创造力为核心的培养过程、工程人才创造力培养的支撑保障体系、面向工程人才创造力提升的培养评价体系。

1. 塑造创造性人格,面向重大需求培养工程人才

纽约大学的创造力公式表明:创造性人格是成长为创新型人才的关键调节变量。因此,工程人才培养需要塑造个体的创造性人格,面向重大需求培养高层次的工程人才为目标。在培养目标制定上应具有以下特点:第一,应选择具有重大需求的领域作为工程人才培养方向,以挑战欲赋能学生培养,激发学生的探索欲和使命感;第二,应选择没有特定学科归属、成熟方案的前沿主题,使学生通过自主探索克服固着效应和知识壁垒,以激发学生成就动机和冒险意识;第三,应体现"实践导向",围绕现实需求展开,通过工程实践打破约束思维;第四,应当具有人文关怀和家国情怀,强调工程成果直接服务于世界、国家和社会发展。

2. 面向工程创造力提升,重构工程人才培养过程

(1)瞄准新工业革命需求,优化工程人才培养内容。新工业革命对原有的技术和生产体系的颠覆性影响,要求人才培养内容和方式进行积极调整。在培养内容上,工程人才项目要进行以下革新:第一,瞄准新工业革命时代产业转型的技术需求,培养智能产业、信息产业、生物医学工程等高端产业的未来工程领军人才;第二,要积极关注新工业革命对工程技术人才能力的新要求,积极引入和

探索基于模拟仿真、数字孪生等技术的教学实践,培养工程人才的数字化和智能化能力,为其成长为新工业革命时代创新型工程领军人才做准备;第三,在新工业革命时代,工程技术与经济社会发展将会高度耦合,非经济因素如伦理问题等对工程项目的影响不可忽视,因此要加强工程人才对工程伦理、社会公平和安全、品牌和形象等问题的探讨,让学生从非经济视角建立工程概念,为工程人才创造力的开发建立规范性边界。

(2)以克服工程创造力障碍为目标,开展教学方法和课程体系变革。工程创造力的四类障碍是工程人才成长为高层次创新型工程人才的主要阻碍,从实践案例来看,通过教学方法和课程体系的融合变革可以削弱上述障碍的影响:第一,进入真实应用场景选择工程问题,帮助工程人才了解工程项目从选题、解决到应用和升级的过程全貌,增加对工程环境的真实感知,有助于克服发散与收敛性思维障碍和约束思维;第二,要选择跨学科的教学方法,增加开放性工程项目训练,扩大学生工程知识应用的迁移能力,克服固着效应和知识壁垒等障碍;第三,要根据工程人才学习经验,设计"个人—人际—团队"的实践项目,建立个体评价、队友评价和小组评价体系,及时反馈学习效果,帮助学生不断从不同工程思维视角形成学习体验。

(3)以项目式学习为抓手,深化跨学科和团队创造力培养。工程问题的解决通常需要运用多领域知识,整合团队进行工程实践,以项目式学习为抓手能够培养学生科学知识的应用能力和团队创造力。一方面,全周期的工程实践项目难题通常涉及多个学科,其解决过程需要综合运用不同知识和方法,有助于学生打破学科边界寻求解决方案,克服约束思维和发散与收敛性思维障碍。另一方面,工程实践项目的完成有赖于多学科协作,需要学生通过团队合作解决问题。正如加州大学伯克利分校认为该校以项目式学习为特征的顶点项目是工程人才培养的最大特色,能够帮助学生从知识网络中搜索解决方案,并锻炼领导力、沟通技巧和团队合作能力,获得除工程项目本身之外的内在情感激励,有助于学生养成工程创新理念和挑战复杂工程问题的意识。

(4)加强创新思维与方法应用,强化工程实践能力。创新思维与创新方法是指一系列能够用于指导工程、技术和管理创新过程的方法和思维的统称,是一套系统性的方法论知识体系,常见的有"发明问题解决理论"、"质量功能展开"、计算机辅助创新、知识库等。引入创新思维与创新方法能够从两方面改善工程人才创造力:首先,创新思维与创新方法的运用帮助使用者克服单一学科的知识储备缺陷,在探索新方案时更加大胆,进而提高其自我效能感和"冒险精神",激发工程人才的思维活力;其次,能够锻炼工程实践能力从而改善创造力,实践和研究表明创新思维与创新方法能够帮助使用者代入工程情境、提升工程方案的新颖性和创造性,最终改善使用者的工程创造力,帮助工程人才克服发散与收敛性思维结合障碍、固着效应等(Harlim & Belski,2015)。

3. 整合内外部资源,支撑工程人才创造力培养

(1)推动形成产教融合的人才培养,支撑工程人才创造力培养。由政府协调监督推动高校和产业形成融合育人平台,既是《国务院办公厅关于深化产教融合的若干意见》等重要政策的内在要求,也是高校整合内外部资源培养工程人才的有效途径。具体可采取以下措施:第一,由学校优势学科与对应产业协同构建"开环共享"的生态基础,促进人才、设备和知识流动,为打造模式多元、形式多样、评价多维的工程人才培养机制创造契机;第二,促进学校与重点企业形成深度合作关系,如共建工作室、实训基地、创新平台等,进而参与协同制定工程人才培养的目标、学习方案、导师组配置、实习计划制定和评价机制等;第三,依托上述产教融合平台及示范项目等,优化以创造力为目标的工程人才培养的产教协同治理机制;第四,与全国性行业协会或地区产业共同体合作,面向关键核心技术与重点产业布局工程人才培养的方向和规模,提升其对重大战略方向、产业需求和地区发展的支撑作用。

(2)探索基于科教融合的培养机制,发挥研究资源的育人价值。科学研究在研究型大学的资源配置中占据优先位置,探索基于科教融合的培养机制可以发挥研究资源的教学价值,提高工程人才的研究能力。具体可采取以下措施:第一,鼓励工科院系搭建跨学科科研育人平台,为工程人才学习前沿知识、掌握前沿方法、探索前沿问题提供便利,从而加强学生之间及学生与导师间的交流频率和深度;第二,鼓励工程人才进入企业开展生产性实习实训,由产教双方共同设置小型科研项目或竞赛选题,资助和指导学生解决实训中的研发问题,既回应了工程人才培养的目标要求,又发挥了研究资源的育人价值。

(3)培育创新文化环境,打造全方位育人体系。从几所学校的实践来看,创新文化环境也是工程人才创造力培养的重要因素,它能够将人才培养贯穿到以知识传授为主的"第一课堂"之外,从而打造全方位育人体系。具体来看,可以采取以下措施:第一,以工程人才主导的创客小组、社团和俱乐部等组成"第二课堂",提供基本资金、设备和场地等软硬件支持,将工程人才培养过程与研究兴趣相结合;第二,建立面向智能化、数字化产业等新工业革命需求的工程技术创新主题竞赛,组成"第三课堂",丰富顾问团队和指导师资库、奖励办法和重大赛事资助体系,鼓励以团队形式参与相关工程竞赛;第三,形成包含工程技术创业、科技成果转化为主体的"第四课堂",制定"第四课堂"考核办法、学分抵扣标准,为学生提供融资渠道、创业能力培训和信息服务等辅助支持,培养工程人才的创新创业能力。

4. 引入多维度综合评价方法,促进工程人才创造力的提升

工程人才创造力评价要充分考虑其展现形式的丰富性,避免过早的、武断的否定从而扼杀创造力。新加坡国立大学鼓励教师从工程产品、方案、合作等多维度进行评价,注重应用能力和非认知能力的评价。而浙江大学和纽约大学引入了多个创造力指标以测量克服思维障碍后产生的新方案或新产品的价值。总体来看,工程人才创造力评价体系的构建有三个原则。第一,对学生工程创造力的评价要综合运用多种指标方法,以创造结果来衡量创造能力变化。如用流畅性衡量方案数量,用丰富性衡量知识运用情况,用原创性衡量方案的新颖程度等。第二,关注综合培养质量,建立分阶段、多形式的考核体系,从团队成员、个体自评、导师和雇主等多方面进行评价,全方位监控工程人才的创造创新能力变化。第三,对教学效果的评价要以塑造高创造性人格的"创新型工程师"为目标,重视非认知能力如探索欲、创新精神、领导力、团队合作能力、沟通能力的培养。

纵观工程教育史,每一轮工业革命都对工程教育产生了深刻影响,但提升工程创造力以培养高层次创新型工程人才却是永恒不变的追求。从工程创造力的概念和提升障碍出发,建立面向工程人才创造力提升的培养模式,能够为高校开展工程人才培养提供参考借鉴,有助于回应新工业革命背景下我国产业转型升级的高层次人才需求。未来工程人才创造力培养的研究,还需要从操作层面关注工程人才创造力的评价问题,也可进一步分析新工业革命背景下产业转型升级对工程技术人才的新要求以提前谋划工程人才培养布局。

7.2 浙江大学工程师学院工程管理专业(中国)

上一节通过多案例研究对工程创造力培养进行了国际比较,本节就针对上节中提到的浙江大学工程师学院展开详细的单案例分析。

浙江大学工程师学院①致力于服务国家和区域创新驱动发展战略和《中国制造 2025》,培养、造就符合国家和区域经济社会发展以及产业转型升级急需的高层次工程技术和工程管理专业型人才。为达到人才培养目标,培养体系体现技术应用性,突出工程特色。下面以其开设的"工程管理领域工程人才专业学位"为例,从培养理念、培养过程、学习产出以及支撑条件四个维度对其工程人才工程创造力培养加以详细分析。

---

① 详情见 http://pi.zju.edu.cn/index.php? c=Index&a=news_detail&catid=135&id=2727.

7.2.1 培养理念

浙江大学工程师学院开设的工程管理领域工程人才专业学位,学制为 2.5 年,毕业总学分为 24 个(其中公共学位课最低要求 8 学分,专业学位课最低要求 10 学分)。其培养理念侧重于工程研究、开发和应用,主要为本领域覆盖范围内的工业企业和工程建设部门,工程设计和研究院所等有关单位培养基础扎实、素质全面、工程实践能力强并具有一定创新能力的应用型、复合型高层次工程技术和工程管理人才。工程管理领域工程人才学位获得者应胜任企业需求、促进企业发展、推进企业技术进步。

对学生的基本要求体现在以下几点。第一,品德素质方面。在思想上应拥护党的基本路线和方针政策,热爱祖国、遵纪守法,具有良好的职业道德和敬业精神,具有科学严谨和求真务实的学习态度及工作作风。第二,知识结构方面。本领域工程人才的知识结构包括基础知识、化工专门知识、工程技术知识、人文社科知识和工具性知识。第三,基本能力方面。本领域工程人才的能力包括获取知识能力、应用知识能力、工程实践能力、开拓创新能力和组织协调能力。

为了实现预期的培养理念,工程师学院课程教学坚持目标导向,要求任课教师在课前或第一次授课时向选课研究生公布本课程具体能力及素养培养目标,在课程教学过程中围绕培养目标采取针对性配套措施及相应的考核方式,具体包括以下几个方面。

第一,培养理念由注重知识传授向知识传授及能力培养并重转型,根据工程博士、硕士专业学位研究生培养要求及特色,更为注重研究生技术应用、技术创新、工程项目管理等能力的培养。原则上每门专业课程必须至少安排一位外聘行业(企业)专家来校讲授实务性、应用性内容。外聘行业(企业)专家来校授课期间,相应课程任课教师应同堂参与课程教学。校外专家、校内教师协同,积极探索理论教学与应用教学紧密结合的新模式、新思路、新方法。外聘行业(企业)专家来校授课教学酬金待学期结束后由各归属教育中心下发。

第二,课程教学能力及素养培养目标进一步精准合理定位。培养目标设置恰当与否,是课程教学质量评估的先导性指标;培养目标设置不当、不符合选课研究生的需求,可以一票否决该门课程的教学质量。这就要求任课教师在确定课程教学能力及素养培养目标时应充分考虑选课研究生的培养类型、实际需求,有针对性地按类、按需开展课程教学。

第三,能力及素养培养目标导向的配套措施应更具针对性。培养理念能否真正落实、落地,取决于任课教师在教学过程中是否采取了针对性配套措施,也就是构建培养过程、支撑条件和学习产出的完整体系。

7.2.2 培养过程

为打造适应工程类专业学位研究生培养要求的课程教学体系,针对性提升课程教学质量,工程师学院坚持"目标导向、需求导向、问题导向",大力推进课程教学改革,主要采取了以下措施。

加强教学方式方法改革探索,保证培养目标落实落地。要求任课教师围绕培养目标的实现,采取针对性教学配套措施及相应的课程考核方式。课程教学内容理论与实际结合,强化技术前沿发展研讨、行(企)业技术研发和应用推广及具体工程项目建设中疑难问题讲解和问题解决思路引导。

传统单一的说教式、传(讲)授式授课方式已不能适应研究生课程教学,这就要求任课教师在教学方式方法上进行探索、创新。创新教学方式方法,就要鼓励任课教师大胆尝试发现式、探究式、问题导向式、项目研究式的教学方式,教学过程中大量引入互动型、启发型教学方法,更多地采用案例分析、模拟训练、实践(现场)教学等教学方法,并积极引导研究生参与课堂教学,培养研究生对问题的质疑,即培养研究生发现问题、分析问题、解决问题的能力,进而培养学生运用所学知识解决行业(企业)实际技术问题的能力。

根据 2017—2018 学年秋冬学期出炉的《浙江大学工程师学院课程教学质量调查报告》,在研究生培养过程中,应进一步注意以下几个方面。

第一,进一步增加课堂互动、研讨环节,提升专业学位研究生课堂教学的研讨性。大学把追求科学知识和精神生活的人聚集在一起,大学原初的意思是教师和学生的团体。研究生课程教学应该体现大学创建初衷,实现传统意义上师生身份的彻底转变。教学过程中,就师生关系而言,研究生在课程教学中不再是传统意义上的学生、被教育者身份,教师与研究生应成为不同层次的科研工作者。教师要转变传统观念,形成以学生为中心、教师为主导的教学模式,把学生被动接受知识转变为在探索研究与自主学习中主动掌握知识与培养能力。教师应注重引导研究生参与课程教学的主动性,创造课堂交流、研讨、互动机会,实现知识的双向流动,从而实现研究生对课程知识的被动接收转为主动接收。

第二,增开平行教学班数量,普遍推行小班化教学,保证课堂教学的研讨性。课堂研讨、互动不足,一方面与任课教师的教学观念有关,另一方面与所开课程教学班选课研究生规模密切相关。目前,工程师学院所开课程教学班选课研究生规模在 30 人以下的占比 25.6%,31~50 人的占比 29.3%,51~70 人的占比 24.4%,71 人以上的占比 20.7%。总体而言,目前安排的教学班选课研究生规模过大,与研讨型、互动型教学要求明显不匹配。下一步将增开同一门课程平行教学班数量,适度控制教学班选课研究生规模。

第三,任课教师应高度重视研究生在课堂外的学习,进一步提高选课研究生课堂外的精力投入要求。研究生课程学习必须具有相当的难度和挑战性,课堂教学主要侧重于疑难问题解决思路引导、主题式研讨等,对专业知识的预习、资料收集、个人兴趣点的进一步深入学习等应主要安排在课堂外进行。课程教学质量的提升不仅在于教学目标的明确、教学内容的调整、教学方式方法的改革,也取决于研究生学习时间、精力的投入及专业兴趣的培养等。作为研究生课程教学,原则上研究生在课堂内外的精力投入必须达到1∶1及以上。根据目前的调查反馈,现有绝大部分课程远远没有达到该要求,这说明任课教师和学生的注意力仅限于课堂内。

具体到每个学期的课程安排,浙江大学工程师学院致力于调整优化课程设置结构体系,分类培养打造特色。针对"应用型、复合型、创新性"工程类专业学位研究生培养,积极构建"实际应用指向"的实践教学课程体系,强化技术前沿类、实践实训类、研究方法类三类课程建设,要求研究生培养方案专业课程体系中实践教学课程占比达50%及以上。此外,强化课程教学目标导向,突出专项能力培养。针对工程类专业学位研究生能力培养要求,要求课程教学更加突出研究生技术应用创新和工程实践能力培养,加强针对复杂技术应用及工程项目问题解决思维的训练。启动实践教学品牌课程项目建设,树品牌起示范。投入相关经费支持,积极开展实践类课程教学改革试点。

7.2.3　学习产出

对浙江大学工程师学院研究生学习产出及评价,一方面,要求强化课程教学过程管理,加大研究生课堂外自主学习任务布置,进一步提升研究生的课堂教学参与度。转变课程考核方式,注重研究生课堂外自主学习考察和课堂参与过程考核;进一步强化能力考核,着重考察研究生运用所学基本知识和技能解决实际问题的能力和水平。

另一方面,积极开展教学评估。为了解选课学生对课程教学质量的反馈信息,总结课程教学优秀经验、查找教学过程中存在的问题,进一步针对性推进课程教学改革,巩固、提升课程教学质量,工程师学院在春夏学期末将开展课程教学质量调查工作。

在学生毕业流程方面,开题报告答辩原则上安排在第2学年秋冬学期末,由归属学院研究所、导师(组)组织。研究生应就论文选题意义、国内外研究综述、主要研究内容和研究方案写出书面报告,并参加开题报告答辩。论文选题应来源于应用课题或现实课题,具有明确的工程职业背景和应用价值。中期检查在第2学年秋冬学期末与开题报告同期进行。中期检查审核研究生课程学分、读书报告、专业实践训练、论文开题等进展情况。

在读期间应积极参加导师组会,在导师组会范围作口头读书报告 4 次,并至少参加工程师学院组织的学术讲座、学术论坛 4 次,读书报告考核通过计 2 学分。同时,要求非定向研究生在读期间参加不少于 6 个月的专业实践训练,其中以项目研究形式开展时间不少于 3 个月。要求定向研究生在读期间参加项目研究形式的专业实践训练时间不少于 3 个月。

非全日制工程类硕士专业学位研究生专业实践可结合自身工作岗位任务开展。专业实践包括:实践教学、在校外行(企)业进行实习实践,以及在校内进行专业实践训练、开展项目研究等形式。专业实践应有明确的任务要求和考核指标。研究生完成专业实践环节,撰写专业实践总结报告,在专业学位类别(领域)范围内作口头汇报,考核合格后以专业实践环节给予 8 学分。未通过专业实践考核的研究生,不能进入学位论文答辩环节。

专业实践训练结束后,研究生在学院范围或联合培养基地作公开汇报答辩。原则上专业实践训练应在入学后至第 2 学年结束前完成。专业实践训练考核通过计 8 学分。专业实践训练累计时间不少于 1 年,或已有 3 年以上工作经历,满足专业实践训练答辩考核成绩、课程成绩等要求,可申请参加工程师职称评审。

最终毕业要求有以下四个方面:第一,修完必修课程且达到本专业培养方案最低课程学分要求;第二,完成所有培养过程环节考核并达到相关要求;第三,申请学位无前置科研成果要求;第四,符合浙江大学和所在专业学科评定委员会对学位论文评阅、答辩细则(规定)的要求,并通过学位论文答辩。

7.2.4　支撑条件

工程师学院课程教学坚持需求导向,紧扣工程类专业学位硕士研究生职业化培养需求,课程教学内容要求贴近行(企)业应用实际,强调理论教学与实际应用的结合;积极开展校企合作教学,保证课程教学的实务性。坚持开门办学、开放办学宗旨,积极拓展校企合作渠道,加强相关资源配套。邀请行(企)业专家参与培养方案制定,与行业龙头企业合作开发实践教学类课程,开设校企联合教学试点班;要求每门课程教学过程中至少聘请 1 位行(企)业专家参与同堂授课,并为每门课程配套 8000 元行(企)业专家来校授课经费。

与此同时,积极开展课程教学质量调查工作,以评促教持续推进课程教学改革。为了解课程教学改革措施的落实落地情况及实际成效,帮助任课教师总结课程教学优秀经验,查找教学过程中存在的问题,进一步针对性推进课程教学改革,巩固、提升课程教学质量,学院定期面向选课研究生开展课程教学质量调查工作。

　　根据 2017—2018 学年秋冬学期出炉的《浙江大学工程师学院课程教学质量调查报告》，结果表明，选课研究生对课程教学的应用性、实践性总体满意，94.47％的选课研究生认为任课教师比较了解或非常了解行（企）业技术应用现状及发展趋势；84.87％的研究生认为当前的课程教学内容贴近行（企）业应用实际；对于外聘行（企）业专家同堂参与课程教学的满意度为 93.64％。尽管如此，根据细分指标分析，课程教学的应用性、实践性在某些方面还需进一步改进。

　　第一，部分课程教学内容仍过于偏重理论教学，脱离行（企）业应用实际。20.43％的全日制选课研究生认为课程教学过于偏重理论教学、脱离行（企）业实际应用；归属光电学院的课程在这方面问题较为突出，24.57％的选课研究生认为应进一步加强实际应用教学。这就要求部分任课教师针对专业学位研究生培养目标，面向行（企）应用实际，精选教学内容，及时调整教学重点。

　　第二，应全面落实行（企）业专家参与同堂授课制度。2017—2018 学年秋冬学期，参与调查的 68 门专业课程中已有 27 门课程邀请了行（企）业专家参与同堂授课，与 2016—2017 学年秋冬、春夏学期的 3 门、19 门课程相比，在数量上大幅增长，说明学院推行的邀请外聘行（企）业专家参与同堂授课制度正在稳步落实。美中不足的是，目前外聘行（企）业专家参与同堂授课比率仅占全部课程的38.57％，离学院要求的每门课程都必须邀请行（企）专家参与同堂授课还有相当差距。

7.2.5　案例分析结论

　　实践反馈以及现有研究均表明，我国高等工程教育体系培养出的人才，未能充分满足社会和企业对创造性成果产出的强烈需求（徐向阳等，2014），问题的根源在于企业对创新创造的认知和实践，与高校现有人才培养存在较大偏差（杨毅刚等，2016），我国现有高等工程教育未能充分提升工科人才的工程创造力，具体体现在以下几个方面。

　　第一，培养理念维度，仍然未能从工程教育的"科学范式"转型为"工程范式"，未能在人才培养过程中回归工程实践，没有充分体现工程创造力的重要性。

　　第二，培养过程维度，仍然以传授工程科学基础知识和技能为中心。拥有扎实的基础知识是创造力的必要条件，而仅仅机械地掌握工程科学知识并不一定会激发工程师的创造力。相反，Genco 等（2012）的研究表明，随着年级的增长，工科学生的创造力反而有所下降。这说明在某些情况下，过多的课本知识反而抑制了工科学生的创造力。

　　第三，学习产出维度，仍然普遍以知识性、记忆性的书面考试为主，考试中的标准答案限制了学生的个性和创造力，不利于学生"发散性思维"的形成（严灼等,2014)。Dym 等(2005)的研究表明,现有测试一般关注的是学生的收敛性思维(找到问题的唯一正确答案),对发散性思维(找到问题的多个不确定的答案)的考核不足,或者根本无从下手。

第四,支撑条件维度,学校与外界产业的联系仍待深化。在新工科建设推进的过程中,教师长期以来养成的权威型、知识传授性的方式难以在短时间内扭转,教师的角色转型仍阻力重重,任重道远。

可以看出,国内现有的工程教育实践并没有对工程创造力予以足够的重视。或者在培养理念中已经有所提及,表现出对工程创造力的重视,但是实际的培养过程和评价手段,仍然以知识传授为主,以知识掌握为评价指标,并不重视学生的问题解决能力,以及在真实工程问题解决过程中所体现出的创造力。

国外的情况亦然,Pohl(1997)和 Kivunja(2015)的研究也提到,尽管创造力以及问题解决能力被普遍认为在 21 世纪的工程实践中是必不可少的,但是在教育机构中却没有被明显地传授和培养。Geissler 等(2012)的研究表明,传统的课堂教学并不能传授和培养创造力和有效解决问题的能力。Woods 等(2000)也指出,不去培养,学生不可能自发产生创造力;不去评估,学生就不会掌握创造力的应用。因此,对工程创造力培养理念的重视、培养过程的设计、学习结果的评估以及配套资源的支撑,其实践意义就得以凸显。下一节将结合工程创造力的内涵、测评以及提升机理,给出针对性的宏观对策建议。

7.3　培养工程创造力的宏观对策建议

7.3.1　"培养理念"方面的对策建议

一、回归工程实践(体现工程创造力内涵中"工程"维度)

传统的工程教育模式以"工程科学"为基础,认为只有在坚实的数学和科学基础上才能教授工程(Dym et al.,2005)。其特点是大量知识的单向传递,从教师(发射端)传递到多个学生(接收端),这样的模式效率较高,被认为是工业时代流水线思想的产物。在学生大一、大二阶段,接受大量基础科学和分析方面的课程,学生尝试将科学原理熟练掌握,将其应用在解决技术问题上。

然而现有教育模式的效果却不尽如人意,一方面,学生仅仅被动接受知识点和信息,缺乏深入反思和批判性思考,知识点与周边情况的相关性非常匮乏,这意味着学生孤立地接受知识,没有知识应用的情境,导致了最终所学知识记忆存留效果不佳(Pardo,2014),而且被认为无法解决实际的工程生产问题(Dutson et al.,1997);另一方面,流水线作业导致所有学生都接受同样的信息,以同样的方式和节奏学习,几乎没有创造和创新的空间。

深入反思现状背后的原因。工业革命爆发式增长,导致需要大量工程师和技术工人,现代工程教育模式应运而生,其有两个基本假设(赵炬明,2019):第一,把学生集中在学校里面学习,是认为知识是可以脱离其产生和应用情境的,可以被抽象地传递给学生;第二,为何要传递抽象的知识?因为具体的知识只能应用在具体的场合,而抽象的知识具有更广泛的适用性,能够应用在不同的场合。例如,牛拉车的知识仅仅是农业文明的具体场合,而抽象出的牛顿运动定律能适用于几乎所有的宏观运动。

因此,现代学校教育推崇抽象知识的传授,但是这样的教育模式造成了两个困境:第一,学生学习过程脱离情境,造成知识接受困难,学习动机和记忆存留减弱;第二,不提供真实的应用情景,导致没有锻炼出工程知识体系的普遍迁移性,学生并不能将所学知识有效地运用到各种真实工程情境中。也就是说,抽象知识传授的效果,并没有得到充足的来自认知心理学的实证检验(Anderson,2011)。可能对抽象知识的偏爱,仅仅是象牙塔内教授们的一厢情愿而已,而这恰恰为学生学习带来了困难。

举实例说明以上困境的存在性,中国几乎所有的工科学校都会开设"线性代数"基础课程(也是研究生入学考试数学的必考科目),这门课程是高度抽象的数学课程,学习难度大、通过率低。但是在工科院校授课过程中,却从来不告诉学生为什么工程学科需要线性代数,线性代数如何应用到真实工程问题解决的过程中,只留下一头雾水的学生,最终的结课考试也类似高难度的数学奥林匹克竞赛,与真实的工程相去甚远!

这样的困境不仅仅存在于"线性代数"一门课程中,在工程教育的大量课程中都有这样的问题。认知心理学家简·拉维(Jean Lave)认为"去情境化(decontextualization)"是现有教育模式的重大弊端,违背了学生的自然认知过程。因此,教育改革者认为,现有的工科课程过于注重工程科学知识和技术,而没有把这些知识和技术与工业实践(industrial practice)结合起来。大部分院校推行了生产实习和工厂见习等环节,希望改善以上问题,这是远远不够的,因为在实习和见习过程中,虽然存在真实情境,却仍然没有改变以教材、教师为中心的培养理念。

在高年级(大四以及研究生)阶段,毕业设计(Capstone Course)经过多年的发展已经有所改变。从教师设计的"虚构"项目,逐渐转变为企业提供的"真实"问题。这些真实的工程问题具有一定的复杂性和挑战性,没有明确的答案。学生需要按照真实企业的项目流程,分阶段完成整个毕业设计,尝试解决这些真实的工程问题。整个毕业设计包含了问题重新定义、问题分析、方案产生、评价综合以及汇报答辩等一系列步骤,过程中需要团队合作,学习跨学科知识,并可能需要教师或企业专家的专业知识和财务支持(Bright,1994)。类似真实工程项目的完成,学生主动参与其中,体现"以学生为中心(student-centered)"的教育理念,也从重视"教师教什么(what is being taught)"转移到重视"学生学什么(what is being learned)"的教育理念变革的体现(Koehn,1999)。

二、培养创造技能(体现工程创造力内涵中"创造"维度)

在工程教育中培养创造力技能,绝不是忽视知识的传授和技术的约束。相反,创造力可以让工程问题获得新的解决方案,没有创造力,人类的工程将止步不前(Stouffer et al.,2004)。结合本书提出的工程创造力的内涵,教育模式的变革首先需要意识到工程创造力的培养与其他创造力并不一样,需要进行针对性的培养。在人格层面,需要让学生理解以下一点:对于很多工科学生来讲,似乎已经意识到了自己从小到大,并不是具有创造力的个体,但是这并不意味着不能通过学校教育,教导他们产生创造性的结果。创造力并不是一个人格特征,有就是有,没有就是没有。相反,任何人都能在特定的时间和情境下,在某些方面展现出创造力(Carpenter,2016)。拥有这种信念的学生,将更有可能在多种工程情境中展现出创造力,因为自信以及积极的思维方式能够促进创造力(Kang,2011)。反过来,拥有创造力也能促进学生的学习动机和解决问题的信心(Cropley & Cropley,2005)。

此外,创造力技能不仅仅是提出新颖有用的解决方案,提出创造力方案的前提条件,恰恰是对问题的深入分析和挖掘(姚威、胡顺顺,2019)。因此,提升工程问题的分析能力,也是培养创造力技能的重要组成部分。工科学生需要培养关注问题、分析问题的意识,拓宽问题视野,对于解决重大和复杂工程项目来讲,问题视野甚至比知识视野更重要(李培根,2019),现有教育模式不能一直停留在"重知识、轻问题,重分数,轻创造"的窠臼中。

7.3.2 "培养过程"方面的对策建议

一、推动基于真实工程项目的学习(体现工程创造力提升机理中工程问题解决的完整过程)

通过案例分析我们可以得知,基于问题的学习(Problem-Based Learning,缩写为 Prb-BL)和基于项目的学习(Project-Based Learning,缩写为 Prj-BL)是不同的模式（Prince & Felder，2006），哪一种更适合工程教育，是本书需要重点考察的问题。

（一）基于问题的学习（Problem-Based Learning，简写为 Prb-BL）

Prb-BL 的目标，与其说是解决问题，不如说是在解决问题的过程中获取知识、培养能力和态度（何勇，2017）。因此，批判性的探究（critical enquiry）贯穿 Prb-BL 的始终。为了实现这样的目标，教师需要构建一个合适的情境（scenario），这样的情境可以以多种方式呈现：教材文本、图像、声音、视频或实地考察等。情境中必须包含问题，问题最好是真实的、结构不清晰的、具体要求不明确的（low level of specification）、拥有开放答案的。在尝试解决问题的过程中，学生必须发现需求、确立目标、形成假设、制定工作计划并进行探究，从而获得目标知识。

学生积极参与问题解决和知识获取的过程，他们可以独立或以团队合作的方式完成任务。他们批判性地评价已有的来自书本或网络的信息，并进行讨论，完成知识探究的目标。在这一过程中，教师的角色转变至关重要。第一，学生获取知识所围绕的主题由教师提前规划，以期在培养周期内形成完整的知识框架。第二，教师促进学习的过程，其职能包括：用合适的问题激励学生；引导讨论聚焦主题且朝着正确的方向进行（团队讨论经常会偏离主题，变为人际关系的融合或冲突）；帮助学生认识和发现他们所缺乏的问题意识和知识领域，确保学生不把注意力集中在不适当的学习领域或他们已经知道的事情上；在团队制定工作计划时提供帮助和建议；确保学习进程符合整体时间安排等。

（二）基于项目的学习（Project-Based Learning，简写为 Prj-BL）

Prj-BL 的目标，是通过完整地开展工程项目各个环节，寻求解决方案，应用并整合已经学习到的知识。工程项目的选择应该尽可能真实，学生可以单独或组成团队，主动参与到项目中。在项目进行的过程中，知识性的课程尽可能减少到必要的最低水平，并保证跟项目主题相关。每个项目都配备 2～3 名指导教师予以监督。

Prj-BL 在理工类院校得到了广泛实践，在莫纳什大学（Monash University，澳大利亚），Prj-BL 培养模式首先在土木工程专业引入，包括大二的计算和测量项目、大三的系统工程项目、大四的土木工程仿真软件项目和研究生阶段的流体建模项目（Hadgraft，1993；2005）。其中的项目是主导活动，学生运用学习到的知识解决问题，教师在必要的时候给予辅助。

在对莫纳什大学进行评估时（Hendy & Hadgraft，2002），学生们反馈比较积极的方面包括知识学习的主动性和解决实际工程问题能力的提升，而反馈比较消极的方面包括 Prj-BL 所花费的时间比较多，以及小组成员出工不出力等问题。对 Prj-BL 模式后续改进的建议包括继续对学生和教职工进行培训,使他们掌握开展 Prj-BL 模式所需的技能(例如团队合作和项目管理,建议还包括改变教职工对项目最终成果的评估方法,使其更符合基于项目的学习理念)。

中央昆士兰大学(Central Queensland University,澳大利亚)于 1998 年首次实践了基于项目学习的工程学位(Wolfs et al.,1999;Ingvarson et al.,2005),后续进一步扩展到土木、电气、机械和计算机系统工程等专业。在这些专业中,学生第 1 年即接触基于项目的课程,第一年的项目侧重培养团队合作、沟通协调、计算编程以及问题分析等方面的技能,也向学生介绍工程伦理、环境影响和其他非技术因素。第 2 年和第 3 年的项目,长度和难度逐渐增加,每学期约有 50%的精力投入到项目学习中,同时学生也会参加知识性的课程。中央昆士兰大学与其他大学 Prj-BL 模式的一个区别在于,第 4 年学生需要进驻实际工业企业内部进行全日制实习,并且在企业导师的指导下完成项目。

除了以上提及的学校,实施 Prj-BL 的学校还包括泰勒马克大学学院(Telemark University College,挪威)所有工程学科最后一学期的毕业设计项目、科罗拉多矿业学院(Colorado School of Mines,美国)大一、大二的"实验物理与工业控制系统(Experimental Physics and Industrial Control System)"课程、罗斯-霍曼理工学院(Rose-Hulman Institute Of Technology,美国)、卡内基·梅隆大学(Carnegie Mellon University,美国)、伍斯特理工学院(Worcester Polytechnic Institute,美国)的高年级本科生工程设计类课程、宾夕法尼亚州立大学(The Pennsylvania State University,美国)水利工程专业高年级本科生工程设计类课程、科廷大学(Curtin University,澳大利亚)机电工程专业大二设计类课程、格里菲斯大学(Griffith University,澳大利亚)土木工程专业大四废水处理项目等。

(三)二者的区别以及在工程教育中的适用性

基于问题的学习(Prb-BL)和基于项目的学习(Prj-BL)的区别主要有两点。第一,目的层面。Prb-BL 侧重于知识的获取,在法学和医学教学中经常使用。而 Prj-BL 基于项目的学习侧重于知识的应用,在工程技术领域较为常见。第二,产出层面。Prj-BL 要求产出项目报告、设计方案或原型机,最终能够解决工程问题。而 Prb-BL 并不侧重于问题的解决方案,而是学习到的知识。这个区别与二者的目的高度相关,也决定了二者的测评手段的不同。

理论和实践表明,Prj-BL 更适合工程教育,原因如下。

第一,工程领域的知识结构,更适合 Prj-BL 模式。Prb-BL 中,知识获取的过程是学生自主的,而不是教师系统性讲授的,因此一个较大的风险就是完整的知识体系中的某一部分可能被忽略。Perrenet 等(2000)的研究表明,医疗卫生以及法律等领域的知识结构是百科全书式的(encyclopaedic),获取或应用知识的顺序并不特别重要,某一部分知识的缺失可以在后续进行弥补。例如,法律专业的学生,先学民法的知识,或是先学刑法、商法的知识,知识的顺序并无太大影响。

相比之下,工程学科都有一个层次化的(hierarchical)知识结构。许多知识必须按照一定的顺序学习,缺少必要的基本部分将导致无法学习后面的知识。例如,高分子化学一定要在学习完有机化学之后才能进行,偏微分方程的解决也一定要求常微分方程的基础知识。无论学生的自学能力和探究精神有多强,都无法弥补知识体系金字塔的缺失,这就是许多工程专业课程设置很多预修课程要求的原因。工程学科金字塔式的知识结构,较为适合先传授基础知识,然后运用 Prj-BL 模式进行知识的综合运用。

第二,工程约束条件和其他领域并不相同。解决工程领域的问题,通常要求能够使用不完整的数据来达成解决方案,同时尝试满足客户、政府和公众相互冲突的需求,将解决方案对社会和环境的负面影响降到最低,并尽可能降低成本,减少开销。工程问题的解决方案也可能会实践很长一段时间,并在较长的时间周期内不断修正和改进。而解决医学问题的约束条件并不相同,在医学领域,只有一种诊断是正确的(病人确诊是有唯一正确答案的),解决方案也通常会比较快地做出。工程问题各类约束条件只有在项目过程中才能得到充分的体现。

第三,项目流程更加符合工程师实际工作情况。"项目"一词在工程实践中普遍被视为工作的基本单元(unit of work),工程师在专业实践中承担的几乎每一项任务都与项目有关(邹晓东等,2017;姚威等,2019)。小型项目可能只涉及工程专业的一个领域,大型项目可能是跨学科的,不仅涉及不同专业的工程师,还涉及其他非工程专业的人员和团队。在实践中,项目的成功完成需要工程师的综合能力,因此更接近真实,能够反映出工程师专业行为的教育模式效果会更好,这正是 Prj-BL 的基本理念。

Prb-BL 以问题为学习起点,组织知识学习的路径和顺序,但并不完全以问题解决为最终目的。而在 Prj-BL 中,最终的项目成果非常关键,是项目完成评价的主要标准。考虑真实工程活动的特点,最终的项目成果的产出(工程系统、设备或产品)是至关重要的,因此 Prj-BL 更加契合工程师的实践。

第四,在项目过程中能够培养工程师的多种能力。在完成项目的过程中,工科学生能够充分体会工程实践的动态性和不确定性(Pressman,2018)。项目开始后可能会有新的信息,客户要求可能会产生变化,利益相关者的政策可能调整。某个方案是否可行是模糊的,需要进一步实践才能确认。在这样的真实项目完成过程中,学生能够培养多重综合能力。

综上所述,Prj-BL 工程教育模式有助于工程创造力的培养,促进学生的学习过程。这样的结论是基于 Amabile(1983)的创造力研究三要素:领域相关技能、创造相关技能和任务动机。第一,真实问题解决、跨学科的知识运用和项目工作流程有利于培养领域相关技能;第二,以教师为中心转变为以学生为中心,教师的角色是促进项目进行,有利于培养创造相关技能;第三,团队工作和讨论有利于增强任务动机(Tan et al.,2009)。

正如丹麦奥尔堡大学(Aalborg University,简写为 AAU)一样,将 Prb-BL 和 Prj-BL 的优点相结合,通过 Prb-BL 获取知识,并通过 Prj-BL 巩固和应用知识,形成以问题为导向的基于项目的工程教育模式。

在大一、大二基础阶段,结合部分讲授型课程,构建扎实的知识体系。这些讲授型课程可以被理解为基石课程(cornerstone course),同时引入部分 Prb-BL,引导学生自主探究;在大三、大四以及研究生阶段,在基础知识结构相对完备之后,引入 Prj-BL 对知识进行综合运用。项目可以分为三类:基础设计项目、反向工程项目和真实综合项目(Sheppard,1992;Wood et al.,2001)。其中,真实综合项目可以作为大四的毕业设计(Capstone Course)和研究生阶段主要攻关项目。此外,在真实工程项目的解决过程中,同时引入跨学科的知识和学习,是现代工程教育范式的必然要求。

二、融入创造力提升手段克服障碍(体现工程创造力提升机理中提升工程创造力的若干手段)

在基于真实工程项目学习的基础上,工程教育的过程要从单纯的科学或工程知识的灌输和考察,转变为培养系统分析问题的能力、综合运用多种工具产生创造性方案的能力、搜寻跨领域知识库的能力,以及综合评价及实施方案的能力。

想要实现这样的目标,需要在培养过程以及课程设置中,全面融入本书中通过实验验证的提升工程创造力的手段,克服工程创造力提升过程中的障碍,提升工程人才培养的质量。

第一,学习图示化表达。在工程教育的培养过程中,融入以“功能模型图”“因果分析图”等为代表的工程问题图示化表达手段,帮助工科学生建立图示化的思维方式,更加深入地分析工程问题的脉络。

第二,学习工程经验的提炼总结。在工程教育的培养过程中,融入以“40 条发明原理”“76 个标准解”等为代表的工程经验提炼总结,帮助工科学生拓展发散性思维,积累工程领域专利所体现的工程经验和工程智慧。

第三,引入跨学科知识学习。在工程教育的培养过程中,以真实工程问题的解决为导向,引入必要的跨学科知识的学习。学习的方式不限于自我探究、课堂讲授、小组互助等方式。Salamatov 和 Souchkov(1999)的研究表明,跨学科的知识和类比思维有助于跨越知识壁垒。Cassotti 等(2016)的研究也表明,在被试现有知识体系之外的新知识,能够促进人们产生更多新颖的原创方案。Bonnardel 和 Marmeche(2004)以及 Bonnardel 和 Zenasni(2010)的研究也得出了类似结论,领域内部的类比会减少新想法的产生,领域之间的类似则会增进新想法的产生。

第四,训练系统化的思考流程。在工程问题的解决过程中,需要训练工科学生系统化的思考流程,有效切换发散和收敛性思维。发散性思维能够寻求问题的多种解决方案(无论解决方案的对错),而收敛性思维能够把多种解决方案重新整合,针对性地形成问题的有用的解决方案(Abraham & Windmann,2007)。工程项目的有序进展,在于工程师们有序切换发散性思维和收敛性思维(Dym et al.,2005)。工科学生需要在项目学习的过程中,了解应该何时进行切换、存在的障碍是什么,这些障碍应该如何克服,才能提升最终方案的测评指标。

7.3.3 "学习产出"方面的对策建议

一、创造优先、知识并重的学习产出(体现工程创造力评价中"创造"维度)

研究表明,当有可能得到更低的学业成绩的时候,学生的创造力倾向于降低(Linnerud & Mocko,2013)。也就是说,在传统的评价模式中,学生倾向于用传统的、常规的、更符合老师或课本要求的答案,去获得更高的考试分数。而新颖的、非常规的、具有创造性的答案可能会超过要求,造成不确定性和风险。Toh 和 Miller(2016)的研究表明,风险规避(risk aversion)和不确定性规避(ambiguity aversion)对创造力的产出有负面影响。West(2002)也发现,传统的教师评分对创造力过程有负面影响,因为创造力的发挥需要信任和较高的心理安全感(包容错误和失败)。Sternberg 和 Williams(1997)、Villa 等(2013)的研究均表明,当教师明确支持风险,容许失败的可能性时,学生的创造力也随之提升。

Runco(2007)的研究表明,如果创造力的评价是在类似于考试的学术氛围中进行的,那么在考试中表现出色的学生会再次表现优异,而那些在传统考试中成绩较差的学生,将再次表现较差。也就是说,创造力评价应该是在"类似游戏(game-like)"或"宽松的、容许犯错的(permissive)"环境中,创造力的评价不会明确给出分数,学生才会真正释放创造力潜力。

游戏比较适合儿童的学习过程,而大学生更加关注真实的实践过程(赵炬明,2019)。对于工科专业的大学生来讲,就是一个容许犯错、不断探索和尝试的真实工程项目的解决过程。因此,传统的知识优先的学习产出,一般以考试的形式测试知识记忆的准确度,知识的准确回忆要求学生抹杀不确定性。因此,在工程创造力的培养模式中,对创造性产出(创造性的方案和设计)应该给予优先关注,评价理念也应随之革新。

在工程创造力培养的模式中,强调创造优先,并不是忽视知识的价值,相反扎实的领域内部的专业知识以及跨领域的多学科知识,是工程创造力提升的前提条件。Zivkovic 等(2015)以及 Amabile(2018)的研究表明,创造性地设计工程产品很多时候需要跨学科的能力(interdisciplinary competencies),而这样的跨学科能力是基于知识的(knowledge-based)。此外,Vincent 等(2002)的一项研究也表明,领导者的领域专长(domain expertise)与方案产生(idea generation)以及方案综合实施(synthesis and idea implementation)具有正相关关系。Simonton(2000)发现工程师领域相关的经验(从事专业工作的年限,过去的创造性工作的产出,如专利、技术秘诀、论文等),能够预测其未来创造力的表现。更容易被理解的例子是比尔·盖茨(Bill Gates,微软公司创始人)以及史蒂夫·乔布斯(Steve Jobs,苹果公司创始人),二者在职业生涯后期很大程度上扮演了管理决策的角色,但是他们最初产生的创造性产品,以及后续产生的创新价值,均是通过其扎实的专业领域知识和积累实现的(Manes & Andrews,1994;Young & Simon,2005)。

盖茨在计算机编程,以及乔布斯在产品设计方面的专业知识,对于他们产生创造性的产品是必要的。但对于个人来讲,拥有广泛的跨学科知识和素养对创造力也有正面作用(Mumford,2000)。例如,阿尔伯特·爱因斯坦(Albert Einstein)是理论物理学方面的专家,但也对音乐(小提琴)有着浓厚的兴趣。爱因斯坦本人也提到,在专业领域之外的兴趣(音乐)有助于增强联想和创造力,对他本人的科研有一定的促进作用(Clark,1973)。有创造力的个体,必须具备知识的深度和广度(Hansen & Nohiria,2004;Hansen & Oetinger,2001)。这种类似"T型"人才的能力结构,既有纵向的深度,也有横向的广度。领域内部的知识深度,能够保证创造方案的可行性,而领域之间的知识广度,则能够构建之前从未有过的联系,提升创造方案的新颖性(Estrin,2009)。

二、关注过程、结合结果的评价理念(体现工程创造力评价中"工程"维度)

Daly 等(2014)的研究表明,仅仅有实际的工程项目,不是提升学生工程创造力的充分条件。工程项目的实施过程需要被仔细设计,以克服工程创造力提升过程中的障碍;在学习产出的评价方面,新的培养模式不仅仅评价考试的分数,更要评价工程创造力的产品(结合工程创造力的测评维度)。从单一的课程分数、论文导向,转变为创造力导向的评价;从单纯的结果导向,转变为过程和结果导向相结合。

反观现有工程教育评价指标,对发散性思维的评价明显不足,相比之下对收敛性思维的评价又是过度的。例如,工科类学生考试或汇报,决定成绩的主要因素是统一或标准的答案(以收敛性思维为主),而不会关注过程中没有体现在答案中的奇思妙想(体现发散性思维)。

过程和结果导向结合的评价理念,需要综合采用教师评价和同伴互评(peer evaluation)的手段。在许多情况下,教师可能无法及时见证创意想法的产生,所以同伴互评有助于获得准确的创造性绩效评价的方式(Capodagli & Jackson, 2001)。此外,教师评价、个人评价和同伴互评相结合,过程表现和最终项目成果评价相结合,能够在最大程度上保证评价的公平性。因为这样的评价方式依靠证据、客观表现,从多个途径收集证据。与传统的教师为中心的学习评价相比,工程创造力的评价是以学生为中心的。

7.3.4 "支撑条件"方面的对策建议

工程创造力培养应该为学生提供相应的支撑条件、营造合适的环境。通过匹配的环境要素来推动培养过程,实现学习产出、达成培养理念。在发展科学的视角下,学习环境不单单指代客观的物理环境(如教室、图书馆等),更包括所有能影响培养过程的外部因素(Lerner et al.,2015)。其中,尤其重要的即为外部的产业联系构建,以及内部的教师角色转变。

一、构建外部产业联系,提供工程教育真实情境

工程创造力培养中的真实情境,意味着在真实项目流程中解决真实工程问题。当下的真实工程问题一般具有以下特征:开放性、复杂性、非良构性。

(一)开放性(open-ended)指的是问题的解决方案不唯一。在潜在的多个解决方案中,并不存在唯一正确答案,每个答案都有各自的优劣。因此,开放性工程问题能够产生多种假设,导致多种解决方案,为学生提供产生创造性想法的机会。

(二)复杂性(complex)是现代工程问题的典型特征。我国于2016年6月成为国际本科工程学位互认《华盛顿协议》的正式会员,在《华盛顿协议》的《工程教育认证标准》中明确规定,复杂工程问题必须具备特征一,与此同时具备特征二到七的部分或全部,如表7.5所示。而在工科毕业生的能力要求中,超过半数都提及解决处理"复杂工程问题"关键词(王宁,2019),体现了"复杂性"已成为现代工程问题典型特征的共识。

表 7.5 复杂工程问题的特征

特征一	需要深入分析问题,并运用特定领域的工程原理才能解决
特征二	涉及跨学科,多个领域的工程、技术和其他因素,多个因素之间可能同时存在协同和冲突
特征三	需要有创造性地建立合适的模型才能解决
特征四	不仅仅依靠常规方法就能解决
特征五	特定领域的工程实践标准和规范中,没有完全包含问题的要素
特征六	多方面利益相关者的诉求存在一定的冲突
特征七	具有较高的综合性,可以被分解为多个相关的子问题

资料来源:作者根据王宁(2019)整理。

(三)非良构性(ill-structured)指的是在传统课堂教学中,教师提出的问题通常要经过转化,成为教学例题。学生只要能正确运用教师课堂上所讲授的知识和原理,就能得到问题的正确答案,这样的问题称为"良构问题"(赵炬明,2019)。但工程实践中的问题信息通常是不完整的,导致问题产生的原因是隐匿的,简单地运用公式或定理并不能直接得到解决方案,这一类问题成为"非良构问题"。用项目中的非良构问题取代课堂上的良构问题,成为培养学生解决真实工程问题的有效手段。

在工程教育中使用良构问题,能够使学生的答案和正确的答案进行比对,从而产生客观性(objectivity),但是开放的、复杂的、非良构的真实问题才是工程师日常面对的,在工程教育中选择的问题的类型会影响最终的创造力。Morin 等(2018)的研究关注教育项目中老鼠夹的设计课题,该课题是虚拟的,没有工程真实的约束条件(例如成本等),只能作为教学例题;而 Kemppainen 等(2017)在美国密歇根科技大学(Michigan Technological University)开展实证研究,研究面对 300 余位大一工科学生组成的 72 个研究小组,通过创造力问卷进行实验的前测和后测对比,结果表明项目和问题的开放性能够提升学生的创造力水平。

在工程教育中引入真实的工程问题和工程项目流程,对提升学生的工程创造力有明显的益处。因此,学校应该维持和外部企业的合作关系,致力于为学生提供真实情境,并在合作过程中形成学校、学生、企业的三方担保约束机制,保护学生和企业的知识产权,促进学校、学生和外部企业的良性合作关系得到巩固和深化。

二、推动教师角色转变,促进学习过程

(一)教师角色的转变

现有高等教育机构内部的教师,更多的是知识的传授者,以一种权威的姿态出现,学生是知识的被动接受者。相比之下,以学生为中心的培养模式,把学习看作一个知识建构的过程,学生在知识获取中发挥主动、积极的作用。这种模式要求教师促进学生的知识获取过程,而不是提供直接的知识传授(Williams & Paltridge,2016)。因此培养工程创造力,要求教师角色应该做出相应的转变。

第一,从固定的知识的传授者,转变为工程问题解决障碍的发现者和引导者。教师能够为学生项目的开展提供资源、学习内容、理论、方法指导,帮助其克服障碍,顺利推进项目取得成果。传统的教师(teacher)的概念,更多地转变为导师(tutor)和学习促进者(facilitator)。

第二,从最终结果的评价者,转变为项目过程的参与者。教师应该是学习专家(学习指导者、学习示范者),能够同学生一起参与项目,解决项目过程中的问题,观察学生的表现(导师或教练)。教师能够判断何时以及在多大程度上干预学生的学习,教师和学生进入学习环境的目的是让学生发展对知识的理解,而不是简单地获取知识。从这个角度讲,教师将不仅仅局限在传统的教授概念,项目的导师可以是学校教师、企业工程师或高年级研究生。

第三,从专业知识的讲授者,转变为推动项目的督导者。教师应该了解项目正常运行的要素、团队合作的常见问题等。教师应引导进程,确保项目的整体方向正确、进展顺利,不横加干涉,重点在监控过程的质量,并且对项目结果提供创造力方面的评价,为学生提供课后反馈,这对学生创造力提升更加重要。

(二)教师所面临的挑战

Maudsley(2002)和 Haith-Cooper(2003)的研究发现,教师角色转型的一个严峻挑战,在于不知道何时以及如何干预学生的学习过程。当教师认为有必要介入时,他们往往又回到熟悉的教学角色,开始主动提供信息、传授知识、指导学生的学习。反之,在教师不介入学生学习过程、不传授知识时,一部分教师感到无所适从,感觉自己像是教室中的"摆设"(Neville,1999)。他们感觉自己将专业知识传授给学生的能力受到了束缚,所以课堂贡献不大。

具体来讲,教师角色转型所面临的挑战还包括:第一,项目进行前,能够设立项目目标和挑战,激发学生动机,预知可能出现的问题,做好相应的知识储备;第二,在项目进行中,能够监控过程的质量,适当引入外部资源,例如理论和方法指导(如创造力技法、头脑风暴法等)、外部企业专家合作、跨学科团队合作、团队内部冲突解决等,并充分知晓什么时候、为什么以及如何介入课堂教学过程;第三,

在项目进行中,从授课内容的固定化,到项目指导过程的动态化,每一组、每一个学生的想法都不一样,教师要做好问题层出不穷的准备和充足的知识积淀,应对学生的问题。与此同时,教师应该有跟学生以真实的方式交流的意愿,和以学生容易理解的情境化的方式沟通交流的能力(Savin-Baden,2003)。然而现状是有的教师自己就没有真实经历,何谈将真实的工程问题解决能力传授给学生?有的教师只想做科研成果,何谈静下心来跟学生沟通交流,指导项目的进展?教师角色的转变,可谓任重道远。

7.4　工程创造力培养课程实践

从目前我国高校面向工科学生开设创新创造类的课程情况来看,多以创造性思维、创新管理等理论课程为主。为真正把工程创造力培养落到实处,部分高校开设了创新方法课程。本节以笔者在浙江大学工程师学院开设的“创新思维与创新方法”课程为例,说明如何通过创新方法课程再设计,实现工程创造力的培养。

7.4.1　课程内容安排

“创新思维与创新方法”课程自 2018 年起是主要面向工程师学院工程管理专业硕士研究生开设的一门选修课。该课程的目标是通过介绍基于 TRIZ 理论的系统化创新方法理论和工具,引导学生综合运用多种系统化创新工具解决企业创新实践过程当中遇到的技术难题,从而为学生从事技术创新提供切实有用的工具,以切实提升学生的工程创造力与创新精神。

本课程一般在春夏长学期上课,一共分 8 次,每 2 周 1 次,每次 4 节课,共 32 学时。如果接受完整的理论讲授及实践训练预计至少需要 64 课时,所以课时是非常有限的。因此本课程梳理了最常用的若干种创新工具,以使学生在最短的时间内了解系统化创新方法的特点,能够熟练掌握并将其应用于对实际工程技术创新难题的诊断、分析和改进。具体课程安排如表 7.6 所示。

表 7.6　创新思维与创新方法课程安排

章节	教学内容	教学活动	学习评价
1 系统化创新导论,理想化与进化法则	1.1 为啥创新有方法——创新的障碍识别 1.2 创新方法是个啥——创新方法简介 1.3 创新方法能干啥——创新方法应用成功案例 1.4 理想度和最终理想解的概念与应用 1.5 技术进化法则 1.6 最终理想解与技术进化法则的应用练习 1.7 工程问题选题指导	互动游戏,理论讲解,案例辅导	学生选择合适的实战题目
2 矛盾分析与发明原理	2.1 矛盾和工程参数 2.2 物理矛盾和分离原理 2.3 发明原理选讲和辨析 2.4 2003 矛盾矩阵介绍及应用 2.5 矛盾分析及解决综合案例	理论讲解,案例辅导,软件应用	运用创新原理得到的概念方案数量及质量
3 流分析及实战训练	3.1 流分析基本概念和应用流程 3.2 流优化措施选讲 3.3 流分析应用	理论讲解,案例辅导	运用流优化措施得到的概念方案数量及质量
4 流优化措施和发明原理案例汇报及点评	请各组就分配到的流优化措施和发明原理所提供的不少于三个现实的案例进行分别汇报	点评、互动讨论	案例的数量及质量
5 流分析与矛盾分析实战演练(实践课)	5.1 流分析和矛盾分析解题训练 5.2 学员运用流分析和矛盾分析工具分析自己的课题	实战辅导	方法的掌握程度,概念方案的数量及质量
6 科学效应与知识库	6.1 科学效应库简介 6.2 功能库介绍及应用流程 6.3 属性库介绍及应用流程 6.4 功能库及属性库应用解题实例	理论讲解,实战辅导,视频解析,软件应用	应用效应库产生的概念方案数量及质量

章节	教学内容	教学活动	学习评价
7 工具综合应用演练（实践课）	学员综合运用工具解决自己的课题，老师负责答疑	实战辅导	方法掌握情况
8 课程大作业汇报及点评	对课程大作业（学生自己的课题）进行汇报及点评	点评	综合应用工具解决实际问题产生的概念方案或专利的数量及质量

第 1 讲为导论课，主要分为 7 个单元，前 3 个主要集中回答了 3 个问题：为啥创新有方法？创新方法是个啥？创新方法能干啥？第 1 单元"为啥创新有方法"通过若干游戏让学生真实体会到在个体层面上制约创新的若干障碍，从而形成对破除上述障碍的"创新方法"的预期。第 2 单元"创新方法是个啥"主要讲述系统化创新方法的起源、内涵及与非系统化创新方法的区别，并提供本课程知识点组成的学习地图。第 3 单元"创新方法能干啥"主要介绍若干创新方法的实际应用案例及效果分析。接下来 3 个单元主要介绍系统化创新方法中非常重要的概念和方法——最终理想解和技术进化法则。第 4 单元介绍基本概念，包括理想化、理想度、最终理想化结果（IFR），运用最终理想解解题的具体流程，最后介绍最终理想解解决问题的实际案例。第 5 单元介绍技术进化八大法则。第 6 单元介绍技术进化法则的实际应用流程及案例。最后一个单元是工程难题选题指导，因为本课程注重"实战性"，因此要求学生必须带着实战难题来上课。教师会提前发送选题模板及选题注意事项，学生需按照老师事先提供的模板提前选定自己工作中或来自企业实践的工程难题（需交由老师审核），老师也可以为实在无法提供实战难题的学生提供难题。课程最后对学生进行分组，为更好地完成小组作业，要求必须跨专业分组。

第 2 讲主要介绍矛盾分析，主要分为 5 个单元，第 1 单元介绍工程参数和矛盾的基本概念，第 2 单元主要介绍物理矛盾及四大分离原理。第 3 单元对 40 个发明原理进行简介，选取部分疑难原理结合案例进行详细介绍和辨析。第 4 单元结合实际案例介绍 2003 矛盾矩阵的应用，使学生掌握将具体问题转化为矛盾形式，并通过查询矛盾矩阵在发明原理的启示下构建解决方案的能力。第 5 单元通过实战案例介绍矛盾矩阵和分离原理的实际应用。课程最后布置第一次小组作业，由学生分组为每个发明原理（包括子原理）寻找实际应用的案例（3 个以上），按照分组情况，通常每组会被分到 6～8 个创新原理。

第 3 讲主要介绍系统化创新方法四大分析工具中的"流分析"，之所以选择流分析作为本课程的主要问题分析工具，是因为相较于因果分析、功能分析和资源分析等分析工具，流分析的适用性更广，不光适合解决实体物理系统的问题，也适用于解决软件、工艺流程及信息系统等非实体物理系统中的创新问题，而后一类问题越来越常见。本讲可分为 3 个单元：第 1 单元主要介绍流分析的基本概念和内涵；第 2 单元对 39 个流优化措施进行简介，并选取部分流优化措施结合案例进行详细讲解；第 3 单元通过一个大案例来介绍如何应用流分析来对商业模式进行分析和优化。课程最后布置小组作业，由学生分组为每个流优化措施寻找实际应用的案例（3 个以上），按照分组情况，通常每组会被分到 6～8 个流优化措施。

第 4 讲主要由学生汇报发明原理与流优化措施实际应用案例，由教师团队进行点评，点评主要依据以下标准：第一，是否完全符合发明原理/流优化措施的内涵；第二，案例论据是否翔实可信（杜绝简单的想法和模糊的解释）；第三，案例的专业化程度（不鼓励显而易见的生活案例，鼓励去寻找流优化措施在不同专业领域的具体应用）。

这个环节非常重要，因为系统化创新方法的特征之一就是让学生在结构化知识库的提示下结合具体问题情境构建解决方案。本作业正好反过来，其目的是让学生通过自主学习和深度观察，在加深对"结构化知识"（本作业是发明原理和流优化措施）的理解之后找到正确的应用案例，从而"反向"掌握在发明原理和流优化措施的提示下构建创新性方案的能力。

第 5 讲主要辅导学生如何实际运用矛盾分析和流分析工具解决自己带来的实际工程难题，随后会简单介绍一下课程最终大作业的基本流程（会提供 PPT 标准模板）。

第 6 讲主要介绍系统化创新方法的另一类重要工具——科学效应和知识库。主要分 4 个单元。第 1 单元主要对科学效应库的基本情况进行简介。第 2 和第 3 单元开始分别介绍当前最先进的功能、属性效应库及其各自的应用流程。第 4 单元通过实际案例，综合演练如何应用功能效应库和属性效应库解决实际创新难题。

第 7 讲是综合练习，先通过一个综合大案例，介绍如何综合运用课程所学的流分析、矛盾分析和进化法则等工具来解决实际技术创新问题，随后开始就各组完成课程大作业过程中遇到的具体分析进行答疑和辅导。

第 8 讲是大作业汇报，由教师团队和来自产业的专家或投资界的专家进行点评。点评分为问题分析、解决过程和方案评价三部分，具体标准详见课程教学评价部分。

7.4.2 "立体化"的课程支撑体系

为了配合翻转式课堂教学法的实施,本课程构建了一个由慕课、CAI 软件、教材及公众号等组成的立体化课程支撑体系。

1. 在中国大学慕课网上线"系统化创新方法"

我们的经验是,对于目前的九零后和零零后学生,让他们在课堂上保持 45 分钟的认真听讲几乎是不可能完成的任务。为了方便学生预习、复习和掌握关键概念及零散知识点,本课程特地录制了系统化创新方法慕课,将复杂繁琐的知识信息分解为 25 个 10 分钟左右的视频,方便学生利用零散时间自主查阅和学习。这样的好处就是节省大量课上时间(理论讲述的时间目前压缩到 1/4 左右),可将课上时间集中用于深入讨论、实战操作及点评。

该慕课课程自 2019 年 12 月初正式开班以来,选课人数已超 3000 人(见图 7.2)。只要前往"中国大学 MOOC"官网搜索"系统化管理创新方法"或点击网址 https://www.icourse163.org/learn/ZJU-1206701819? tid=1207026241♯/learn/announce,或扫描二维码(见图 7.2),即可听课。

图 7.2 系统化管理创新方法慕课封面

可点击登录:https://www.icourse163.org/learn/ZJU-1206701819? tid=1207026241♯/learn/announce

2. 云端 CAI 软件加速了知识迁移的效率

作为打造实战性的沉浸性创新体验的一部分,本课程自行设计开发了云端

用微信扫描二维码

图 7.3　系统化创新方法选课二维码

CAI 软件"创新咖啡厅"（登录 www.cafetriz.com），如图 7.4 所示。

图 7.4　云端 CAI 软件创新咖啡厅界面

该软件目前包括矛盾矩阵（包括管理矛盾矩阵、经典矛盾矩阵和 2003 矛盾矩阵）、知识库（功能效应库和属性效应库）以及进化法则（管理进化趋势和技术进化法则）等模块。除经典矛盾矩阵及技术进化法则外，其他内容基本都是国内少有甚至是独有的内容。未来还将上线其他功能模块，敬请期待。

创新咖啡厅 CAI 软件将管理创新方法中的基本概念、思维工具与知识库直观展现，原来繁琐的使用流程现在简化为"点、点、点"，学生们学完理论后可以马上自由地选用软件上的创新工具快速解决问题，真正做到"学以致用"。

3. 教材有效提高学习效率

针对传统教材理论强、操作性差的特点,我们起初设计了一本实用性较强的学生手册,2018 年以此为基础的教材《创新之道——TRIZ 理论与实战精要》以及教辅资料《工程师创新手册(进阶)——CAFE-TRIZ 方法与知识库应用》正式出版,从而将抽象的创新理论转化为解决创新问题的标准化操作流程,并增加了大量利用标准化流程解决行业重要创新难题的实战案例,真正做到了"顶天立地",同时极大地增强了材料的实战性和可读性。

4. 公众号和微信群拓展学习的时空限制

课程专门开通了一个公众号(见图 7.5),针对课上问题,公众号会定期发布理论短文,同时课程微信群也随时可以发起针对性的热烈讨论。上述信息技术的应用,完全拓展了学习的时空限制。

图 7.5 公众号二维码

7.4.3 "多样化"的教学方法

结合创新方法课程自身特点,本课程综合运用了翻转课堂、启发式、探究式、讨论式及案例式等多种教学方法。

1. 翻转课堂教学法

翻转课堂教学法是贯穿课程始终的。由于创新方法课程的自身特点,加上时间限制,教师团队坚信不应将课堂内的宝贵时间浪费在信息的讲授上,而应以一个教练的身份帮助学生专注于主动的基于项目的实践学习,并在此过程中及时予以点拨和指导。

有过创新方法教学经验的老师们都知道,创新方法课程中"结构化知识库"的内容最耗时间,例如 40 个发明原理,不讲学生不会用,一个个讲下来既花费大量时间,效果又不一定好。同样,如何讲授本课程的"结构化知识库",包括 40 个发明原理、39 个流优化措施、16 个技术进化法则等,也是本课程教学的一个难点。运用翻转式课堂教学法,本课程从以下三个方面克服上述困难。

第一,创造课外自主学习的条件。本课程会提前发放包含上所述内容的课程学生手册/教材给学生,并专门录制了慕课,方便学生随时查阅学习。

第二,降低工具使用的门槛。设计了一个计算机辅助创新软件(computer aided innovation,缩写为 CAI):创新咖啡厅。之前应用矛盾分析等工具需要进行查表、查原理等复杂操作,现在直接简化为鼠标点点点,提高工具学习及使用的效率及趣味性。

第三,安排学生找到"结构化知识"在现实中的应用案例。无论是管理创新原理还是流优化措施,不是老师灌输给学生,而是由学生自己去寻找原创的案例并分享给大家。教师团队相信,只有主动创造的知识才是不会遗忘和能够迁移的,且完成原创案例活动本身就是一个激发创新内在动机和学习兴趣的过程。

因此为保障翻转式课堂教学法的实施,如前文所述,本课程特地构建了一个丰富的支撑体系,在此不再赘述。

2. 讨论式教学法

讨论式教学法也是几乎每堂课都会应用的。例如在导论中会讨论"有方法还能叫创新吗?",以及在讲解最终理想解和技术进化法则时会讨论"为什么系统一定要向理想化的方向进化?"等等。第 7 次课更是一个全程答疑的综合大讨论。对于讨论式教学,我们的经验是:1)每次讨论都必须要有明确的主题;2)一定要提前预热,最好嵌入课程内容中,尽量显得自然而不要太突兀;3)要实时引导讨论的走向,不能偏题;4)要及时总结提炼学生的优秀观点并及时肯定。

3. 案例式教学法

另一个贯彻始终的是案例式教学法。这个讨论已经很多了,这里仅结合本课程介绍一些经验,即强调案例的三"性":真实性、目的性和时效性,具体如下。

第一,全部采用真实案例。因为本课程一直强调实战导向,也一直试图营造一个运用创新方法解决实际问题的实战氛围,同时也为了保障案例的严谨性,所以本课程的案例全部都是来自一线的真实案例。

第二,所有的案例必须都有明确的目的。例如有的案例是为了开拓视野激发创意,那就需要着重介绍最终方案的原创性及影响等内容;有的案例是为了展示运用创新方法解决问题的整个过程(例如每讲最后的大案例),那么大到整个解题逻辑的自洽,小到图标的统一,都要做到标准化和流程化。为了尽快做到标准化和流程化,我们甚至会给学生提前做好案例模板,这样学生才能够快速学习和掌握。

第三,技术和社会的发展日新月异,因此案例必须要保持时效性,尤其是创新方法类课程,必须实时向学生介绍创新在科技及社会发展中的前沿应用。为了不出现"创新方法课程介绍过时的故事",本课程每年案例的更新率都在30%以上。

4. 启发式教学法

在每次引入新内容之前都会采用启发式教学法,即引入一个或若干个精心设计的小游戏,目的是用学生的亲身体验来代替冗长的讲授,当然也包括激发学习兴趣和主动参与。例如导论中设置了3个游戏让学生体验不同的思维定式对创新的阻碍,学生的反馈是"明知道老师要干吗可就是跳不出去,足见思维定式的可怕以及创新方法的可贵(因为创新方法能破除思维定式)"。可见,游戏比单纯讲授要令人信服得多。

5. 探究式教学法

配合翻转式教学法的实施,本课程鼓励学生通过阅读、观察、讨论和思考等途径去主动探究,自行发现并掌握结构化知识库中的零散知识点,最终形成案例分享给大家,在此不再赘述。

7.4.4 "实战化"课程教学评估

本课程旨在将"真实"的创新需求(如企业实际遇到的技术创新难题)作为课堂作业及最终考核要求,使学生在解决实际创新难题的过程中,既检验了教学效果,又拥有了贴近实战的"创新"体验。具体从以下几个方面实现。

第一,评价标准实战化。每次作业的评价标准都突出企业界所关心的创新性、可行性等维度,尤其体现在大作业的评价标准:1)方法应用是否正确,是否按照标准流程;2)方法间衔接是否流畅;3)对问题的流分析是否全面深入;4)方案是否是在"结构化知识库"的提示下产生的(杜绝按经验或网上资料瞎猜乱碰);5)方案是否具有创新性;6)方案是否具有可行性。

第二,评价主体实战化。作业,尤其是大作业的评价主体均为产业专家或拥有实战经验的创新方法专家,他们都将从实战的角度来对作业进行检验和评估。

第三,解决方案实战化。除了专家评审外,我们还会安排小组间交叉评审。具体评审方法是,针对A小组对商业模式甲提出的创新性改进方案,B小组通过查阅有关商业模式甲所在企业相关资料或对内部人士进行访谈等途径进行验证,看创新性方案是否已经在实施,如已经实施效果如何?如未实施,为何?通过交叉性的检验让学生摆脱学校环境及书本的束缚,对创新有更深刻的亲身体验。

7.4.5　课程效果评估

本课程从 2018 年开始在浙江工程师学院面向工程管理专业硕士学位研究生开设,目前已开设了 4 次(2020 年因疫情停开 1 次),第 1 年和第 2 年分别设置了课程容量上限 30 和 40,选课学生数都达到了上限。2021 年开始将课程容量上限调至 60。前 3 次校研究生教务系统评价基本都为 5 分,2022 年受疫情影响一直实施的是线上授课,教务系统评价为 4.8 分。课程开设具体情况如表 7.7 所示。

表 7.7　课程开设情况

开设时间	选课学生数	教务系统评价
2022 春夏	59	4.8
2021 春夏	45	5
2019 春夏	40	5
2018 秋冬	30	5

据课后满意度调研问卷显示,学生们对本课程的总体满意度为 92%。100% 的学生认为课程显著提升了自身的创新能力。

此外,2018—2022 年(2020 因疫情未开课)4 期共针对 83 个企业真实技术难题应用系统化创新方法产生了 1508 个不重复的概念方案,平均每题产生18.2 个概念方案。具体情况如表 7.8 所示。

表 7.8　学生实战解题数据(2018—2022)

年份	难题数	概念解数量	题均概念解数量
2018 年	10	123	12.3
2019 年	18	284	15.8
2021 年	25	527	21.1
2022 年	30	573	19.1
小计	83	1508	18.2

综上所述,本课程通过科学合理的课程安排,综合运用多种教学方法,构建丰富立体的教学支撑体系以及面向实战的评价导向,探索了基于学生自主学习的创新能力培养模式,切实提升了学生创新实践能力,有效实现了三个结合。

1. 教学内容体现理论与实践相结合

在教学过程中,无论个体还是团队的实践练习乃至最后的大作业均为解决来自企业一线的实际创新难题,并请行业专家从实战角度对学生成果进行点评,从而营造一个综合利用系统化创新方法实际动手参与"创新"活动的"沉浸式"体验,进而真正利用所学知识进行创新或解决实际问题。

2. 教材实现了课上和课下学习相结合

针对传统教材理论性强、操作性差的特点,我们初期设计了兼具实战性和可读性的学生手册,内含各工具的操作流程和注意事项以及大量实战案例,方便学生课下预习和复习。以手册为基础的专门教材《创新之道——TRIZ 理论与实战精要》以及教辅资料《工程师创新手册(进阶)——CAFE-TRIZ 方法与知识库应用》已于 2018 年正式出版

3. MOOC、CAI 软件和公众号实现了线上和线下学习相结合

专门针对课程重点、难点,录制了部分 MOOC 视频,使得学生们可以随时随地针对感兴趣的内容进行自主学习。云端 CAI 软件"创新咖啡厅"使得学生们可以自由地使用创新工具快速解决问题,真正实现"学以致用"。针对课程问题,公众号定期发布理论短文,微信群随时可以发起针对性热烈讨论。上述信息技术的应用完全拓展了学习的时空限制。

7.5 工程创造力培养小结兼论如何破解创新方法"易学难用"难题

通过前文,尤其是在本章第 4 节中,我们可以清楚地意识到创新方法教学对工程创造力培养的重要作用。但在创新方法的教学过程中,"易学难用"一直是困扰师生的一大难题。本节尝试根据布卢姆教育目标分类法揭示创新方法课程教学的本质,并提出促进高校创新方法教学和工程创造力培养的相关建议。

创新方法是解决问题过程中所运用的科学思维、科学方法和科学工具的总称[①],创新方法的研究与推广工作是从源头上增强自主创新能力和推进创新型国家建设的重要举措。国内对创新方法的重视源自 2006 年温家宝总理对三位院士《关于加强创新方法工作的建议》的批示:"自主创新,方法先行。"随后科技部、国家发展改革委、教育部、中国科协联合制定并发布了《关于加强创新方法工作的若干意见》(国科发财[2008]197 号),提出了推动我国创新方法工作的指导思想、重点任务和保障措施,并在全国 31 个省、自治区、直辖市建立了区域推广

① 姚威,韩旭,储昭卫. 工程师创新手册(进阶)——CAFE-TRIZ 方法与知识库应用[M]. 杭州:浙江大学出版社,2019.

应用基地,创新方法工作得到了企业和全社会的逐步认可。

2015年,随着高校创新创业教育改革的逐步深入,创新方法课程逐步进入高校,并成为创新创业教育的重要内容之一。但创新方法课程的教育教学一直存在一个难点,即"易学难用"。从知识点的角度来看,创新方法往往呈现为流程和步骤的形式,这些知识并不难理解,但学生学习之后往往只停留在知道方法的层面,很难达到主动和熟练应用这些方法解决实际问题的程度。本书将在深入分析创新方法课程本质、特征的基础上,尝试初探破解这一难题的思路和途径。

7.5.1　创新方法课程教学的本质:技能培养

创新方法大多数来自创新实践经验的积累,是对以往经验进行归纳和概括的结果,经常表现为途径、步骤、手段的形式。[①] 从知识分类的角度来看,属于知道怎么做的知识(know-how)。这类知识并不难理解,但要将其内化为自身知识体系的一部分却很难,而转化为解决问题的一种实际能力则更难。知识内化的过程本质上是将知识与脑海中已有的类似经验、知识相结合的过程,创新方法的内化是将抽象的方法进行个性化的具化过程,这就不仅要求理解方法的步骤、流程,更要掌握方法背后隐含的逻辑、思维,以及与之相符的一些实实在在的案例。而要形成一种相对固化的能力,则必须经过大量实践才能逐渐做到。

与一般的知识传授类课程相比,创新方法教学的本质更像是一种技能培养。这种技能就像游泳一样,要想掌握它,仅仅知道在水里应该如何划手和蹬腿还远远不够,必须还要通过不断地练习和领悟,使之像日常走路一样自然,这样才算是掌握了这项技能。当前部分高校由于种种原因仍将创新方法课程当成一般知识传授课程,把授课重点放在知识点的讲解上,这是使学生产生"易学难用"感觉的根源。长此以往,必然会对创新方法课程的作用乃至工程创造力的培养产生怀疑和不信任。

7.5.2　创新方法教学的三个层次

创新方法教学的本质是一种技能培养,而技能培养一般要经历从"信息输入"到"知识内化"再到"技能培养"等不同的过程。为此,结合布卢姆教育目标分类法,可将创新方法教学分为三个层次。

一是知道和理解层面,即要知道该方法的具体应用流程、步骤,了解该方法的应用过程,识别方法的适用范围,并解释为什么这个方法可能会有效等。

[①]　创新方法研究会.创新方法教程(初级)[M].北京:高等教育出版社,2012.

二是应用和分析层面,即在面临具体的实际问题时,能够对不同方法进行比较,并选择合适的方法,产生解决方案;同时,在解决完问题时,可以准确地描述问题、清晰地分析问题的根本原因等。

三是综合和评价层面,即能够针对问题提出创造性的解决方案或设计方案,提出有颠覆性的建议或假设,并对解决方案给出适当评价。

任何一门好的创新方法课程都应包括上述三个层面的教学过程。其中,知道和理解创新方法是对创新方法教学最基本的要求,对于不同类型的创新方法课程,应用和分析层面的教学、综合和评价层面的教学可能侧重点会有所不同。如对于一般的公共选修课来说,应用和分析层面的教学可能是重点,主要是因为这类课程的学生往往专业背景广、基础弱,而课程学时又比较短,不可能在较短时间内实现更高的目标,但在教学中可以引导学生努力实现更高的目标,为后继的课程或深入学习奠定基础;而对于专业类创新方法课程则应更加侧重综合和评价层面的教学,通过大量练习和专业创新实践切实提高学生的创新能力。

7.5.3　高校创新方法课程的典型特征

综上所述,创新方法课程是一种以传授方法、应用技能为核心的综合实践类课程,根据以往授课经验,成功的创新方法课程一般具有多样性、开放性、自主性及实践性等特征。

1. 多样性

多样性是指多样化的课堂活动以及实践学习方式。即以多元化的课堂活动(如实战案例教学、游戏、深入研讨、多媒体教学等)代替传统理论性课程单一的讲授;着重引导学生在实践中学习,在调查、实验、探究、设计、操作、互动等一系列活动中发现和解决问题,探索和积累经验,自主获取知识,发展实践能力和创新能力。

创新方法课程之所以强调教学多样性,其根本原因在于传统理论性课程关注的是显性知识的讲授,而创新方法课程强调技能型知识的学习,属于隐性知识的传授。对于显性知识,可以方便地通过文字、语言、公式、图示等方式进行学习和共享,而对于不易转化为上述形式的隐性知识,则需要通过亲身实践来获得,如创新方法课程所强调的创新意识、新知识的快速学习和重构能力(在方法的指导下,综合应用知识解决实际问题的能力)等,最好的学习方式就是亲身经历和实践。多元化的教学安排有利于营造良好的创新氛围,逐步引导学生探索和内化隐性知识,并转化为解决实际问题的能力。

2. 开放性

创新方法课程的开放性体现在以下三个方面。

首先是指课程内容开放。创新方法的内容超越了传统封闭的学科知识体系和传统课堂教学的时空局限,具有典型的跨学科特征。从实操层面来看,创新方法是指支撑创新链各环节活动的方法集合,包括各种破除思维惯性的工具激发创意的思维工具(如 IFR、STC、小人法、颠覆性思维、突破性思维等)、科学研究的工具(如各学科特有的研究方法与工具、知识管理的工具等)、发明创造的工具(如 TRIZ、和田十二法等)、管理创新的工具(如工业工程、六西格玛、精益管理等),还有用于市场开拓环节的商业模式设计方法等。因此,创新方法课程内容,尤其是案例部分,必须体现开放性、包容性和与时俱进,一方面要持续追踪前沿技术发展,不断更新课程内容(尤其是案例内容);另一方面,也需要虚心向学生学习和收集最新的资讯和案例,这样既保证了课程内容的新颖性,又可激发学生的主动性和积极性。

其次是指学习过程开放。任何一个具体的创新方法都具有一定的概括性,将方法与学生的专业背景和生活体验相结合,就会产生丰富多彩的学习体验和个性化的表现,为此,创新方法课程特别强调富有个性的学习活动过程,强调学习活动方式与活动过程具有开放性。这就要求教学过程要突破时空维度的束缚,不仅仅在课堂上进行学习,更重要的是要引导学生在生活中用心观察,在课下完成作业的过程中用心体会。课下的思考、经历和体验与课堂学习同样重要。

最后是指结果评价开放。创新是没有标准答案的,所以课程结果的评价也应该是开放的。一是评价标准开放,不能预先设置标准答案让学生去猜,也不要过于苛求可行性。永远鼓励新创意的产生,哪怕是暂时不能实现的。二是评价主体开放,不能光授课老师评价"一言堂",还可以包括外部专家评价、学生自评和互评,甚至对课程作业发起网上投票。三是评价过程开放,要记录学生在学习过程中的积极表现,不应仅以结果论英雄。

3. 实践性

创新方法的学习本质上是一项技能的培养和锻炼,需要经历从信息(来自教师或书本)到知识(经历自我消化与吸收)再到实际解决问题的能力(通过实践活动)的过程。在这一过程中,实践环节是将知识转化为技能的关键环节,也是创新方法课程的重点和难点。在课程实践的设计和实施过程中,应充分尊重学生在现实世界中的各种关系及其处理这些关系的已有经验,使他们在充分运用已有知识的前提下,通过多样化的实践活动来引导他们接受创新方法、破除思维惯性并产生新创意。目前,少数创新方法师资为追求课程效果,经常使用很多貌似很高大上的案例和理论,脱离了学生的已有知识和经验,这种方法可能对打破学生的思维惯性具有一定的效果,但难以形成有效的知识迁移,学生无法将创新方法课程上的知识与自己的生活和专业学习相结合。因此,创新方法课程应该在尊重学生已有知识的前提下,通过创造更多的知识迁移机会来进行学习,如鼓励计算机背景的学生用计算机领域的算法知识来解释创新原理,鼓励化工背景的学生用创新方法来解决工艺问题,这样既会让他们在学习过程中感觉亲切,又会将学到的知识继续应用在专业活动之中。

4. 自主性

创新方法课程客观上要求学生能够在教师的有效指导下,主动参与自主学习、自主实践、自主反思的全过程。随着课程活动的不断展开,学生的认识和体验不断丰富和深化,新的活动目标和活动主题将不断产生,应有效加以引导和控制,使得学生深度参与知识协同创造的过程。同时应培养学生"不畏权威,敢于质疑"的精神,鼓励他们质疑已有的创新方法知识和案例,引导大家就提出的质疑和新提出的案例展开深入讨论,在讨论的过程中,创新方法的知识以及创新意识将逐渐内化于心。

7.5.4 挑战与展望

创新方法课程有效提升了学生的工程创造力和创新动机,在高校双创教育中发挥了越来越重要的作用。但在实际的教学过程中,改变传统认知,将创新方法课程定位于培养与锻炼学生的创新技能,仍将面临诸多挑战。

第一是教一学关系的重新定位。由于教学的重点不再是知识点或知识体系,而是如何掌握和应用这些方法以转变思维、提升创新技能,教师也不再是课堂的"主宰",学生应发挥更大的学习主动性,如何在充分发挥教师的优势和学生主动性之间寻求平衡,将是创新方法教学过程中面临的一个主要挑战。

第二是加强知识的系统性以应对教学的随机性挑战,创新方法是支撑创新链条各环节活动的一个方法集合,如何保障方法之间的有机衔接和集成应用是创新方法课程设计必须要解决的一个难题。同时,在教学过程中,由于方法应用的专业和领域不同,教师需要解决和回答的问题具有一定的随机性和不确定性,这就对教师的创新方法专业素质与随机应变能力和水平提出更高的要求和挑战。

第三是教学案例的积累、开发利用和与时俱进,如何保障案例的真实性、逻辑自洽性,以及案例与现实的贴近度及新颖度,以调动学生的学习兴趣和主动性,需要花费教师(即使是有经验的老教师)更多的时间和精力进行案例设计和备课。

第四是学习小组的组织和效率提升,其关键点与难点在于小组讨论课业的难度设定、学生积极性的调动,以及合作精神的培养。

　　最后是完善教学成果的评估与展示,由于课程的目标是提升创新能力,与传统的以知识点考核为主的考核方式和考核内容具有很大差异,为此,必须进行有针对性的重新设计。

　　长期以来,我国高等教育重视系统知识的传授,对方法类、思维类课程的重视不足,导致我国工程科技人才的工程创造力培养效果不佳,致使高校创新人才培养的质量和规模不能很好地满足经济社会发展的需求。当前,创新方法课程的引入,为高校创新创业教育改革和工程创造力培养提供了坚实的抓手。随着高校创新方法师资队伍的不断壮大,创新方法课程不断优化和完善,以及教学教法不断改良,创新方法课程势必将为我国经济社会的发展培养更多的创新人才。

8 总结及展望

8.1 全书结论及启示

全书以"工程创造力"的内涵、测评、提升手段及内在机理剖析为核心逻辑，旨在探索有效提升"工程创造力"的方法以及促进"工程创造力"培养的对策建议，为我国"新工科"建设以及工程人才培养提供理论框架和实践支持。在文献研究、实证研究、机理研究以及案例分析的基础上，得到以下研究结论。

一、本书在回顾已有创造力研究的基础上，通过深入分析工程活动的特征，界定了工程创造力的内涵。并在此基础上开发了面向真实工程情景的工程创造力测评方法(Assessment of Creativity in Engineering，缩写为 ACE)

本书综合文献分析以及专家访谈，提炼的工程活动的基本特征包含以下三点：第一，工程是基于科学原理，运用科学知识，构建创造新的事物(工程系统)；第二，工程活动具有目的性，强调功能导向，工程系统要实现特定功能；第三，工程活动强调约束，在实现特定功能的过程中要满足各种约束。工程创造力作为工程活动过程中所体现出的一种能力，需要反映以上工程活动的基本特征，工程创造力是创造力在工程领域的体现。因此，本书给出工程创造力的定义：发现工程问题或工程需求，且在满足特定功能要求和资源约束的条件下，产生多种新颖且有用的工程问题解决方案的能力。

在工程问题解决的过程中，必定有工程产品、工程系统或者具体工艺流程的开发和改进，因此对这些创造产品/结果进行测评，以反映被测对象的工程创造力是非常可行的手段。工程创造力的内涵和测评密切相关，因此本书对工程创造力的内涵界定，从产生的产品方案和结果入手，开发了向真实工程情景的工程创造力测评方法——ACE，具体分为以下六个测评维度。

(一)流畅性：衡量工程问题产生不重复的概念解决方案的数量。

（二）丰富性：衡量不重复的概念解决方案的差异性。衡量概念方案在不同学科领域的分布情况。

（三）原创性：衡量最终采用的概念解决方案的新颖程度。依据相似程度来判别。测评采取多专家评价法，依据 TRIZ 理论的五级发明标准进行评判（其中原创性低赋 1 分对应 TRIZ 的一级发明，原创性高赋 5 分对应 TRIZ 的五级发明）。

（四）可行性：衡量最终采用的概念解决方案在实施方面的难易（可行性）。由多位专家对最终方案进行评估，采用五级量表，可行性低赋 1 分，可行性高赋 5 分（结合现有技术和工艺水平以及实际生产条件进行综合评判）。

（五）经济性：衡量最终采用的概念解决方案实施所需的成本。从技术研发、专利授权、设备采购、原材料采购、设备维护及保养、人员成本等方面综合考虑衡量。由多位专家对最终方案进行评估，采用五级量表，经济性低（成本增加 30％及以上）赋 1 分，经济性高（成本下降 30％及以上）赋 5 分。

（六）可靠性：衡量最终采用的概念解决方案平均无故障工作时间（产品寿命或耐久性），或者衡量最终采用的概念解决方案在产品寿命内无故障工作的概率。产品寿命越长，或产品寿命内无故障工作的概率越高，说明技术方案的可靠性越高。由多位专家对最终方案进行评估，采用五级量表，可靠性低（产品寿命下降 30％及以上）赋 1 分，可靠性高（产品寿命增加 30％及以上）赋 5 分。

本书提出的测评手段，与工程创造力内涵契合，以最终创造力产品方案作为主要测评对象，同时结合客观测量法和多专家测评的优势。其中客观测量法针对流畅性和丰富性两个维度，多专家测评法针对原创性、可行性、经济性和可靠性四个维度。具体来讲，流畅性和丰富性是考察被试提供的所有概念方案，而原创性、可行性、经济性、可靠性考察的是被试形成的最终实施方案（如果个别被试提供了多个综合方案，则要求被试提供优先顺序，评估位列首位的综合方案）。整体测评流程简单易实施，且通过实验检验，具有较高的信度和效度。

二、本研究提炼了工程创造力现有十一种提升手段所包含的四项共性要素，分别为工程问题图示化表达、过往工程经验提炼总结、跨领域知识引入启发以及遵循系统化的思考流程

首先对提升工程创造力的现有十一种手段（工程参数及矛盾矩阵、物—场模型和标准解、科学效应知识库、最终理想解、头脑风暴法、六顶思考帽、鱼骨图法、脑力素描法、集体素描法／画廊法、属性列举法、奥斯本检核表／奔驰法）所包含的要素进行整合和提炼，得出以下四项共性要素。

第一，工程问题图示化表达，是指运用二维图形手段，清晰地描绘工程系统组件之间的相互位置、连接关系、所实现的作用(功能)、物质信息的流动过程,以及问题产生的因果关系。

第二,工程经验提炼总结,是指大量工程问题的解决过程中,所运用的思路和知识具有的相似之处。将这些相似之处提炼成为规律,反过来指导后续的工程问题解决。

第三,跨领域知识的引入,是指在解决特定工程问题时,通过不同学科、不同行业、不同领域的知识引入,这些知识与特定工程问题的解决具有相关性,能够对特定工程问题的解决予以启发。

第四,系统化的思考流程,是指在工程问题解决过程中,遵循"问题分析—方案产生—方案整合优化—方案评价实施"的系统化的思考流程。这样的思考流程不因工程师个人的习惯或喜好变化,也适用于绝大部分工程问题的解决。

三、相比其他所有手段,系统化创新方法包含以上四类共性要素,是目前为止提升工程创造力最有效的手段。通过包含 416 个有效样本的大规模实验研究,结论表明,经过系统化创新方法培训后,被试的工程创造力的六个维度(流畅性、丰富性、原创性、可行性、经济性、可靠性)均有统计学意义上显著提升

相比十种其他提升创造力的手段,系统化创新方法具备将发散与收敛性思维相结合的系统化的思考流程,通过抽象以及图示化表达,对问题的功能、原因以及可用资源进行详尽的分析,通过对相关的专利分析以获取工程经验用于问题解决,并通过外部知识引入启发,列举并尝试改变属性。在所有提升工程创造力的十一种手段中,系统化创新方法是唯一一个同时包含以上提及的四类共性要素的,也是目前为止提升工程创造力最有效的手段。

运用系统化创新方法,提升工科学生或工程师的创造力,其效果得到部分研究的肯定,但也有研究持相反观点。综合以上正反方观点,本书认为,应该对现有手段提升工程创造力的效果进行实验验证,并提出以下假设:TRIZ 对提升工程创造力"流畅性""丰富性""原创性""可行性""经济性""可靠性"维度具有正向影响。

为验证以上实验假设,本研究采用的实验设计为:在一个培训周期内对同一个被试进行前后对照研究,比较接受系统化创新方法培训前和培训后的区别。在较短的时间内(系统化创新方法的培训周期一般为 7~10 天,加上项目方案整合、汇报,周期不超过 1~2 个月),教育背景及性格特征等对工程创造力有影响的内外部要素的变化基本可以忽略不计,因此能够最大限度地排除其他因素的影响,客观地反映发明问题解决理论对工程创造力的提升作用。

本研究选择依托 2016—2019 年浙江省创新方法推广专项(以下简称"专

项")进行过创新方法培训的工程师开展实验研究,共收集工程师解决工程问题的项目报告 434 份,剔除内容不全的无效报告 18 份,共收到 416 份有效项目报告。专家 1、专家 2 和专家 3 对所有项目进行了统计,专家 4 和专家 5 对前三位专家的统计结果进行抽查。

实验结果表明,三位专家的评估结果一致,即经过基于 TRIZ 理论的创新方法培训后,被试的工程创造力的六个维度(流畅性、丰富性、原创性、可行性、经济性、可靠性)均有统计学意义的显著提升。因此,本研究证明了系统化创新方法对提升工科人才的工程创造力的有效性。

四、本书基于 C-K 理论视角,提出了系统化创新方法提升工程创造力的内在机理,并通过案例予以验证

本书引入 C-K 理论作为解释框架,打开了工程问题解决过程的"黑箱"。C-K 理论将工程问题解决过程视为工程师头脑中 C 空间和 K 空间相互作用,即工程师利用 K 空间中的知识,对 C 空间中概念方案进行不断拓展和改良,最终解决问题的过程(Hatchuel et al.,2011)。C-K 理论提出的两个空间和四个算子(两个空间元素相互转化得到,分别为 C→K、K→C、C→C、K→K),能够清晰地解构工程问题的解决过程,成为研究工程创造力机理的有力武器。工程问题解决过程中出现的障碍,意味着四个算子的正常运转出现问题。因此,工程问题解决过程中存在的四个障碍体现在以下几个方面。

第一,"固着效应"意味着工程问题的现有知识和已有方案阻碍了进一步思考。现有知识和已有方案视为 K 空间中的已知元素,因为 K 空间中元素的存在,导致无法产生新的概念方案(C 空间中元素),说明 K→C 算子没有正常运行。

第二,"思维收敛"意味着缺乏发散性思维,无法大量扩展产生新的概念方案,C 空间内部无法产生新的元素,说明 C→C 算子没有正常运行。

第三,"知识壁垒"意味着 K 空间内部无法扩展产生新的元素,工程师已知的知识(K 空间元素)无法有效地推导未知的知识(新的 K 空间元素),或跨学科、跨领域的知识对于工程师来讲是完全未知的,说明 K→K 算子没有正常运行。

第四,"约束思维"意味着工程师提出的概念解决方案(C 空间中的元素),没有被进一步地验证和细化,无法转化为 K 空间中的已知知识(可行的方案以及积累的工程知识及经验);或者工程师提出的概念解决方案(C 空间中的元素),被过早地,或过于草率地否定,转化为 K 空间中的知识(某个概念方案可行性、经济性或可靠性不高,但这些知识可能是武断的、错误的)。以上两种情况均说明 C→K 算子没有正常运行。

基于 C-K 理论考察工程创造力内涵和测评的六个维度,流畅性和丰富性两个维度体现了发散性思维能力,工程师进行问题分析并由相应的工具获得概念性解决方案,对应 K→C 算子以及 C→C 算子;原创性体现了现有知识范围的向外拓展,概念方案所包含的新知识增添了 K 空间的元素,因此对应 K→K 算子;可行性、经济性、可靠性三个维度验证概念方案的可行性以及实际价值,对应 C→K 算子。

基于 C-K 理论视角,将工程创造力内涵和测评的六个维度,与工程问题解决过程中存在的四个障碍加以对应。工程师在解决问题的过程中存在固着效应,缺乏发散性思维,意味着 K→C 算子以及 C→C 算子无法正常运转,导致工程创造力的流畅性和丰富性两个维度无法提升;存在知识壁垒,意味着 K→K 算子无法正常运转,导致工程创造力的原创性无法提升;存在约束思维,意味着 C→K 算子无法正常运转,导致工程创造力的可行性、经济性、可靠性三个维度无法进一步提升。

本研究已经通过实验手段验证,引入全面包含提升工程创造力四大共性要素的系统化创新方法之后,工程问题解决过程中的四个障碍相应得以有效克服,结果表现为工程创造力测评的六个维度均有显著提升,基于 C-K 理论剖析提升工程创造力的四个机理,具体如下。

机理一:工程问题图示化表达,通过功能模型图等多种工具,将有关工程系统的所需知识全面地展现在工程师的眼前,而不仅仅是局限于已有解决方案,进而提出与已有方案不同的概念方案,因此能够克服固着效应(破除 K→C 算子障碍)。并且通过对工程问题细致的分析,扩展了问题解决的思路和角度,能够提升概念方案的数量(提升工程创造力的流畅性),也能够增加概念方案的种类(提升工程创造力的丰富性)。

机理二:工程经验的提炼总结,将过去工程问题的解决规律加以高度提炼,作为新的 K 空间的元素(如通过提炼数百万份专利得出的 40 条发明原理、76 个标准解等工具)提供给工程师,此时工程师可以从利用这些知识,在已有设计命题(C 空间元素)的基础上增加或替换某些属性,形成新的设计命题(C 空间元素扩展,代表 C→C 算子正常运行),从而破除 C→C 算子障碍,进而促进发散性思维。工程经验拓展了问题解决的思路和角度,能够提升概念方案的数量(提升工程创造力的流畅性),也能够增加概念方案的种类(提升工程创造力的丰富性)。

机理三:将跨领域的知识,通过知识库等不同形式,作为新的知识空间的元素提供给工程师,从而实现 K 空间扩展(破除 K→K 算子障碍)。跨学科知识的引入,能够打破学科或领域内部的固有解决问题方式。同时,也可能带来系统工作原理的改变,为整体工程系统带来幅度较大的变化,显著提升概念方案的原创性。

机理四:遵守系统化的思考流程,工程师能够打破约束思维(破除 C→K 算子障碍)。把约束思维重新安排在问题解决过程中的"方案汇总及评价"阶段,能够消除约束思维对新方案产生的负面影响。相比最初单一的、存在缺陷的原始解决方案,通过对大量新方案的汇总及整合,更能够提升概念方案的可行性、经济性和可靠性。

综上所述,系统化创新方法通过上述四条机理提升了工程人员的工程创造力。

五、本书分析了国内外工程创造力培养的实践案例,反思了我国工程创造力培养的不足,基于培养理念、培养过程、学习产出和支撑条件"4P"框架,提出了促进工程创造力培养的对策建议

本书首先明确了人才培养案例分析的理论框架,即高等教育人才培养的基本要素包括:培养理念、配套的支撑条件和保障制度、具体的培养过程及评价手段,以及最终的结果产出。并进一步通过国内外工程创造力培养的现有案例分析,反思我国工程创造力培养的不足,具体包括以下几方面。第一,培养理念维度,仍然未能从工程教育的"科学范式"转型为"工程范式",未能在人才培养过程中回归工程实践,没有能够体现工程创造力的重要性。第二,培养过程维度,仍然以传授工程科学基础知识和技能为中心。某些情况下,过多的课本知识反而抑制了工科学生的创造力。第三,学习产出维度,仍然普遍以知识性、记忆性的书面考试为主,考试中的标准答案限制了学生的个性和创造力,不利于学生"发散性思维"的形成。第四,支撑条件维度,学校与外界产业的联系仍待深化,教师长期以来养成的权威型、知识传授性的方式难以在短时间内扭转。

本书针对以上不足,为培养工程创造力提出对策建议,主要关注以下几个方面:第一,在培养理念方面如何体现工程创造力(与本书内涵研究结合);第二,在培养过程中如何将提升工程创造力的手段融入,破除工程问题解决过程中存在的障碍,并提供相应的支撑条件(与本书实证研究、机理研究相结合);第三,在学习产出方面如何提升测评绩效(与本书测评研究相结合)。

具体的对策建议包括:第一,培养理念方面,建议工程教育回归工程实践(体现工程创造力内涵中"工程"维度),同时注重培养创造技能(体现工程创造力内涵中"创造"维度);第二,培养过程方面,建议推动基于真实工程项目的学习(体现工程创造力提升机理中工程问题解决的完整过程),同时融入创造力提升手段克服障碍(体现工程创造力提升机理中提升工程创造力的若干手段);第三,学习产出方面，建议评价应以"创造优先，知识并重"（体现工程创造力评价中"创造"维度），同时实行"关注过程，结合结果"的评价理念（体现工程创造力评价中"工程"维度）；第四，支撑条件方面，应该构建外部产业联系，为学生提供工程教育真实情境，同时推动教师角色转变，从知识的单向传递者，转变为学生学习的推动者。

六、通过案例研究，本书揭示了创新方法教学的本质和特征，并提出了促进高校创新方法教学和工程创造力培养的相关建议

创新方法教学对工程创造力培养具有重要作用。但在创新方法的教学过程中，"易学难用"一直是困扰师生的一大难题。本书通过对已开设的创新方法课程进行深入的案例分析，提出创新方法课程应根据布卢姆教育目标分类法将学习内容分为"知道与理解""应用与分析""综合与评价"三个层面，并揭示了创新方法课程的四个典型特征：多样性、开放性、自主性及实践性。最后，给出了促进高校创新方法教学和工程创造力培养的相关建议，包括教—学关系的重新定位，加强知识的系统性以应对教学的随机性挑战，学习小组的组织和效率提升，完善教学成果的评估与展示等。

8.2　本研究不足与展望

8.2.1　本研究不足与局限

第一，工程问题的解决必然是循环往复的迭代过程，本书在机理研究中，仅探讨了将工程问题解决视为线性过程，"提升手段—障碍克服—测评提升"的单一对应关系。在实际的工程问题解决过程中，若干障碍可能同时存在于工程问题解决的不同阶段。因此，未来研究应进一步将工程问题解决视为非线性的迭代过程，研究"提升手段—障碍克服—测评提升"复杂的多重对应关系。

第二，工程问题的解决过程，越来越多地以团队方式完成。不同的团队成员可能来自不同学科，分工协作解决复杂而真实的工程问题。本书关注的是个体层面的工程问题解决过程，以及工程创造力的提升机理，并未考虑团队其他成员对工程问题解决过程和效果的影响，但是在实际的教育实践中，难以完全将个人工作从团队协作中剥离出来。因此，未来研究的关注视角，可以从个体层面的"工程创造力"，逐渐深化为团队层面的"工程创造力"。

第三，工程人才的培养模式构建，是一个系统性工程，涉及工程人才需要具备的多方面能力。本书所关注的"工程创造力",则是工程人才需要具备的多种重要能力之一。如果仅仅关注工程创造力的提升,可能不利于工程人才各方面综合能力的培养。因此,本书并未尝试构建全新的工程人才培养模式,而是在现有工程人才培养的基础上,从"培养理念""培养过程""学习产出"以及"支撑条件"四个方面提出改进的对策建议。未来研究可在此基础上进一步深化,将"工程创造力"融入工程人才能力模型中,完整地分析工程人才应该具备的能力要素,从而构建新的工程人才培养模式。

8.2.2 未来研究展望

一、团队层面"工程创造力"研究

现今许多创造性工作都是以团队的方式完成的,一个发明天才以一己之力进行发明创造的时代已经一去不复返了(Hunter et al.,2012)。相反,由具有多种形式的专业知识、背景和经验的成员组成的团队,常常参与多个创造性工程项目。当这些项目向前推进时,个人对想法的主导权往往会丧失,创造性的想法成为团队争论的话题(Stark & Perfect,2007)。通过团队讨论以及团队过程,产生一系列概念和想法,并形成最终产品。因此,在个体工程创造力的基础上,研究团队工程创造力的内涵及影响因素是未来的研究方向之一。其中具体分为团队构成、团队过程以及领导风格三方面。

(一)团队构成

在组织内部,创造性产出往往是多个人共同努力的结果。一个团队不仅仅是成员的简单汇总,团队是更加复杂的知识结构和人际关系的糅合。Amabile(1998)明确指出,"如果想建立一个有创意的团队,就必须仔细关注这些团队的构成"。有效的团队是相互支持的团队,具有不同的专业知识、经验和思维方式。团队成员分享知识和经验,其思维方式也相互弥补,共同克服挑战和挫折。团队不同成员,拥有不同的知识储备和知识结构(同领域的、或跨领域的),这些团队内部知识的交互作用对创造力有促进作用,这也是工程教育越来越多地要求团队学习的原因(Poikela et al.,2009)。

(二)团队过程

促进团队发挥创造力,不仅仅要关注团队构成,更需要关注团队过程。Tuckman和Jensen(1977)最早提出了团队过程的五阶段模型,点明了团队发展的基本过程。第一,形成阶段(form):团队成员聚在一起互相了解,熟悉团队面临的机遇和挑战;第二,遭遇风暴(storm):团队成员间的冲突暴露出来,团队成员面对彼此的不同的想法、观点和认知模型,产生竞争和冲突;第三,形成规范

(porm):在第二阶段之后,团队成员在规则、价值观、职业行为和使用工具上达成一致,进入下一阶段;第四,高效执行(perform):此阶段团队找到了有效和高效地完成工作的方法,能够作为一个整体来运作,冲突水平较低;第五,完成解散(adjourn):团队完成任务目标后解散,或总结反馈,为下一个目标做好准备。

在团队情境下,工程创造力的展现过程与个体情境并不一样。在团队情境中,某些想法可能会被团队其他成员批判或压制;某些想法可能迅速成为主流,导致团队成员忽略其他想法;也有可能团队成员激发了其他多样化思考。已有研究表明,以团队方式解决工程问题,其创造力可能比个体单独解决更差。Bouchard 和 Hare(1970)的研究认为,团队成员间集思广益,抑制而不是促进了创造力,并且认为个人的创造力过程比团队更加快捷高效。Dugosh 等(2000)的研究也佐证了类似观点,认为在产生大量创造力性方案的时候,个人方式比团队方式更加高效,这种现象被 Paulus 和 Dzindolet(1993)称为产量丧失(productivity loss)。

因此,从问题分析、方案产生,到方案选择的过程中,团队层面的工程创造力与个人层面存在区别(如图 8.1 所示)。需要进一步深入研究团队层面的创造力相对于个人层面的工程创造力的优势、存在障碍以及克服机理有何区别。

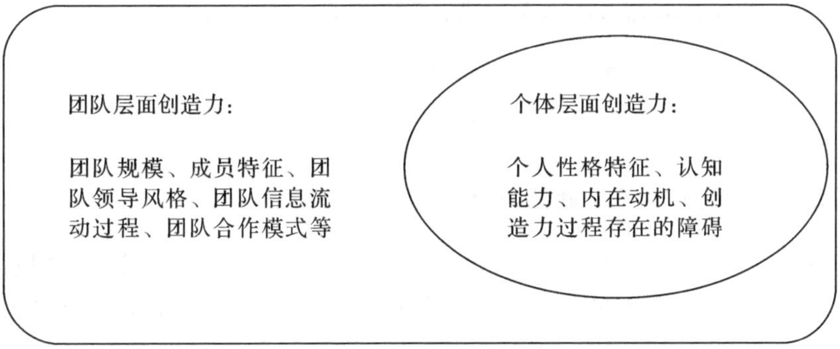

团队层面创造力:

团队规模、成员特征、团队领导风格、团队信息流动过程、团队合作模式等

个体层面创造力:

个人性格特征、认知能力、内在动机、创造力过程存在的障碍

图 8.1　团队创造力和个体创造力要素区别

（三）领导风格

团队过程的有序开展、团队构成的相对合理,都需要合适的领导和监督。一个团队的领导决定了该团队所采用的方法,并在思想、言行上为成员如何应对压力、解决冲突定下基调。当领导层承认创造力的价值,并提供有利于创造性表现的条件时,团队的创造力就会蓬勃发展(Ekvall & Ryhammar,1999)。有了领导的基础,就有可能建立支持创造力产出的团队氛围,并对团队过程进行监控和调整。反之,如果负责监督团队工作的领导者不擅长创造力评估,就会低估原始创

意概念的潜在贡献，并限制创意概念取得进一步的进展和成功。

图 8.2 体现了领导对环境、创造性个体、团队和创造过程的影响。该模型展示了个体、团队和过程，在外界环境的影响下的相互作用和运行，最终产生创造性产品的结果。从产品返回到其他要素的箭头表示，对创造性产品的评估形成一个正向反馈，导致团队和个体持续学习和改进。Ekvall(1996)认识到创造结果影响团队氛围和领导态度，正是对这种反馈的描述。

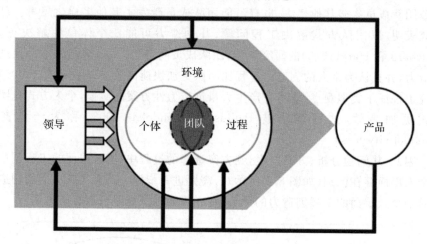

图 8.2 领导与创造力 4P 模型的关系

资料来源：作者根据 Ekvall(1996)整理。

二、宏观层面"工程创新能力"研究

Fisher 等(2011)提出的工程创新能力模型(图 8.3)表明，最终的创新成果不仅仅需要创造力个体或团队的特征(风险偏好、好奇心等)，创造力技能的投入(领域相关专业知识和创造力相关知识)更需要支持创造的组织文化氛围，才能将创造性产品转化为能够满足客户、社会或技术进步需求的，有商业价值的创新成果。Suwala(2010)的工程创新要素模型也支持此观点。

因此，未来应在个人和团队工程创造力的基础上，扩展研究组织或国家层面的工程创新能力。正如本书所讨论的，工程创造力更多是个人层面所展现出的，而对团队的工程创造力的研究，则可进一步延伸为组织国家层面所产生的创新价值，也即工程创新能力，研究中需要考虑外部环境和组织内部文化的影响。

第一，外部环境影响。在创造力产品转化为最终的创新成果的过程中，不仅仅是个体或团队的工作，更需要整个组织的协调配合，应对外部环境的影响。外部环境的变化是组织不能掌控但必须回应的，包括用户期望、利益相关者的要

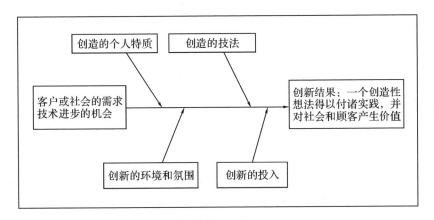

图 8.3　工程创新能力模型关系图

资料来源:作者根据 Fisher 等(2011)整理。

求、外部竞争者的举措、技术进步情况、宏观经济环境、法律法规及政策因素等。这些外部环境都将影响最终组织层面的创新成果。

第二,组织内部文化的影响。即使在同一个组织内,不同工作团队之间的创造氛围也可能不同,这可能是任务目标、团队构成和领导风格所导致的。一个组织内部文化越稳定一致,对创造性工作提供支持,整个组织各个团队的创造性产出就越可持续。Ekvall(1996)描述了组织文化影响创造性产出的十个要素,分别是挑战、自由度、支持多种想法、信任和开放、充满活力、幽默的态度、鼓励辩论、有效解决冲突、支持冒险,以及给创造性活动足够的时间。

未来应对以上提及的议题进行更加深入的研究。

参考文献

[1] Aamodt, Agnar, Plaza, et al. Case-based reasoning: Foundational issues, methodological variations, and system approache[J]. AI Communications, 1994, 7(1): 39-59.

[2] Abdul Wahab, Noor, Izzri, et al. Innovating problem solving for sustainable green roofs: Potential usage of TRIZ-theory of inventive problem solving [J]. Ecological Engineering the Journal of Ecotechnology, 2017,99: 209-221.

[3] Abraham A, Windmann S. Creative Cognition: The diverse operations and the prospect of applying a cognitive neuroscience perspective[J]. Methods, 2007, 42(1): 38-48.

[4] Abramov O, Sobolev S. Current Stage of TRIZ Evolution and Its Popularity[M]//Chechurin L, Collan M. Advances in Systematic Creativit: Creating and Managing Innovations. Cham: Palgrave Macmillan, 2019: 3-15.

[5] Adams M E, Day G S, Dougherty D. Enhancing new product development performance: An organizational learning perspective[J]. Journal of Product Innovation Management, 1998, 15(5):403-422.

[6] Agogue M, Kazakci A, Hatchuel A, et al. The impact of type of examples on originality: Explaining fixation and stimulation effects [J]. Journal of Creative Behavior, 2013, 48(1): 1-12.

[7] Agogue M, Poirel N, Pineau A, et al. The impact of age and training on creativity: A design-theory approach to study fixation effects[J]. Thinking Skills and Creativity, 2014, 11(1): 33-41.

[8] Aithal P S, Kumar P M. Ideal analysis for decision making in critical situations through six thinking hats method[J]. International Journal of Applied Engineering and Management Letters (IJAEML), 2017, 1

(2): 1-9.

[9] Aktamis H, Pekmez E S, Can B T, et al. Developing Scientific Creativity Test[M]. Athers: Reorient University Press, 2005.

[10] Albers A, Leon-Rovira N, Aguayo H, et al. Development of an engine crankshaft in a framework of computer-aided innovation[J]. Computers in Industry, 2009, 60(8): 604-612.

[11] Albright L E, Glennon J R. Personal history correlates of physical scientists' career aspirations[J]. Journal of Applied Psychology, 1961, 45(5): 281.

[12] Alland, A., Jr. The artistic animal: An inquiry into the biological roots of art[M]. Garden City, NY: Anchor Press, 1977.

[13] Altshuller G, Altov H. And suddenly the inventor appeared: TRIZ, the theory of inventive problem solving[M]. Worcester: Technical Innovation Center, Inc., 1996.

[14] Altshuller G. 40 Principles: TRIZ keys to innovation [M]. Worcester: Technical Innovation Center, Inc., 2002.

[15] Altshuller G. Creativity as an exact science: The theory of the solution of inventive problems[M]. Philadelphia: Gordon & Breach Science Publishers, 1984.

[16] Altshuller G. The innovation algorithm: TRIZ, systematic innovation and technical creativity [M]. Worcester: Technical Innovation Center, Inc., 1999.

[17] Amabile T M, Barsade S G, Mueller J S, et al. Affect and creativity at work: [J]. Administrative Science Quarterly, 2005, 50 (3): 367-403.

[18] Amabile T M, Conti R, Coon H, et al. Assessing the work environment for creativity [J]. The Academy of Management Journal, 1996, 39(5): 1154-1184.

[19] Amabile T M, Sensabaugh S J. High creativity versus low creativity: What makes the difference[C]//Stanley S G, David A H (eds). Readings in Innovation. Center for Greative Leadership: North Carolina, 1992 (240): 19.

[20] Amabile T M, Tighe E. Questions of creativity[J]. Journal of American Psychological Association. 1993, 4: 7-27.

[21] Amabile T M. A model of creativity and innovation in organizations [J]. Research In Organizational Behavior, 1988, 10(1): 123-167.

[22] Amabile T M. Creativity and innovation in organizations[J]. Harvard Business Review, 1996, 9(4): 78-89.

[23] Amabile T M. Creativity in context: Update to the social psychology of creativity[M]. New York: Routledge, 2018.

[24] Amabile T M. How to kill creativity[M]. Boston: Harvard Business School Publishing, 1998.

[25] Amabile T M. In pursuit of everyday creativity[J]. Journal of Creative Behavior, 2017, 51(4): 335-337.

[26] Amabile T M. Motivating creativity in organizations: On doing what you love and loving what you do [J]. California Management Review, 1997, 40(1): 39-58.

[27] Amabile T M. Social psychology of creativity: A consensual assessment technique [J]. Journal of Personality And Social Psychology, 1982, 43(5): 997-1013.

[28] Amabile T M. The social psychology of creativity: A componential conceptualization[J]. Journal of Personality and Social Psychology, 1983, 45(2): 357-364.

[29] Ames M, Runco M A. Predicting entrepreneurship from ideation and divergent thinking[J]. Creativity and Innovation Management, 2005(14): 311-315.

[30] Andersen K V, Hansen H K, Isaksen A, et al. Nordic city regions in the creative class debate-putting the creative class thesis to a test [J]. Industry And Innovation, 2010, 17(2): 215-240.

[31] Anderson M. Masterclass in drama education: Transforming teaching and learning[M]. Bloomsbury Publishing, 2011.

[32] Arthur W, Day E A, Mcnelly T L, et al. A meta-analysis of the criterion-related validity of assessment center dimensions [J]. Personnel Psychology, 2003, 56(1): 125-153.

[33] Ashford S J, Blatt R, Vandewalle D. Reflections on the looking glass: A review of research on feedback-seeking behavior in organizations[J]. Journal of Management, 2003, 29(6): 773-799.

[34] Atwood S A, Pretz J E. Creativity as a factor in persistence and

academic achievement of engineering undergraduates[J]. Journal of Engineering Education, 2016(2): 99-121.

[35] Ayas M B, Sak U. Objective measure of scientific creativity: Psychometric validity of the creative scientific ability test [J]. Thinking Skills and Creativity, 2014, 13: 195-205.

[36] Baer J. Performance assessments of creativity: Do they have long-term stability? [J]. Roeper Review, 1994, 17(17): 7-11.

[37] Baer J. The case for domain specificity of creativity. [J]. Creativity Research Journal, 1998, 11(2): 173-177.

[38] Baillie C, Walker P. Fostering creative thinking in student engineers [J]. European Journal of Engineering Education, 1998, 23 (1): 35-44.

[39] Bart W M, Hokanson B, et al. An investigation of the factor structure of the torrance tests of creative thinking[J]. Educational Sciences Theory and Practice, 2017, 17(2): 17-36.

[40] Basadur M, Runco M A, Vega L A. Understanding how creative thinking skills, attitudes and behaviors work together: A causal process model[J]. Journal of Creative Behavior, 2011, 34 (2): 77-100.

[41] Beecroft G D, Duffy G L, Moran J W. The executive guide to improvement and change[M]. Milwaukee: ASQ Quality Press, 2003.

[42] Belski I. Improving the skills of engineers in systematic thinking [C]//4th ASEE Global Colloquium on Engineering Education. Australasian Association of Engineering Education, 2005: 1776.

[43] Belski I. TRIZ course enhances thinking and problem solving skills of engineering students [J]. Procedia Engineering, 2011 (9): 450-460.

[44] Besemer S P, O'Quin K. Analyzing creative products: Refinement and test of a judging instrument[J]. Journal of Creative Behavior, 2011, 20(2): 115-126.

[45] Besemer S P, O'Quin K. Confirming the three-factor creative product analysis matrix model in an american sample[J]. Creativity Research Journal, 1999, 12(4): 287-296.

[46] Besemer S P. Creative product analysis matrix: Testing the model structure and a comparison among products—three novel chairs[J]. Creativity Research Journal, 1998, 11(4): 333-346.

[47] Bharadwaj S, Menon A. Making innovation happen in organizations: Individual creativity mechanisms, organizational creativity mechanisms or both? [J]. Journal of Product Innovation Management, 2000, 17(6): 424-434.

[48] Billings A G, Moos R H. The role of coping responses and social resources in attenuating the stress of life events[J]. Journal of Behavioral Medicine, 1981, 4(2): 139-157.

[49] Birdi K, Leach D, Magadley W. Evaluating the impact of TRIZ creativity training: An organizational field study[J]. Research and Development Management, 2012, 42(4): 315-326.

[50] Birkinshaw J, Crainer S. Game on: Theory Y meets generation Y [J]. Business Strategy Review, 2008, 19(4): 4-10.

[51] Blanchard P M, Corsi P, Christofol H. On the effectiveness of experimenting with C-K theory in design education: Analysis of process methodology, results and main lessons drawn[C]//19th International Conference On Engineering Design. Seoul, 2013: 1-10.

[52] Boden M A. Creativity and knowledge[J]. Creativity In Education, 2001: 95-102.

[53] Boden M A. Artificial Intelligence[M]. San Francisco: Morgan Karfmann 1996: 267-291.

[54] Bolar A A, Tesfamariam S, Sadiq R. Framework for prioritizing infrastructure user expectations using quality function deployment (QFD)[J]. International Journal of Sustainable Built Environment, 2017, 6(1): 16-29.

[55] Bolton, J D. Utilization of TRIZ with DFMA to Maximize Value. [EB/OL]. (2008-04-03) [2023-06-14]. http://valueanalysis.ca/upload/publications/001/pdf.

[56] Bonnardel N, Marmeche E. Evocation processes by novice and expert designers: Towards stimulating analogical thinking[J]. Creativity and Innovation Management, 2004, 13(3): 176-186.

[57] Bonnardel N, Zenasni F. The impact of technology on creativity in

design: An enhancement? [J]. Creativity and Innovation Management, 2010, 19(2): 180-191.

[58] Boris Zlotin, Alla Zusman, Len Kaplan. TRIZ beyond technology: The theory and practice of applying TRIZ to non-technical areas[EB/OL]. (2000-01-01)[2023-06-14]. https://pdfs.semanticscholar.org/c7d7/653f22df8c3e448b261e2a45a54c2b137cb6.pdf.

[59] Bouchard T J, Hare M. Size, Performance, and potential in brainstorming groups[J]. Journal of Applied Psychology, 1970, 54(1p1): 51.

[60] Boxenbaum H. Scientific Creativity: A review[J]. Drug Metabolism Reviews, 1991, 23(5-6): 473-492.

[61] Brainerd C J, Reyna V F. Replication, Registration, and scientific creativity[J]. Perspectives On Psychological Science, 2018, 13(4): 428-432.

[62] Bright A. Teaching and learning in the engineering clinic program at harvey mudd college[J]. Journal of Engineering Education, 1994, 83(1): 113-116.

[63] Brown H, Ciuffetelli D C. Foundational methods: Understanding teaching and learning [M]. Toronto: Pearson Education, 2009: 25-27.

[64] Burghardt MD. Introduction to the engineering profession[M]. Oxford: Oxford University Press, 1995.

[65] Burt C. The Two-Factor Theory [J]. British Journal of Mathematical and Statistical Psychology, 2011, 2(3): 151-179.

[66] Campbell, B. If TRIZ is such a good idea why is not everyone using it? [EB/OL]. (2002-04-06)[2023-06-14]. TRIZ Journal. https://triz-journal.com/triz-good-idea-isnt-everyone-using/.

[67] Candy L, Edmonds E. Creative design of the lotus bicycle: Implications for knowledge support systems research[J]. Design Studies, 1996, 17(1): 71-90.

[68] Capodagli W, Jackson L. Leading at the speed of change[M]. New York: Mcgraw-Hill, 2001.

[69] Carpenter W A. Engineering creativity: Toward an understanding of the relationship between perceptions and performance in engineering

design[D]. Akron：University of Akron，2016.

[70] Carvalho I，Simoes R，Silva A. Applying the theory of nventive problem solving （TRIZ） to identify design opportunities for improved passenger car eco-effectiveness [J]. Mitigation and Adaptation Strategies For Global Change，2018，23(2)：1-26.

[71] Cassotti M，Camarda A，Poirel N，et al. Fixation effect in creative ideas generation：Opposite impacts of example in children and adults [J]. Thinking Skills and Creativity，2016，19：146-152.

[72] Chan D，Schmitt N. Situational judgment and job performance[J]. Human Performance，2002，15(3)：233-254.

[73] Chang Y S，Chien Y H，Yu K C，et al. Effect of TRIZ on the creativity of engineering students [J]. Thinking Skills and Creativity，2016，19：112-122.

[74] Chaoxiang Yang，Jianxin Cheng，Xin Wang. Hybrid quality function deployment method for innovative new product design based on the theory of inventive problem solving and Kansei evaluation. Advances in Mechanical Engineering，2019，11(5)：1-17.

[75] Charyton C，Hutchison S，Snow L，et al. Creativity as an attribute of positive psychology：The impact of positive and negative affect on the creative personality[J]. Journal of Creativity in Mental Health，2009，4(1)：57-66.

[76] Charyton C，Jagacinski R J，Merrill J A，et al. Assessing creativity specific to engineering with the revised creative engineering design assessment[J]. Journal of Engineering Education，2011，100(4)：778-799.

[77] Charyton C，Jagacinski R J，Merrill J A. CEDA：A research instrument for creative engineering design assessment [J]. Psychology of Aesthetics Creativity and The Arts，2008，2(3)：147-154.

[78] Charyton C，Merrill J A. Assessing general creativity and creative engineering design in first year engineering students[J]. Journal of Engineering Education，2009，98(2)：145-156.

[79] Charyton C，Snelbecker G. General，artistic and scientific creativity attributes of engineering and music students[J]. Creativity Research

Journal, 2007, 19(2-3): 213-225.

[80] Charyton C. Creative engineering design assessment[M]. Berlin: Springer, 2014: 147-154.

[81] Charyton C. Creative engineering design: The meaning of creativity and innovation in engineering [M]//Charyton C. Creativity and Innovation Among Science and Art: A discussion of the two cultures. London: Springer, 2015: 135-152.

[82] Chechurin L, Borgianni Y. Understanding TRIZ through the review of top cited publications[J]. Computers in Industry, 2016, 82: 119-134.

[83] Chechurin L. Research and practice on the theory of inventive problem solving (TRIZ). Berlin: Springer, 2016: 2-5.

[84] Chechurin L. TRIZ in Science. Reviewing Indexed Publications[J]. Procedia CIRP, 2016, 39: 156-165.

[85] Cheng Jung Yang, Jahau Lewis Chen. Forecasting the design of eco-products by integrating TRIZ evolution patterns with CBR and Simple LCA methods[J]. Expert Systems with Applications, 2012, 39(3): 2884-2892.

[86] Ching-hung Lee, Chun-hsien Chen, Fan Li. Customized and knowledge-centric service design model integrating case-based reasoning and TRIZ[J]. Expert Systems with Application, 2020, 143: 1-13.

[87] Chulvi V, Mulet E, Chakrabarti A, et al. Comparison of the degree of creativity in the design outcomes using different design methods [J]. Journal of Engineering Design, 2012, 23(4): 241-269.

[88] Clapham M M. Ideational skills training: A key element in creativity training programs[J]. Creativity Research Journal, 1997, 10(1): 33-44.

[89] Clark R W. Einstein: The life and times[J]. American Journal of Physics, 1973, 41(8): 1029-1032.

[90] Clarke J L, Boud D. Refocusing portfolio assessment: Curating for feedback and portrayal[J]. Innovations In Education and Teaching International, 2018, 55(4): 479-486.

[91] Cleveland J N, Lim A S, Murphy K R. 11 Feedback phobia? Why

employees do not want to give or receive performance feedback[J]. Research Companion To The Dysfunctional Workplace, 2007: 168.

[92] Coccia M. The fishbone diagram to identify, systematize and analyze the sources of general purpose technologies[J]. Journal of Social and Administrative Sciences, 2018, 4(4): 291-303.

[93] Costa P T, Mccrae R R. Multiple uses for longitudinal personality data[J]. European Journal of Personality, 1992, 6(2): 85-102.

[94] Coulibaly Solomani, HuaZhongsheng, ShiQin, et al. TRIZ technology forecasting QFD input within the NPD activities[J]. Chinese Journal of Mechanical Engineering, 2004, 17(2): 284-288.

[95] Craft A. Creativity in Schools: Tensions and Dilemmas [M]. London: Routledge, 2005: 53-59.

[96] Cropley A J. Definitions of creativity [J]. Encyclopedia of Creativity, 2011, 24(1): 358-368.

[97] Cropley D, Cropley A. A Psychological taxonomy of organizational innovation: Resolving the paradoxes [J]. Creativity Research Journal, 2012, 24(1): 29-40.

[98] Cropley D, Cropley A. Engineering creativity: A systems concept of functional creativity [M]. Creativity Across Domains: Faces of the Muse. London: Springer, 2005.

[99] Cropley D, Kaufman J C. Measuring functional creativity: Non-Expert raters and the creative solution diagnosis scale [J]. The Journal of Creative Behavior, 2012, 46(2): 119-137.

[100] Cropley D. Creativity in engineering: multidisciplinary contributions to the science of creative thinking [M]. Chicago: University of Chicago Press, 2016.

[101] Cross N, Cross A. Winning by design: The methods of gordon murray, racing car designer[J]. Design Studies, 1996, 17(1): 91-107.

[102] Csikszentmihalyi M, Robinson R E. The art of seeing: An interpretation of the aesthetic encounter[M]. Los Angeles: Getty Publications, 1990.

[103] Csikszentmihalyi M. On Runco's problem finding, problem solving, and creativity[J]. Creativity Research Journal, 1996, 9(2-

3）：267-268.

[104] Cummings A, Oldham G R. Enhancing creativity：Managing work contexts for the high potential employee [J]. California Management Review, 1996, 40(1)：22-38.

[105] D. Mann, S. Dewulf, B. Zlotin, A. Zusman. Matrix 2003[M]. Osaka Prefecture：Creax Press, 2003.

[106] D. Daniel Sheu, Hei-Kuang Lee. A proposed process for systematic innovation[J]. International Journal of Production Research, 2011, 49(3)：847-868.

[107] Daly S R, Mosyjowski E A, Seifert C M. Teaching creativity in engineering courses[J]. Journal of Engineering Education, 2014, 103(3)：417-449.

[108] Daly S R, Yilmaz S, Christian J L, et al. Design Heuristics in engineering concept generation [J]. Journal of Engineering Education, 2012, 101(4)：601-629.

[109] Daniel Hernández-Torrano, Ibrayeva L. Creativity and education：A bibliometric mapping of the research literature (1975-2019)[J]. Thinking Skills and Creativity, 2019, 35：100625.

[110] Darrell L. Mann. Better technology forecasting using systematic innovation methods [J]. Technological Forecasting & Social Change, 2003,7：779-795.

[111] Darrell Mann, Simon Dewulf, Boris Zlotin, Alla Zusman. "Matrix 2003" Publication Announcement of the Japanese Edition and Q&A Documents for the English Edition[EB/OL]. (2005-04-05)[2019-12-12]. https：//www. osaka-gu. ac. jp/php/nakagawa/TRIZ/eTRIZ/elinksref/eSKIBooks/eMatrix2003/eMatrix2003-050329. html♯PaperMann.

[112] Darrell Mann. Common ground—integrating the world's most effective creative design strategies[EB/OL]. (2007-01-01)[2020-06-08]. http：//citeseerx. ist. psu. edu/viewdoc/download;jsessionid=9AA4AFFB552D5C550FF5BC313DFD1361? doi=10. 1. 1. 514. 3435&rep=rep1&type=pdf.

[113] Darrell Mann. Systematic (Software) Innovation—international Student Edition[M]. Clevedon：IFR Press,2008.

[114] Datta L E. Remote associates test as a predictor of creativity in Engineers[J]. Journal of Applied Psychology, 1964, 48(3): 183-183.

[115] David J, Eoff B, Hammond T. Coske—An exploration in collaborative sketching[J]. Computer Supported Cooperative Work, 2010 (2): 471-472.

[116] Davis G A. Barriers to creativity and creative attitudes[J]. Encyclopedia of Creativity, 2011: 115-121.

[117] Davis G A. Creativity is forever[M]. Kendall Hunt Publishing Company, 2004.

[118] Dekker D L. Engineering design processes, Problem solving and creativity[C]. Frontiers In Education Conference On. 1995.

[119] Delgado M J, Cortes R G, et al. System dynamics modeling and TRIZ: A practical approach for inventive problem solving[M]// Cavallucci D. The Theory of Inventive Problem Solving, Cham: Springer, 2017: 237-260.

[120] Delva M D, Woodhouse R A, Hains S, et al. Does PBL Matter? Relations between instructional context, learning strategies, and learning outcomes[J]. Advances in Health Sciences Education, 2000, 5(3): 167-177.

[121] Denis Cavallucci. World wide status of TRIZ perceptions and uses a survey of results[EB/OL]. (2009-09-15)[2019-04-15]. http: // etria. eu/documents/TRIZ_survey_V2. pdf.

[122] Dewett T, Gruys M L. Advancing the case for creativity through graduate business education[J]. Thinking Skills and Creativity, 2007, 2(2): 85-95.

[123] Dilchert S. Measurement and prediction of creativity at work[D]. Minneapolis-Saint Paul: University of Minnesota, 2008.

[124] Dollinger S J, Palaskonis D G, Pearson J L. Creativity and intuition revisited [J]. Journal of Creative Behavior, 2011, 38(4): 244-259.

[125] Doyle J F. Radical innovation: How mature companies can outsmart upstarts[J]. Research—Technology Management, 2000, 43 (10): 706-707.

[126] Dubitzky W, Kotter T, Schmidt O, et al. Towards creative information exploration based on koestler's concept of bisociation[M].

Bisociative Knowledge Discovery. Berlin: Springer, Heidelberg, 2012: 11-32.

[127] Dubois S, Deguio R, Chibane H. Differences and complementarities between C-K and TRIZ[C]//International TRIZ Future Conference. Cham: Springer, 2019: 135-143.

[128] Dugosh K L, Paulus P B, Roland E J, et al. Cognitive stimulation in brainstorming[J]. Journal of Personality and Social Psychology, 2000, 79(5): 722.

[129] Dutson A J, Todd R H, Magleby S P, et al. A review of literature on teaching engineering design through Project-Oriented capstone courses[J]. Journal of Engineering Education, 1997, 86 (1): 17-28.

[130] Dym C L, Agogino A M, Eris O, et al. Engineering design thinking, teaching, and learning [J]. Journal of Engineering Education, 2005, 94(1): 103-120.

[131] Eberle B. Scamper on: Games for imagination development[M]. New York: Prufrock Press, 1996.

[132] Eisenhardt K M. Building theories from case study research[J]. Academy of Management Review, 1989, 14(4): 532-550.

[133] Ekvall G, Ryhammar L. The creative climate: its determinants and effects at a swedish university[J]. Creativity Research Journal, 1999, 12(4): 303-310.

[134] Ekvall G. Organizational climate for creativity and innovation[J]. European Journal of Work and Organizational Psychology, 1996, 5 (1): 105-123.

[135] Elmurad J, West D C. The definition and measurement of creativity: What do we know? [J]. Journal of Advertising Research, 2004, 44(2): 188-201.

[136] Shields E. Fostering creativity in the capstone engineering design experience[C]. Hawaii: ASEE Annual Conference, 2007.

[137] Entwistle N, Ramsden P. Understanding student learning[M]. New York: Routledge, 2015.

[138] Epstein R, Schmidt S M, Warfel R. Measuring and training creativity competencies: Validation of a new test[J]. Creativity

Research Journal，2008，20(1)：7-12.

[139] Erez M，Van De Ven A H，Lee C. Contextualizing creativity and innovation across cultures[J]. Journal of Organizational Behavior，2015，36(7)：895-898.

[140] Estrin J. Closing the innovation gap：Reigniting the Spark of Creativity in A Global Economy [M]. New York：Mcgrawhill Press，2009：5-11.

[141] Estrin J. Closing the innovation gap：Reigniting the Spark of Creativity in A Global Economy[M]. New York：McGraw-Hill Press. 2009.

[142] Faste H，Rachmel N，Essary R，et al. Brainstorm，chainstorm，cheatstorm，tweetstorm：New ideation strategies for distributed HCI design [C]//Proceedings of The SIGCHI Conference On Human Factors in Computing Systems. New York：Association for Compating Machinery，2014：1343-1352.

[143] Feist G J. A Meta-Analysis of personality in scientific and artistic creativity[J]. Personality and Social Psychology Review，1998，2(4)：290-309.

[144] Felder R M，Brent R. How to evaluate teaching[J]. American University in Cairo，2014，22(2)：229-244.

[145] Feldhusen J F，Treffinger D J，Bahlke S J. Developing creative thinking：The purdue creativity program[J]. Journal of Creative Behavior，2011，4(2)：85-90.

[146] Ferguson D M，Ohland M W. What is Engineering Innovativeness? [J]. The Journal of Engineering Entrepreneurship，2012(4)：3-16.

[147] Ferguson D M. Engineering and the Mind's Eye[M]. Boston：MIT Press，1994.

[148] Filmore P R. The Real World：TRIZ In two hours for undergraduate and masters level students! [C]. Milwaukee：TRIZ Conference，TRIZCONF2006，2006.

[149] Fink F K. Integration of Engineering Practice into curriculum-25 Years of experience with problem based learning[C]. Frontiers in Education Conference，1999.

[150] Finke R A，Ward T B，Smith S M. Creative Cognition：Theory，

Research, and Applications[M]. Boston: MIT Press, 1992.

[151] Fischer G. Meta-Design and Social Creativity: Making all voices heard [C]//IFIP Conference on Human-Computer Interaction. Berlin, Heidelberg Springer: 2007: 692-693.

[152] Fischer S, Oget D, Cavallucci D. The evaluation of creativity from the perspective of subject matter and training in higher Education: issues, constraints and limitations [J]. Thinking Skills and Creativity, 2016, 19: 123-135.

[153] Fisher E, Biviji M, Nair I, et al. New perspectives on teaching innovation to Engineers-an exploration of mental models of innovation experts [C]//American Society for Engineering Education. American Society For Engineering Education, 2011.

[154] Fitch P, Culver R S. Educational activities to stimulate intellectual development in Perry's scheme [C]//Proceedings of ASEE Conference and Exposition. American Society For Engineering Education, 1984.

[155] Flores R L, Belaud J P, Lann J M L. Using the collective intelligence for inventive problem solving[J]. Expert Systems with Applications an International Journal, 2015, 42(23): 9340-9352.

[156] Florida R. The rise of the creative class: and how it's transforming work, leisure, community, and everyday life[J]. Canadian Public Policy, 2002, 29(3): 90-91.

[157] Frizziero L, Curbastro F R. Innovative methodologies in mechanical design: QFD vs TRIZ to develop an innovative pressure control system[J]. Journal of Engineering & Applied Sciences, 2014.

[158] Gajda A, Karwowski M, Beghetto R A. Creativity and academic achievement: A Meta-analysis [J]. Journal of Educational Psychology, 2017: 156-169.

[159] Garcia M R, Melero M J, Molina F J, et al. A new measurement of scientific creativity: The study of its psychometric properties[J]. Psychological Yearbook of Spain, 2016(32): 652-661.

[160] Ge Y, Shi B. Training method of innovation ability of "New Engineering" integrating TRIZ theory[C]. International conference on contemporary Education. Atlantis: Atlantis Publishing, 2019:

2352-5398.

[161] Geissler G L, Edison S W, Wayland J P. Improving students'
critical thinking, creativity, and communication skills[J]. Journal
of Instructional Pedagogies, 2012, 8.

[162] Genco N, Holtto-Otto K, Seepersad C. An experimental
investigation of the innovation capabilities of undergraduate
Engineering students[J]. Journal of Engineering Education, 2012,
101(1): 60-81.

[163] Ghosh S. An exercise in inducing creativity in undergraduate
Engineering students through challenging examinations and open-
Ended design problems[J]. IEEE Transactions on Education,
1993, 36(1): 113-119.

[164] Goldenberg J, Lehmann D R, Mazursky D. The idea itself and the
circumstances of its emergence as predictors of new product success
[J]. Management Science, 2001, 47(1): 69-84.

[165] Goldschmidt G, Smolkov M. Variances in the impact of visual
stimuli on design problem solving performance[J]. Design Studies,
2006, 27(5): 549-569.

[166] Gough H G. A creative personality scale for the adjective check list
[J]. Journal of Personality and Social Psychology, 1979, 37(8):
1398-1413.

[167] Grohman M, Wodniecka Z, Klusak M. Divergent thinking and
evaluation skills: Do they always go together? [J]. The Journal of
Creative Behavior, 2006, 40(2): 125-145.

[168] Gruber H E, Wallace D B. The case study method and evolving
systems approach for understanding unique creative people at work
[J]. Handbook of Creativity, 1999, 93: 115.

[169] Gruber H E. Darwin On Man. A psychological study of scientific
creativity, Together with darwin's early and unpublished notebooks
[J]. Medical History, 1975, 19(3): 309-309.

[170] Gruber H E. The evolving systems approach to creative work[J].
Creativity Research Journal, 1988, 1(1): 27-51.

[171] Guilford J P. Creativity[J]. American Psychologist, 1950, 5(9):
444-454.

[172] Guilford J P. Some changes in the structure-of-intellect model[J]. Educational and Psychological Measurement, 1988, 48(1): 1-4.

[173] Gustafson R N, Sparacio F J. IBM 3081 processor unit: Design considerations and design process[J]. IBM Journal of Research and Development, 2010, 26(1): 12-21.

[174] Guthrie E R. Personality in terms of associative learning[J]. JM Hunt, Personality and the Behavior Disorders, 1944: 49-68.

[175] Hadgraft R G. Integrating engineering education-key attributes of a problem-based learning environment [C]. 4th ASEE Global Colloquium On Engineering Education. Australasian Association of Engineering Education, 2005: 954.

[176] Hadgraft R G. Problem-Based approach to a civil engineering education[J]. European Journal of Engineering Education, 1993, 18(3): 301-311.

[177] Haith-Cooper M. An exploration of tutors' experiences of facilitating problem-based learning. Part 2-implications for the facilitation of problem based learning [J]. Nurse Education Today, 2003, 23(1): 65-75.

[178] Halverson E R, Sheridan K. The maker movement in education [J]. Modern Distance Education Research, 2015, 84(4): 495-504.

[179] Hansen M T, Nohria N. How to build collaborative advantage[J]. MIT Sloan Management Review, 2004, 46(1): 22.

[180] Hansen M T. Introducing T-Shaped managers. Knowledge management's next generation [J]. Harvard Business Review, 2001, 79(3): 106-16, 165.

[181] Harlim J, Belski I. Learning TRIZ: Impact on confidence when facing problems[J]. Procedia Engineering, 2015, 131: 95-103.

[182] Harlim J, Belski I. On the effectiveness of TRIZ tools for problem finding[J]. Procedia Engineering, 2015, 131: 892-898.

[183] Hartono M. The extended integrated model of Kansei Engineering, kano, and TRIZ incorporating cultural differences into services[J]. International Journal of Technology, 2015, 7(1): 97.

[184] Hatchuel A, Masson P L, Weil B. Teaching innovative design reasoning: How concept-knowledge theory can help overcome

fixation effects［J］. AI EDAM ：Artificial Intelligence For Engineering Design, Analysis and Manufacturing, 2011, 25(1)：16.

［185］Hatchuel A, Weil B. A new approach to innovative design：An introduction To C-K theory［C］. International Conference of Engineering Design, Stockholm：2003.

［186］Hattie J. Should creativity tests be administered under Test-Like conditions? An empirical study of three alternative conditions［J］. Journal of Educational Psychology, 1980, 72(1)：87.

［187］Hay L. Creative design Engineering：Introduction to an interdisciplinary approach［J］. Journal of Engineering Design, 2017, 28(2)：144-146.

［188］Heilman K M, Acosta L M. Visual artistic creativity and the brain［J］. Progress in Brain Research, 2013, 204(204)：19.

［189］Helson R. A longitudinal study of creative personality in women［J］. Creativity Research Journal, 1999, 12(2)：89-101.

［190］Hendy P L, Hadgraft R G. Evaluating Problem-Based learning in civil Engineering［C］. Australasian Association For Engineering Education 13th Annual Conference, 2002：133-138.

［191］Hennessey B A, Amabile T M, Mueller J S. Consensual assessment［J］. Encyclopedia of Creativity, 1999(1)：253-260.

［192］Hennessey B A. The consensual assessment technique：An examination of the relationship between ratings of product and process creativity［J］. Creativity Research Journal, 1994, 7(2)：193-208.

［193］Heppner P P, Petersen C H. The development and implications of A personal Problem-Solving inventory［J］. Journal of Counseling Psychology, 1982, 29(1)：66.

［194］HIS. Website of invention machine corporation, www.inventionmachine.com. 2019.

［195］Horenstein M, Ruane M. Teaching social awareness through the senior capstone design experience［C］. IEEE. IEEE, 2022, DOI：10-1109/FZE, 2002. 1158695(2023-6-15).

［196］Hospers G J. The rise of the creative class：and how it's transforming work, leisure, community and everyday life the flight of the creative class: The new global competition for talent ? Richard florida[J]. Creativity and Innovation Management, 2010, 15(3): 323-324.

[197] Hough L M, Dilchert S. Inventors, innovators, and their leaders: Selecting for conscientiousness will keep you "Inside the box."[C]. SIOP's 3rd Leading Edge Consortium: Enabling Innovation In Organizations, Kansas City, 2007.

[198] Hough L M, Oswald F L. Personnel selection: looking toward the future-remembering the past[J]. Annual Review of Psychology, 2000, 51(1): 631-664.

[199] Houtz J C, Krug D. Preface to special issue on the educational psychology of creativity: Toward An educational psychology of creativity? [J]. Educational Psychology Review, 1995, 7 (2): 137-139.

[200] Houtz J C, Leblanc E, Butera T, et al. Personality type, creativity, and classroom teaching style in student teachers[J]. Journal of Classroom Interaction, 1994, 29(2): 21-26.

[201] How K B, Sheng I L S. The impact of different TRIZ tools on the creative output of students [C]. Proceedings of the MATRIZ TRIZfest 2016 International Conference. TRIZfest,2016: 284-294.

[202] Ideation International 2012. I-TRIZ Methodology Overview[EB/OL]. (2012-01-01)[2020-06-18]. http://www. whereinnovationbegins. net/build/wp-content/uploads/2017/01/I-TRIZOverview. pdf.

[203] Hu W, Adey P. A scientific creativity test for secondary school students[J]. International Journal of Science Education, 2002, 24 (4): 389-403.

[204] Huang P S, Peng S L, Chen H C, et al. The relative influences of domain knowledge and Domain-General divergent thinking on scientific creativity and mathematical creativity[J]. Thinking Skills and Creativity, 2017, 25: 1-9.

[205] Hunsaker S L. Outcomes of creativity training programs[J]. Gifted Child Quarterly, 2005, 49(4): 292-299.

[206] Hunter S T, Cushenbery L, Friedrich T. Hiring an innovative

workforce: A necessary yet uniquely challenging endeavor[J]. Human Resource Management Review, 2012(22): 303-322.

[207] Hyunseok Park, Jason Jihool Ree, Kwangson Kim. Identification of promising patents for technology transfers using TRIZ[J]. Expert systems with Applications, 2013(40): 736-743.

[208] Ilevbare I M, Probert D, Phaal R. A Review of TRIZ, and its benefits and challenges in practice[J]. Technovation, 2013, 33(2-3): 30-37.

[209] Ilie G, Ciocoiu C N. Application of fishbone diagram to determine the risk of an event with multiple causes[J]. Management Research and Practice, 2010, 2(1): 1-20.

[210] Ingvarson L, Beavis A, Danielson C, et al. An evaluation of the bachelor of learning management at central queensland university [J]. Teacher Education, 2005: 5.

[211] Ionica A, Leba M, Edelhauser E. QFD and TRIZ in product development lifecycle[J]. Transformation in Business & Economics, 2014, 13(2B): 697-716.

[212] Isaksen S G, Treffinger D J. Celebrating 50 Years of reflective practice: Versions of creative problem solving[J]. The Journal of Creative Behavior, 2004, 38(2): 75-101.

[213] Isaksen S G. The situational outlook questionnaire: Assessing the context for change[J]. Psychological Reports, 2007, 100(2): 455.

[214] Ivanov G. Algorithm of solving Engineering problems (in Russian) [EB/OL]. [2023-6-14]. http://www. trizway. com/art/search/ 221. 2. html.

[215] Jafari M, Zarghami H R. Effect of TRIZ on enhancing employees' creativity and innovation[J]. Aircraft Engineering, 2017, 89(6): 853-861.

[216] Janina Osnovina. Method of calculation the number of dimensions [J]. Engineering for Rural Development, 2008,30(5): 204-210.

[217] Jansson D G, Smith S M. Design fixation[J]. Design Studies, 1991, 12(1): 3-11.

[218] Jiang J C, Sun P, Shie A J. Six cognitive gaps by using TRIZ and tools for service system design. International Journal of Services

Economics and Management, 2011, 38(12): 14751-14759.

[219] Jon Wm. Ezickson. Deploying innovation and inventive thinking in organizations—Applying TRIZ to non-technical fields of business. TRIZcon, 2005: 1-20.

[220] Jonassen D H. Toward a design theory of problem solving[J]. Educational Technology Research and Development, 2000(48): 63-85.

[221] Jordanous A. Four perspectives on computational creativity in theory and in practice[J]. Connection Science, 2016, 28 (2): 194-216.

[222] Jun Zhang, Kah-Hin Chai, Kay-Chuan Tan. 40 inventive principles with applications in service operations management [J]. TRIZ Journal, 2003,1-16.

[223] Kang Y J. Researches on innovation of education: A retrospect and prospect[J]. Journal of Soochow University (Educational Science Edition), 2014 (3): 127-128.

[224] Karwowski M, Soszynski M. How to develop creative imagination? Assumptions, aims and effectiveness of role play training in creativity (RPTC)[J]. Thinking Skills and Creativity, 2008, 3(2): 163-171.

[225] Kaufman J C, Baer J, Cole J C, et al. A comparison of expert and nonexpert raters using the consensual assessment technique[J]. Creativity Research Journal, 2008, 20(2): 171-178.

[226] Kaufman J C, Baer J. Creativity across domains: Faces of the muse [M]. Psychology Press, 2005.

[227] Kaufman J C, Evans M L, Baer J. The American idol effect: Are students good judges of their creativity across domains? [J]. Empirical Studies of The Arts, 2010, 28(1): 3-17.

[228] Kazakci A O, Tsoukias A. Extending the C-K design theory: A theoretical background for personal design assistants[J]. Journal of Engineering Design, 2005, 16(4): 399-411.

[229] Kemppainen A, Hein G, Manser N. Does an open-ended design project increase creativity in engineering students? [C]. IEEE Frontiers in Education Conference, 2017.

[230] Kim K H. Can we trust creativity tests? A review of the torrance tests of creative thinking (TTCT)[J]. Creativity Research Journal, 2006, 18(1): 3-14.

[231] Kim Y S, Cochran D S. Reviewing TRIZ from the perspective of Axiomatic Design[J]. Journal of Engineering Design, 2000, 11(1): 79-94.

[232] King A M, Sivaloganathan S. Development of a methodology for concept selection in flexible design strategies [J]. Journal of Engineering Design, 1999, 10(4): 329-349.

[233] Kirsh D. The Importance of chance and interactivity in creativity [J]. Pragmatics and Cognition, 2014, 22(1): 5-26.

[234] Kivunja C. Using de bono's six thinking hats model to teach critical thinking and problem solving skills essential for success in the 21st century economy[J]. Creative Education, 2015, 6(3): 380-389.

[235] Kjersdam F. Tomorrow's engineering education—the Aalborg experiment[J]. European Journal of Engineering Education, 1994, 19(2): 197-204.

[236] Kobe C, Goller I. Assessment of product engineering creativity[J]. Creativity and Innovation Management, 2009, 18(2): 132-140.

[237] Koehn E. ABET Program criteria for educating engineering students[C]. International Conference on Engineering Education, ICEE. 1999, 99-114.

[238] Kolmos A. Reflections on project work and problem-based learning [J]. European Journal of Engineering Education, 1996, 21(2): 141-148.

[239] Kolodner J L, Wills L M. Powers of observation in creative design [J]. Design Studies, 1996, 17(4): 385-416.

[240] Kovacs K, Conway A R A. Process overlap theory: A unified account of the general factor of intelligence [J]. Psychological Inquiry. 2016, 27(3): 151-177.

[241] Kratzer J, Leenders R T, Engelen J M. The social network among engineering design teams and their creativity: A case study among teams in two product development programs [J]. International Journal of Project Management, 2010, 28(5): 428-436.

[242] Krippner S, Arons M. Creativity: Person, product, or process? [J]. Gifted Child Quarterly, 1973, 17(2): 116-123.

[243] Kroll E, Masson P L, Weil B. Steepest-frst exploration with learning-based path evaluation: Uncovering The Design Strategy of Parameter Analysis With C-K Theory[J]. Research In Engineering Design, 2014, 25(4): 351-373.

[244] Kubota I, Flavio S, Rosa D A, et al. Identification and conception of cleaner production opportunities with the theory of inventive problem solving[J]. Journal of Cleaner Production, 2013, 47(5): 199-210.

[245] Kulkarni S, Summers J D, Vargas-Hernandez N, et al. Evaluation of collaborative sketching (C-Sketch) as an idea generation technique for engineering design[J]. Journal of Creative Behaviour, 2000, 35(3): 168-198.

[246] Kumar G P. Software process improvement—TRIZ and Six Sigma (Using contradiction matrix and 40 principles) [J/OL]. TRIZ Journal. (2005-04-07) [2023-06-26]. http://metodolog. ru/triz-journal/archives/2005/04/07. pdf.

[247] Landau J, Leynes P A. Manipulations that disrupt generative processes decrease conformity to examples: Evidence from two paradigms[J]. Memory, 2004, 12(1): 90-103.

[248] Larson M C, Thomas B, Leviness P O. Assessing creativity in engineers [J]. Design Engineering Division: Successes in Engineering Design Education, Design Engineering, 1999, 102: 1-6.

[249] Lauer K J. Situational outlook questionnaire: A measure of the climate for creativity and change[J]. Psychological Reports, 1999, 85(2): 665-674.

[250] Lawshe C H, Harris D H. Purdue creativity test [M]. West Lafayette: Purdue University Press, 1960.

[251] Leahy K, Mannix M P. Crossing the individual or group divide: Brainsketching on Education [C]. 123rd American Society For Engineering Education Annual Conference and Exposition. New Orleans, LA: American Society For Engineering Education, 2016.

[252] Lee C S, Huggins A C, Therriault D J. A measure of creativity or intelligence? Examining internal and external structure validity evidence of the remote associates test[J]. Psychology of Aesthetics Creativity and the Arts, 2014, 8(4): 446-460.

[253] Leon N. The future of computer-aided innovation[J]. Computers in Industry, 2009,60(8): 539-550.

[254] Lerner R M, Liben L S, Mueller U. Handbook of child psychology and developmental science, cognitive processes[M]. New York: John Wiley and Sons, 2015.

[255] Li G,Tan R,Liu Z,et al. Idea generation for fuzzy front end using TRIZ and TOC// IEEE international conference on management of innovation and technology. IEEE,2006: 590-594.

[256] Lin C, Hu W, Adey P, et al. The Influence of CASE on scientific creativity [J]. Research in Science Education, 2003, 33 (2): 143-162.

[257] Linnerud B, Mocko G. Factors that effect motivation and performance on innovative design projects[C]. International Design Engineering Technical Conferences and Computers and Information in Engineering Conference, 2013.

[258] Lissitz R W, Willhoft J L. A methodological study of the torrance tests of creativity[J]. Journal of Educational Measurement, 1985, 22(1): 1-11.

[259] Lorenzo, Fiorineschi, Francesco. A comparison of classical TRIZ and OTSM-TRIZ in dealing with complex problems[J]. Procedia Engineering, 2015,131: 86-94.

[260] Lubart T, Maud B. On The measurement and mismeasurement of creativity[J]. Creative Contradictions in Education, 2017 (3): 333-348.

[261] Lubart T. Models of the creative process: Past, present and future [J]. Creativity Research Journal, 2001, 13(3-4): 295-308.

[262] Mahesh B. Mawale1, Abhaykumar Kuthe, Anupama Mawale. Rapid prototyping assisted fabrication of a device for medical infusion therapy using TRIZ[J]. Health and Technology, 2019,9: 167-173.

[263] Maisel E, Maisel A. Brainstorm: Harnessing the Power of Productive Obsessions[M]. Novato: New World Library, 2010.

[264] Manes S, Andrews P. Gates: How Microsoft's Mogul Reinvented An Industry-and Made Himself the Richest Man in America[M]. New York: Simon and Schuster, Inc. , 1993.

[265] Mangla S K, Govindan K, Luthra S. Prioritizing the barriers to achieve sustainable consumption and production trends in supply chains using fuzzy analytical jierarchy process [J]. Journal of Cleaner Production, 2017, 151: 509-525.

[266] Mann D. An Introduction To TRIZ: The Theory of inventive problem solving[J]. Creativity and Innovation Management, 2001, 10(2): 123-125.

[267] Mann D. Hands On Systematic Innovation for Business and Management [M]. North Devon Gazette: Edward Gaskell Publishers, 2004.

[268] Mansoor M, Mariun N, Abdulwahab N I. Innovating problem solving for sustainable green roofs: Potential usage of TRIZ-Theory of inventive problem solving[J]. Ecological Engineering, 2017, 99: 209-221.

[269] Marko M, Michalko D, Riecansky I. Remote associates test: An empirical proof of concept[J]. Behavior Research Methods, 2019, 51(6): 2700-2711.

[270] Martin S. Measuring cognitive load and cognition: Metrics for technology-enhanced learning [J]. Educational Research and Evaluation, 2014, 20(7-8): 592-621.

[271] Masson P L, Weil B, Hatchuel A. Designing in an innovative design regime-introduction to C-K design theory [M]//Design Theory: Methods and organization for lnnovation. Cham: Springer, 2017: 125-185.

[272] Masson P L, Weil B. Design theory and collective creativity: A theoretical framework to evaluate Kcp process [C]//17th International Conference on Engineering Design. Stanford, 2009: 1-12.

[273] Maudsley G. Making Sense of trying not to teach: An interview

study of tutors' ideas of problem-based learning[J]. Academic Medicine, 2002, 77(2): 162-172.

[274] Mayer G R. Creativity: Made, not born[J]. Journal of Counseling and Development, 2014, 54(3): 162-163.

[275] Mccrum D P. Evaluation of creative Problem-Solving abilities in undergraduate structural engineers through interdisciplinary problem-based learning [J]. European Journal of Engineering Education, 2017, 42: 1-17.

[276] Mcdermid C D. Some correlates of creativity in engineering personnel[J]. Journal of Applied Psychology, 1965, 49(1): 14.

[277] Mednick S A. The remote associates test[J]. Journal of Creative Behavior, 2011, 2(3): 213-214.

[278] Melemez K, Gironimo G D, Esposito G, et al. Concept design in virtual reality of a forestry trailer using a QFD-TRIZ based approach[J]. Turkish Journal of Agriculture & Forestry, 2013, 37 (6): 789-801.

[279] Menold J, Alley M. Extended abstract: effectively teaching presentations to large numbers of engineering and science students [C]. 2016 IEEE Professional Communication Society. IEEE, 2016.

[280] Menold J, Jablokow K W, Ferguson D M, et al. The characteristics of engineering innovativeness: A cognitive mapping and review of instruments[J]. International Journal of Engineering Education, 2016, 32(1): 64-83.

[281] Michalko M. Four steps toward creative thinking [J]. The Futurist, 2000, 34(3): 18.

[282] Mills J E, Treagust D F. Engineering education: Is problem-based or project-based learning the answer[J]. Australasian Journal of Engineering Education, 2003, 3(2): 2-16.

[283] Moehrle M G. How combinations of TRIZ tools are used in companies-results of a cluster analysis[J]. R & D Management, 2005, 35(3): 285-296.

[284] Mohammed Azmi Al-Betara, Osama ahmad alomarib, saeid M. abu-rommanc. A TRIZ-inspired bat algorithm for gene selection in cancer classification[J]. Genomics, 2020, 112: 114-126.

[285] Morin S, Robert J M, Gabora L. How to train future engineers to be more creative? An educative experience[J]. Thinking Skills and Creativity, 2018, 28: 150-166.

[286] Moscoso S. Selection interview: A review of validity evidence, adverse impact and applicant reactions[J]. International Journal of Selection and Assessment, 2000, 8(4): 237-247.

[287] Moss J. Writing In bereavement: A Creative Handbook [M]. Philadelphia: Jessica Kingsley Publishers, 2012.

[288] Motowidlo S J, Dunnette M D, Carter G W. An alternative selection procedure: The low-fidelity simulation [J]. Journal of Applied Psychology, 1990, 75(6): 640.

[289] Motyl B, Filippi S. Comparison of creativity enhancement and idea generation methods in engineering design training [J]. Human-Computer Interaction, 2014(1): 242-250.

[290] Mueller J S, Wakslak C J, Krishnan V. Construing creativity: The how and why of recognizing creative ideas [J]. Journal of Experimental Social Psychology, 2014, 51: 81-87.

[291] Mujika M, Castro I, Arana S, et al. Technical creativity: knowledge for the generation of creative technological ideas[C]. XI Tecnologias Aplicadas A La Ensenanza De La Electronica, 2014.

[292] Mumford M D, Gustafson S B. Creativity syndrome: Integration, application, and innovation[J]. Psychological Bulletin, 1988, 103 (1): 27-43.

[293] Mumford M D, Hunter S T. Innovation in organizations: A multi-level perspective on creativity[J]. Research in Multi-Level Issues, 2005, 4(5): 9-73.

[294] Mumford M D, Medeiros K E, Partlow P J. Creative thinking: processes, strategies, and knowledge[J]. The Journal of Creative Behavior, 2012, 46(1): 30-47.

[295] Mumford M D. Blind variation or selective variation? Evaluative elements in creative thought[J]. Psychological Inquiry, 1999, 10 (4): 344-348.

[296] Mumford M D. Managing creative people: Strategies and tactics for innovation[J]. Human Resource Management Review, 2000, 10

(3)：313-351.

[297] Mumford M D. Where have We been, Where are we going? Taking stock in creativity research[J]. Creativity Research Journal, 2003, 15(2-3)：107-120.

[298] Munan Li. A novel three-dimension perspective to explore technology evolution[J]. Scientometrics, 2015,105：1679-1697.

[299] Murdock M, Keller-Mathers S. Programs and courses in creativity [J]. Encyclopedia of Creativity. 2011(2)：266-270.

[300] Nahavandi N, Parsaei Z, Montazeri M. Integrated framework for using TRIZ and TOC together：a case study[J]. International Journal of Business Innovation & Research,2011,5(4)：309-324.

[301] Nakagawa T. Education and training of creative problem solving thinking with TRIZ/USIT [J]. Procedia Engineering, 2011, 9：582-595.

[302] Nakagawa T. Creative Problem-Solving Methodologies TRIZ/ USIT：Overview of My 14 Years in Research, Education, and Promotion[EB/OL]. (2012-03-17)[2023-06-14]. Http://osaka-gu. ac. jp/ php/nakagawa/ TRIZ/eTRIZ/epapers/e2012Paper/eNaka-Overview-Talk/eNaka-Overiew-Talk-20325. pdf.

[303] Narasimhan K. Inventive thinking through TRIZ：A practical guide [J]. TQM Magazine, 2006, 18(3)：312-314.

[304] Negny, Stéphane, Le Lann J M, Lopez Flores, René, et al. Management of *Systematic Innovation*：A kind of quest for the holy grail! [J]. Computers & Chemical Engineering, 2017, 106：911-926.

[305] Neville A J. The problem-based learning tutor：Teacher? Facilitator? Evaluator? [J]. Medical Teacher, 1999, 21 (4)：393-401.

[306] Nguyen L, Shanks G. A Framework for understanding creativity in requirements engineering [J]. Information and Software Technology, 2009, 51(3)：655-662.

[307] Noe Vargas hernandez. Experimental assessment of TRIZ effectiveness in idea Generation [C]. American Society for Engineering Education. ASEE Proceedings 2012：1-25.

[308] Nonaka L, Takeuchi H, Umemoto K. A theory of organizational knowledge creation [J]. International Journal of Technology Management, 1996, 11(7): 14-37.

[309] OECD. Oslo Manual 2018: Guidelines for Collecting, Reporting and Using Data on Innovation (4th Edition), The Measurement of Scientific, Technological and Innovation Activities [M]. Paris: OECD Publishing, 2018: 85-102.

[310] OECD. The measurement of scientific, technological and innovation activities[M]. Oslo: OECD and Eurostat, 2018.

[311] Ogot M, Okudan G. Integrating systematic creativity into first-year engineering design curriculum [J]. International Journal of Engineering Education, 2006, 22(1): 109-115(7).

[312] Ogot M. Conceptual design using axiomatic design in a TRIZ framework[J]. Procedia Engineering, 2011, 9(9): 736-744.

[313] Oldham G R, Cummings A. Employee creativity: personal and contextual factors at work[J]. Academy of Management Journal, 1996, 39(3): 607-634.

[314] Oman S K, Tumer I Y, Wood K, et al. A comparison of creativity and innovation metrics and sample validation through in-class design projects[J]. Research in Engineering Design, 2013, 24(1): 65-92.

[315] Onarheim B. Creativity from constraints in engineering design: Lessons Learned at Coloplast[J]. Journal of Engineering Design, 2012, 23(4): 323-336.

[316] O'Quin K, Besemer S P. Using the creative product semantic scale as a metric for results-oriented business [J]. Creativity and Innovation Management, 2006, 15(1): 34-44.

[317] Ostbye S, Moilanen M, Tervo H, et al. The creative class: Do jobs follow people or do people follow jobs? [J]. Regional Studies, 2017, 52(6): 1-12.

[318] Pardo A. Problem-based learning combined with project-based learning: A pilot application in digital signal processing [C]. Technologies Applied To Electronics Teaching. IEEE, 2014: 1-5.

[319] Paulus P B, Dzindolet M T. Social influence processes in group

brainstorming[J]. Journal of Personality and Social Psychology, 1993, 64(4): 575.

[320] Pecht M. 可靠性工程基础[M]. 北京：电子工业出版社，2011：5-10.

[321] Perrenet J C, Bouhuijs P A J, Smits J. The suitability of problem-based learning for engineering education: Theory and practice[J]. Teaching in Higher Education, 2000, 5(3): 345-358.

[322] Piffer D. Can creativity be measured? An attempt to clarify the notion of creativity and general directions for future research[J]. Thinking Skills and Creativity, 2012, 7(3): 258-264.

[323] Pitta-Pantazi D, Kattou M, Christou C. Mathematical creativity: product, person, process and press [J]. Mathematical Creativity and Mathematical Giftedness, 2018: 27-53.

[324] Plucker J A, Renzulli J S. Psychometric approaches to the study of Human creativity[J]. Handbook of Creativity, 1999, 35: 61.

[325] Plucker J A. Beware of simple conclusions: The case for content generality of creativity[J]. Creativity Research Journal, 1998, 11 (2): 179-182.

[326] Plucker, J, Dasha Z. Creativity and interdisciplinarity: One creativity or many creativities? [J]. Zdm Mathematics Education, 2009(41): 5-11.

[327] Pohl M. Teaching Thinking Skills in the Primary Years: A Whole School Approach [M]. Cheltenham Victoria: Hawker Brownlow Education, 1997.

[328] Poikela S, Vuoskoski P, Karna M. Developing Creative learning environments in problem-based learning [J]. Problem-Based Learning and Creativity, 2009: 67-85.

[329] Potier O, Brun J, Masson P L, et al. How innovative design can contribute to chemical and process engineering development? Opening new innovation paths by applying the C-K method[J]. Chemical Engineering Research and Design, 2015, 103: 108-122.

[330] Pressman A. Design thinking: A guide to creative problem solving for everyone[M]. New York: Routledge, 2018.

[331] Prince M J, Felder R M. Inductive teaching and learning methods: Definitions, comparisons, and research bases [J]. Journal of

Engineering Education, 2006, 95(2): 123-138.

[332] Puccio G J, Mance M, Murdock M C. Creative leadership: Skills that drive change[M]. Thousand Oaks: Sage, 2011.

[333] Puccio G J. Foursight: The Breakthrough Thinking Profile-presenter's Guide and Technical Manual[M]. Vanconver: TH Inc Communications Press, 2002.

[334] Purcell A T, Gero J S. Design and other types of fixation[J]. Design Studies, 1996, 17(4): 363-383.

[335] Puryear J S, Kettler T, Rinn A N. Relating personality and creativity: Considering what and how we measure[J]. Journal of Creative Behavior, 2017.

[336] Ramsden P. Learning to Teach in Higher Education[M]. New York: Routledge, 2003.

[337] Rawlinson J G. Creative Thinking and Brainstorming[M]. New York: Routledge, 2017.

[338] Redelinghuys C, Bahill A T. A framework for the assessment of the creativity of product design teams[J]. Journal of Engineering Design, 2006, 17(2): 121-141.

[339] Reich Y, Hatchuel A, Shai O, et al. A theoretical analysis of creativity methods in engineering design: Casting and improving ASIT within C-K theory[J]. Journal of Engineering Design, 2012, 23(2): 137-158.

[340] Flores, R L, et al. Collaboration Framework for TRIZ-Based Open Computer-aided Innovation[M]//Cavallucci, D. (eds) TRIZ—The Theory of Inventive Problem Solving. Cham: Springer 2017: 211-236.

[341] René Lopez Flores, Belaud J P, Stéphane Negny, et al. Open computer aided innovation to promote innovation in process engineering[J]. Chemical Engineering Research & Design, 2015, 103: 90-107.

[342] Rhodes M. An analysis of creativity[J]. Phi Delta Kappan, 1961, 42(7): 305-310.

[343] Rietzschel E F, Nijstad B A, Stroebe W. The selection of creative ideas after individual idea generation: Choosing between creativity

and impact[J]. British Journal of Psychology, 2010, 101 (1):
47-68.

[344] Ritter S M, Mostert N M. How to facilitate a brainstorming
session: The effect of idea generation techniques and of group
brainstorm afterindividual brainstorm [J]. Creative Industries
Journal, 2018, 11(3): 263-277.

[345] Roberts T B. Brainstorm: a psychological odyssey[J]. Journal of
Humanistic Psychology, 1986, 26(1): 126-136.

[346] Robinson M A, Sparrow P R, Clegg C, et al. Design engineering
competencies: Future requirements and predicted changes in the
forthcoming decade[J]. Design Studies, 2005, 26(2): 123-153.

[347] Robles G C, Hernández G A, Lasserre A, et al. Resources
oriented search: A strategy to transfer knowledge in the TRIZ-CBR
synergy [C]. International Conference on Intelligent Data
Engineering and Automated Learning. Springer-Verlag, 2009:
518-526.

[348] Robles G C, Negny S, Lann J M L. Case-based reasoning and
TRIZ: A coupling for innovative conception in Chemical
Engineering [J]. Chemical Engineering & Processing Process
Intensification, 2009, 48(1): 239-249.

[349] Rojas J P, Tyler K M. Measuring the creative process: A
psychometric examination of creative Ideation and grit [J].
Creativity Research Journal, 2018, 30(1): 29-40.

[350] Roman Teplov, Daria Podmetina, Leonid Chechurin. What is
known about TRIZ in Innovation Management? [C]. XXV ISPIM
Conference—Innovation for Sustainable Economy & Society,
Dublin, Ireland, 2014: 1-15.

[351] Ron Fulbright. The I-TRIZ Difference: Making the Average Person
an Innovator[J]. International Journal of Innovation Science. 2011,
3(2): 41-54.

[352] Rosenwald G C. A Theory of Multiple-Case Research[J]. Journal
of Personality, 1988, 56(1): 239-264.

[353] Rousselot F, Renaud J. On TRIZ and case based reasoning
synergies and oppositions[J]. Procedia Engineering, 2015, 131:

871-880.

[354] Roy R, Group D I. Case studies of creativity in innovative product development[J]. Design Studies, 1993, 14(4): 423-443.

[355] Rubenson D L, Runco M A. The psychoeconomic view of creative work in groups and organizations[J]. Creativity and Innovation Management, 1995, 4(4): 232-241.

[356] Rubenstein D V, Callan G L, Ridgley L M. Anchoring the creative process within A self-regulated learning framework: Inspiring assessment methods and future research [J]. Educational Psychology Review, 2017(5): 1-25.

[357] Rubin M. On developing ARIZ-2014 universal[C]. TRIZ summit 2014, Prague.

[358] Runco M A, Acar S. Divergent thinking as an indicator of creative potential[J]. Creativity Research Journal, 2012, 24(1): 66-75.

[359] Runco M A, Bahleda M D. implicit theories of artistic, scientific, and Everyday creativity[J]. Journal of Creative Behavior, 1986, 20: 93-98

[360] Runco M A, Johnson D J. Parents and teachers implicit theories of children creativity: A cross-cultural perspective [J]. Creativity Research Journal, 2002(14): 427-438.

[361] Runco M A, Kim D. Four ps of creativity and recent updates[M]// Caraynnis (Eds). Encyclopedia of Creativity, Invention, Innovation and Entrepreneurship. New York: Springer, 2013: 755-759.

[362] Runco M A, Kim D. The four ps of creativity: Person, product, process, and press[J]. Encyclopedia of Creativity, 2011: 534-537.

[363] Runco M A. Achievement sometimes requires creativity[J]. High Ability Studies, 2007, 18(1): 75-77.

[364] Runco M A. Commentary: Divergent thinking is not synonymous with creativity[J]. Psychology of Aesthetics, Creativity, and The Arts, 2008, 2(2): 93-96.

[365] Runco M A. Creativity research should be a social science[J]. Research in Multi Level Issues, 2007, 7(7): 75-94.

[366] Rushton J P, Murray H G, Paunonen S V. Personality, research

creativity, and teaching effectiveness in university professors[J]. Scientometrics, 1983, 5(2): 93-116.

[367] Russo D, Rizzi C, Montelisciani G. Inventive guidelines for a TRIZ-based eco-design matrix[J]. Journal of Cleaner Production, 2014, 76: 95-105.

[368] Rutitsky D. Using TRIZ as an entrepreneurship tool[J]. Journal of Management. 2010, 17 (1):39-44.

[369] Sak U, Ayas M B. Creative scientific ability test (C-SAT): A New Measure of Scientific Creativity [J]. Psychological Test and Assessment Modeling, 2013, 55(3): 315-328.

[370] Sakao T. A QFD-centered design methodology for environmentally conscious product design[J]. International Journal of Production Research, 2007, 45(18-19): 4143-4162.

[371] Salamatov Y, Souchkov V. TRIZ: The right solution at the right time: A guide to innovative problem solving [M]. Hattem: Insytec, 1999.

[372] Sarkar P, Chakrabarti A. Assessing design creativity[J]. Design Studies, 2011, 32(4): 348-383.

[373] Sarkar P, Chakrabarti A. Studying engineering design creativity-developing a common definition and associated measures[J]. Centre for Product Design and Manufacturing, 2008(2): 28-32.

[374] Savin-Baden M, Graff E D, Kolmos A. Challenging models and perspectives of problem-based learning[M]//Graff E D, Kolmos A. Management of Change. Leiclen: Brill Sense, 2007: 9-29.

[375] Savin-Baden M. Disciplinary differences or modes of curriculum practice? Who promised to deliver? What in Problem-Based Learning? [J]. Biochemistry and Molecular Biology Education, 2003, 31(5): 338-343.

[376] Sawyer K. Extending sociocultural theory to group creativity[J]. Vocations and Learning, 2012, 5(1): 59-75.

[377] Schneck R. Four ps in organizational creativity[J]. Encyclopedia of Creativity, Invention, Innovation and Entrepreneurship, 2013(6): 99-134.

[378] Schumpeter J A. The Theory of economic development: An inquiry

into profits, capital, credit, interest, and the business cycle[J]. Social Science Electronic Publishing, 2012, 3(1): 90-91.

[379] Scott G, Leritz L E, Mumford M D. The effectiveness of creativity training: A quantitative review[J]. Creativity Research Journal, 2004, 16(4): 361-388.

[380] Scott G, Leritz L E, Mumford M D. Types of creativity training: approaches and their effectiveness [J]. Journal of Creative Behavior, 2011, 38(3): 149-179.

[381] Sébastien D, Guio R D, Chibane H. Differences and complementarities between C-K and TRIZ[C]//New Opportunities for Innovation Breakthroughs for Developing Countries and Emerging Economies. Morocco, Proceeding of 19th International TRIZ Future Conference: 2019,572: 135-143.

[382] Selby E C, Shaw E J, Houtz J C. The creative personality[J]. Gifted Child Quarterly, 2005, 49(4): 300-314.

[383] Serrat O. Knowledge Solutions[M]. Singapore: Springer, 2017.

[384] Shah J J, Smith S M, Vargas-Hernandez N. Metrics for measuring ideation effectiveness[J]. Design Studies, 2003, 24(2): 111-134.

[385] Shane S, Nicolaou N. Creative personality, Opportunity recognition and the tendency to start businesses: A study of their genetic predispositions[J]. Journal of Business Venturing, 2015, 30(3): 407-419.

[386] Sheppard S D, Silva M K. Descriptions of engineering: Student and engineering practitioner perspectives[C]//Frontiers in Education Conference, 2001.

[387] Sheppard S D. Mechanical dissection: an experience in how things work[J]. Proceedings of The Engineering Education: Curriculum Innovation and Integration, 1992: 6-10.

[388] Sheridan K, Halverson E R, Litts B, et al. Learning in the making: a comparative case study of three makerspaces [J]. Harvard Educational Review, 2014, 84(4): 505-531.

[389] Sheu D D, Chen C H, Yu P Y, et al[J]. Journal of Systematic Innovation, 2010, 1(1): 3-22.

[390] Sheu, DD. Mastering TRIZ Innovation Tools (4 Edition)[M].

Ontario：Agitek International Consulting，2015.

[391] Siegel D S，Phan P. Advances in the study of entrepreneurship，innovation & economic growth. Evaluating the social returns to innovation：An application to university technology transfer[J]. Advances in the Study of Entrepreneurship Innovation & Economic Growth，2009，19(1)：171-187.

[392] Sierra-Siegert M，Jay E，Florez C，et al. Minding the dreamer within：An experimental study on the effects of enhanced dream recall on creative thinking[J]. Journal of Creative Behavior，2016(10)：233-269.

[393] Simonton D K，Lebuda I. A golden age for creativity research：Interview with dean keith simonton[J]. Creativity. Theories-Research-Applications，2019，6(1)：140-146.

[394] Simonton D K. Creative development as acquired expertise：Theoretical issues and an empirical test[J]. Developmental Review，2000，20(2)：283-318.

[395] Simonton D K. Creativity and wisdom in aging[J]. Handbook of The Psychology of Aging，1990，3：320-329.

[396] Simonton D K. Foresight in insight? A darwinian answer[M]. The Nature of Insight. Boston：The MIT Press. 1995：465-494.

[397] Simonton D K. Scientific creativity as constrained stochastic behavior：The integration of product，person，and process perspectives[J]. Psychological Bulletin，2003，129(4)：475-494.

[398] Simonton D K. The education and training of eighteenth-century english girls，with special reference to the working classes[D]. Colchester：University of Essex，1988.

[399] Smith S M，Ward T B，Schumacher J S. Constraining effects of examples in a creative generation task[J]. Memory and Cognition，1993，21(6)：837-845.

[400] Smith S M. Fixation，Incubation，and insight in memory and creative thinking[J]. The Creative Cognition Approach，1995，135-156.

[401] Solomon B，Powel K，Gardner H. Multiple intelligences[J]. Encyclopedia of Creativity 1999(2)：273-283.

[402] Souchkov V. TRIZ and systematic business model innovation[C]// Global ETRIA Conference TRIZ Future. 2010: 3-5.

[403] Spearman C. Theory of general factor [J]. British Journal of Psychology. 1946,36(3): 117-131.

[404] Spector B S. Case study of an innovation requiring teachers to change roles[J]. Journal of Research in Science Teaching, 1984, 21 (6): 563-574.

[405] Spreafico C, Russo D. TRIZ Industrial case studies: A critical survey[J]. Procedia Cirp, 2016, 39: 51-56.

[406] Srinivasan R, Kraslawski A. Application of the TRIZ creativity enhancement approach to design of inherently safer chemical processes[J]. Chemical Engineering and Processing, 2006, 45(6): 507-514.

[407] Stark L J, Perfect T J. Whose idea was that? Source monitoring for idea ownership following elaboration[J]. Memory, 2007, 15(7): 776-783.

[408] Starkey E, Toh C A, Miller S R. Abandoning creativity: The evolution of creative ideas in engineering design course projects[J]. Design Studies, 2016, 47: 47-72.

[409] Stefan Hüsig, Kohn S. Computer aided innovation—State of the art from a new product development perspective [J]. Computers in Industry,2009,60(8): 551-562.

[410] Sternberg R J, Grigorenko E L. Guilford's structure of intellect model and model of creativity: contributions and limitations [J]. Creativity Research Journal, 2001, 13(3-4): 309-316.

[411] Sternberg R J, Kaufman J C. When your race is almost run, but you feel you're not yet done: Application of the propulsion theory of creative contributions to late-career challenges [J]. Journal of Creative Behavior, 2012, 46(1): 66-76.

[412] Sternberg R J, Lubart T I. An investment theory of creativity and its development[J]. Human Development, 1991(34): 1-32.

[413] Sternberg R J, Lubart T I. Defying the crowd: Cultivating creativity in a culture of conformity [J]. American Journal of Psychotherapy, 1996: 50-63.

[414] Sternberg R J, Lubart T I. The concept of creativity: Prospects and paradigms[J]. Handbook of Creativity, 1999: 3-15.

[415] Sternberg R J, Williams W M. Does the graduate record examination predict meaningful success in the graduate training of psychology? A case study[J]. American Psychologist, 1997, 52 (6): 630-642.

[416] Sternberg R J. Creativity is a habit[J]. Education Week, 2006(6): 3-25.

[417] Sternberg R J. Implicit theories of intelligence, creativity, and wisdom[J]. Journal of Personality and Social Psychology, 1985, 49 (3): 607-618.

[418] Stouffer W B, Russell J S, Oliva M G. Making the strange familiar: creativity and the future of engineering education[C]// American society for engineering education annual conference and exposition, 2004: 1-9.

[419] Stratton R, Mann D. Systematic innovation and the underlying principles behind TRIZ and TOC [J]. Journal of Materials Processing Technology, 2003, 139(1-3): 120-126.

[420] Sun L, Xiang W, Chen S, et al. Collaborative sketching in crowdsourcing design: A new method for idea generation [J]. International Journal of Technology and Design Education, 2015, 25(3): 409-427.

[421] Sutrisno A, Gunawan I, Tangkuman S. Modified failure mode and effect analysis (FMEA) model for accessing the risk of maintenance waste[J]. Procedia Manufacturing, 2015, 4: 23-29.

[422] Suwala L. The role of EU regional policy in driving creative regions [J]. Regions Magazine, 2010, 277(1): 11-13.

[423] Tan O S, Chye S, Teo C T. Problem-based searning and creativity: a review of the literature [J]. Problem-Based Learning and Creativity, 2009: 15-38.

[424] Tang M, Werner C H. Handbook of the management of creativity and innovation: theory and practice[M]. London: World Scientific Publishing, 2017: 51-72.

[425] Tewksbury J G, Crandall M S, Crane W E. Measuring the societal

benefits of innovation[J]. Science,1980, 209(4457): 658-662.

[426] Thompson G, Loran M. A review of creativity principles applied to engineering design[J]. Proceedings of the Institution of Mechanical Engineers, Part E: Journal of Process Mechanical Engineering, 1999, 213(1): 17-31.

[427] Thurnes C M, Zeihsel F, Visnepolschi S, et al. Using TRIZ to invent failures—concept and application to go beyond traditional FMEA[J]. Procedia Engineering, 2015,131: 426-450.

[428] Toh C A, Miller S R. Choosing creativity: The role of individual risk and ambiguity aversion on creative concept selection in engineering design[J]. Research in Engineering Design, 2016, 27 (3): 195-219.

[429] Tohmo T. The creative class revisited: Does the creative class affect the birth rate of high-tech firms in nordic countries? [J]. Journal of Enterprising Culture, 2015, 23(1): 63-89.

[430] Torrance E P. Creativity testing in education[J]. Creative Child and Adult Quarterly, 1976, 1: 136-148.

[431] Torrance E P. The nature of creativity as manifest in its testing[J]. Nature of Creativity Contemporary Psychological Perspective, 1988, 18(1): 87-98.

[432] Tuckman B W, Jensen M A. Stages of small-group development revisited [J]. Group and Organization Studies, 1977, 2 (4): 419-427.

[433] Tumkor S, Aydeniz A I, Fidan I. Teamwork and gallery method in engineering design project[J]. IEEE Transactions on Instrumenta-tion and Measurement, 2004, 50(2): 522-525.

[434] Turner S. ASIT—A problem solving strategy for education and eco-friendly sustainable design [J]. International Journal of Technology and Design Education, 2009, 19(2): 221-235.

[435] Usharani Hareesh Govindarajan, D Daniel Sheu, Darrell Mann. Review of systematic software innovation using TRIZ [J]. International Journal of Systematic Innovation,2019,5(3): 72-90.

[436] V. Timokhov. Biological Effects: Help for a biology teacher[M]. Riga: NTZ Progress, 1993.

[437] Valeri Souchkov. A brief history of TRIZ[EB/OL]. (2015-04-19) [2019-04-15]. http：//www. xtriz. com/BriefHistoryofTRIZ. pdf.

[438] Valeri Souchkov. A brief history of TRIZ[EB/OL]. (2015-04-01) [2023-06-14]. http：//www. xtriz. com/BriefHistoryofTRIZ. pdf/.

[439] Valeri Souchkov. A brief history of TRIZ[EB/OL]. (2015-04-19) [2023-06-15]. http：//www. xtriz. com/BriefHistoryofTRIZ. pdf.

[440] Valeri Souchkov. Breakthrough thinking with TRIZ for business and managementx：An overview[EB/OL]. (2017-05-05) [2020-06-08]. www. xtriz. com.

[441] Valeri Souchkov. TRIZ in the world：History, current status, and issues of concern [C]. Proceedings of the 8th International Conference "TRIZ：Application Practices and Development Issues". Moscow, 2016：1-23.

[442] Villa R A, Thousand J S, Nevin A I. A guide to co-teaching：new lessons and strategies to facilitate student learning[M]. Thousand Oaks：Corwin Press, 2013.

[443] Villalba E. On Creativity：Towards an understanding of creativity and its measurements[J]. Scientific and Technical Reports, 2008, 12(3)：121-140.

[444] Vincent A S, Decker B P, Mumford M D. Divergent thinking, intelligence, and expertise：A test of alternative models [J]. Creativity Research Journal, 2002, 14(2)：163-178.

[445] Vincent J F, Bogatyreva O A, Bogatyrev N R, et al. Biomimetics：its practice and theory[J]. Journal of The Royal Society Interface, 2006, 3(9)：471-482.

[446] Vinodh S, Kamala V, Jayakrishna K. Integration of ECQFD, TRIZ, and AHP for innovative and sustainable product development[J]. Applied Mathematical Modelling, 2014, 38(11-12)：2758-2770.

[447] Viswanathan V, Linsey J. Design fixation in physical modeling：An investigation on the role of sunk cost [C]//ASME 2011 International Design Engineering Technical Conferences and Computers and Information in Engineering Conference. American Society of Mechanical Engineers Digital Collection, 2011：119-130.

[448] Vladimir Petrov. USIT on wikipedia[EB/OL]. (2010-05-10) [2019-

09-19]. http：//en. wikipedia. org/wiki/Unified_Structured_Inve
ntive_Thinking.

[449] Voehl F. Attribute Listing, Morphological analysis, and matrix a-
nalysis[M]//The Innovation Tools Handbook(Volume 2). New
York：Productivity Press, 2016：55-66.

[450] Wallas G. The Art of Thought[M]. London：Jonathan Cape
Press, 1926.

[451] Wang FK, Chu TP, Chu T P. Using the design for six sigma ap-
proach with TRIZ for new product development[J]. Computer &
Industrial Engineering. 2016.

[452] Wang S, Murota M. Possibilities and limitations of integrating peer
instruction into technical creativity education[J]. Instructional Sci-
ence, 2016, 44(6)：1-25.

[453] Ward T B, Patterson M J, Sifonis C M. The role of specificity and
abstraction in creative idea generation[J]. Creativity Research Jour-
nal, 2004, 16(1)：1-9.

[454] Ward T B, Smith S M, Finke R A. Creative cognition[J]. Hand-
book of Creativity, 1999, 189-212.

[455] Webb A. TRIZ：An inventive approach to invention[J]. Engineer-
ing Management Journal, 2002, 12(3)：117-124.

[456] Weekley J A, Ployhart R E. Situational judgment：Antecedents
and relationships with performance [J]. Human Performance,
2005, 18(1)：81-104.

[457] Wei Y, Qingming W, Yongqiang C. Research on inventive problem
solving process model based on AHP/TRIZ[C]. International
Technology & Innovation Conference. IET,2006.

[458] Wei Yao, Yueqi Sun. Applications of SAFC analytical model in
Non-Technology Field[J]. International Journal of Systematic In-
novation,2016,4(1),50-56

[459] Weisberg R W. On the Usefulness of "Value" in the definition of
creativity[J]. Creativity Research Journal, 2015, 27(2)：111-124.

[460] West M A. Ideas Are Ten A Penny：It's Team Implementation Not
Idea Generation That Counts[J]. Applied Psychology, 2002, 51
(3)：411-424.

[461] Wierenga B. The validity of two brief measures of creative ability [J]. Creativity Research Journal, 2010, 22(1): 53-61.

[462] Williams J C, Paltridge D J. What we think we know about the tutor in problem-based learning[J]. Health Professions Education, 2016, 10.

[463] Wolfs P J, Howard P, Vann A, et al. Experiences with the first year of a project based engineering degree[C]//Proceedings of The 10th Australasian Conference On Engineering Education, 1998: 59.

[464] Wood K L, Jensen D, Bezdek J, et al. Reverse engineering and redesign: Courses to incrementally and systematically teach design [J]. Journal of Engineering Education, 2001, 90(3): 363-374.

[465] Woods D R, Felder R M, Rugarcia A, et al. The future of engineering education Ⅲ. Developing critical skills[J]. Change, 2000, 4: 48-52.

[466] Woods D R, Hrymak A N, Marshall R R, et al. Developing problem solving skills: The mcmaster problem solving program[J]. Journal of Engineering Education, 1997, 86(2): 75-91.

[467] Woods D R. Problem-based learning for large classes in chemical engineering[J]. New Directions For Teaching and Learning, 1996 (68): 91-99.

[468] Wright W A, Knight P T, Pomerleau N. Portfolio people: teaching and learning dossiers and innovation in higher education[J]. Innovative Higher Education, 1999, 24(2): 89-103.

[469] Yamamoto Y, Nakakoji K, Takada S. Hands-on representations in a two-dimensional space for early stages of design[J]. Knowledge-Based Systems, 2000, 13(6): 375-384.

[470] Yamin T S. Scientific creativity and knowledge production: theses, critique and implications[J]. Gifted and Talented International, 2010, 25(1): 7-12.

[471] Yang C J, Chen J L. Accelerating preliminary eco-innovation design for products that integrates case-based reasoning and TRIZ method [J]. Journal of Cleaner Production, 2011, 19(9-10): 998-1006.

[472] Yanling Wu, Fei Zhou, Jizhou Kong. Innovative design approach for product design based on TRIZ, AD, fuzzy and Grey relational

analysis[J]. Computers & Industrial Engineering, 2020, 140: 1-15.

[473] Yeh C H, Huang JCY, Yu CK. Integration of four-phase QFD and TRIZ in product R&D: a notebook case study[J]. Research in Engineering Design, 2011, 22(3): 125-141.

[474] Yin R K. Case Study Research and Applications: Design and Methods[M]. London: Sage Publications, 2017.

[475] Young J S, Simon W L. Icon steve jobs: The greatest second act in the history of business[M]. John Wiley and Sons, Inc., 2006.

[476] Zappe S, Litzinger T, Hunter S. Integrating the creative process into engineering courses: description and assessment of a faculty workshop[C]//Annual Conference of the American Society For Engineering Education, 2012.

[477] Zhao Z, Badam S K, Chandrasegaran S, et al. Skwiki: a multimedia sketching system for collaborative creativity[C]//Proceedings of the SIGCHI Conference on Human Factors in Computing Systems, 2014: 1235-1244.

[478] Zhou C F, Kolmos A, Nielsen J F. A problem and project-based learning (PBL) approach to motivate group creativity in engineering education[J]. International Journal of Engineering Education, 2012, 28(1): 3-16.

[479] Zhou C F. Integrating creativity training into problem and project-based learning curriculum in engineering education[J]. European Journal of Engineering Education, 2012(37): 488-499.

[480] Zhou J, Shalley C E. Research on employee creativity: A critical review and directions for future research[J]. Research in Personnel and Human Resources Management, 2003, 22(3): 165-217.

[481] Zivkovic Z, Nikolic S T, Doroslovacki R, et al. Fostering creativity by a specially designed doris tool[J]. Thinking Skills and Creativity, 2015, 17: 132-148.

[482] Zusman A. Roots, structure, and theoretical base[M]//TRIZ in Progress: Transactions of the Ideation Research Group. Southfield: Ideation International Inc, 1999.

[483] 曹卫彬,焦灏博,刘姣娣. 基于 TRIZ 理论的红花丝盲采装置设计与

试验[J].农业机械学报,2018,49(8)：76-82.

[484] 常爱华,许静,柳洲,等.TRIZ 在中国大陆传播的现状分析[J].科学学与科学技术管理, 2010, 31(8)：79-83,112.

[485] 陈朝新. 问题意识、创造能力及其培养[J]. 教育探索,2002(2)：17-18.

[486] 陈劲,陈钰芬.企业技术创新绩效评价指标体系研究[J].科学学与科学技术管理,2006,27(3)：86-91.

[487] 陈林,李彦,李文强,等.计算机辅助产品创新设计系统开发[J].计算机集成制造系统,2013(2)：97-107.

[488] 陈敏慧,蒋艳萍,吕建秋.TRIZ 国内外研究现状、存在问题及对策研究[J].科技管理研究,2015,35(1)：24-27.

[489] 陈文化,朱灏.全面技术创新及其综合效益的评估体系研究[J].科学技术哲学研究,2004,21(6)：88-92.

[490] 程都,邱灵.基于评价指标视角的创新创业发展趋势研究[J].宏观经济管理,2019(5)：30-37.

[491] 崔军.国际高等工程教育课程改革案例研究——丹麦奥尔堡大学基于问题的学习模式[J].远程教育杂志：2013(4)：102-107.

[492] 戴志敏,郭露.科技创新方法嬗变与归一：TRIZ 行为学视角[J].科技管理研究 2010,30(14)：1-5.

[493] 邓华,曾国屏.OECD 创新测度的理论与实践——基于三版《奥斯陆手册》的比较研究[J].科学管理研究,2011,29(4)：49-53.

[494] 丁琳.国外个体创造力研究述评与展望[J].技术与创新管理,2017,38(1)：8-14.

[495] 董泽芳.高校人才培养模式的概念界定与要素解析[J].大学教育科学,2012(3)：30-35.

[496] 董振域,薛建春,孙艺.基于 TRIZ 理论的信访机构改革和机制创新[J].行政管理改革,2019,47：47-55.

[497] 段倩倩,侯光明.国内外创新方法研究综述[J].科技进步与对策,2012,29(13)：158-160.

[498] 范柏乃.高级公共管理研究方法[M].北京：科学出版社,2014：101-112.

[499] 冯涛,陆根书,柳一斌.工程人才和工学硕士培养质量实证比较研究[J].学位与研究生教育,2017(1)：61-65.

[500] 冯玉龙,高阳.探索工程人才技术开发能力的培养[J].高等教育研

究,2008(1):91-92.

[501] 傅世侠.国外创造学与创造教育发展概况[J].自然辩证法研究,1995
　　　(7):58-62.

[502] 耿晓峰.基于科学效应库的创新支持系统的研究[D].保定:华北电力
　　　大学,2017:49-50.

[503] 顾学雍.联结理论与实践的CDIO——清华大学创新性工程教育的探
　　　索[J].高等工程教育研究,2009(1):11-23.

[504] 关西普,沈龙祥.同科学、技术、工程概念相关联的几点思考[J].科学
　　　学与科学技术管理,1992(8):5-8.

[505] 郭彩玲,戴庆辉.统一结构的发明思想USIT——TRIZ的一种新模
　　　式[J].科技进步与对策,2003(14):66-68.

[506] 郭蕾.探索开放式教育模式提高工程人才创新能力与实践能力[J].
　　　学位与研究生教育,2008(9):50-54.

[507] 郭龙龙.广东省创新方法公共服务平台构建及政策支撑研究[D].湛
　　　江:广东海洋大学,2012.

[508] 郭艳红,邓贵仕.基于事例的推理(CBR)研究综述[J].计算机工程与
　　　应用,2004,40(21):1-5.

[509] 韩旭.工程创造力的概念、内涵与培养模式研究[D].杭州:浙江大学,
　　　2020:49-56.

[510] 韩旭.面向工科人才的工程创造力及其培养研究[D].杭州:浙江大
　　　学,2020.

[511] 何慧,李彦,李文强,姜杰.系统化创新方法SIT及在工程中的应用
　　　[J].机械设计与制造,2009,5(5):78-81.

[512] 何勇.奥尔堡大学PBL教学模式观察[J].文化创新比较研究,2017
　　　(11):117-129

[513] 胡卫平,万湘涛,于兰.儿童青少年技术创造力的发展[J].心理研究,
　　　2011,4(2):24-28.

[514] 胡卫平,俞国良.青少年的科学创造力研究[J].教育研究,2002(1):
　　　44-48.

[515] 胡卫平,万湘涛,于兰.儿童青少年技术创造力的发展[J].心理研究,
　　　2011(2):25-29.

[516] 胡学钢,杨恒宇,林耀进.基于协同过滤的专利TRIZ分类方法[J].
　　　情报学报,2018,37(5):66-72.

[517] 胡艺耀,朱斌,张伟.知识库构建工具软件的设计与实现[J].工程设

计学报,2018,25(4):7-13.

[518] 简德三.项目评估与可行性研究(第二版)[M].上海:上海财经大学出版社,2009:37-92.

[519] 江平宇,张斌斌,郭威.多创新方法集成与融合应用的 LCUE 矩阵法研究及实施[J].科技进步与对策,2019,36(4):1-8.

[520] 蒋艳萍,吕建秋,田兴国.基于 TRIZ 理论的国家科技计划项目管理创新——以"七大农作物育种"专项为例[J].中国高校科技,2019(7):31-35.

[521] 蒋瑶希,葛琼颖,赵新军.创新方法:应用的需求与难点[J].科技创新与品牌,2018,11:68-69.

[522] 康妮,王钰,沈岩.以工程创新能力为核心的工程人才培养探索与实践——清华大学工程人才研究生教育创新总结[J].研究生教育研究,2011(6):61-64.

[523] 康仕仲,张玉连.工程图学基础篇[M].台北:台湾大学出版中心,2017.

[524] 科技日报.创新"点金术"真有那么神奇么?[EB/OL].(2018-04-09)[2023-06-14].http://www.triz.gov.cn/index.php?s=/home/index/newsdetail/id/2652.html.

[525] 赖德胜,黄金玲.第四次工业革命与教育变革——基于劳动分工的视角[J].国外社会科学,2020,342(6):118-127.

[526] 兰海燕.湖北省企业 TRIZ 理论应用效果评价研究[J].武汉:华中师范大学,2016:3-10.

[527] 李大鹏,罗玲玲.阿奇舒勒对技术创造思考的转向与突破[J].东北大学学报(社会科学版),2016,18(4):338-343.

[528] 李枫,于洪军.产教融合培养高层次创新型应用人才——以"双层次螺旋协同工程人才创新能力培养模式"为例[J].中国高校科技,2018(7):44-47.

[529] 李辉,檀润华.专利规避设计方法[M].北京:高等教育出版社,2019.

[530] 李会春,杜翔云.面向未来的课程设计:奥尔堡大学 PBL 课程模式与教育理念探析[J].重庆高教研究,2018,33(3):119-129.

[531] 李吉品,刘秀丽.基于创造力内隐理论的艺术创造力结构研究[J].延边大学学报(社会科学版),2015,48(4):93-100.

[532] 李培根,许晓东,陈国松.我国本科工程教育实践教学问题与原因探析[J].高等工程教育研究,2012(3):13-13.

[533] 李培根.未来工程教育的几个重要视点[J].高等工程教育研究,2019
(2):1-6.

[534] 李培根.主动实践:培养大学生创新能力的关键[J].中国高等教育,
2006(11):17-18.

[535] 李晓燕.TRIZ 创新方法培训对员工创新绩效的影响研究[D].湘潭:
湘潭大学,2018:4-12.

[536] 联合国.所有经济活动的国际标准行业分类(修订本·第 4 版)[EB/
OL].(2009-04-01)[2023-06-14]. https://unstats. un. org/unsd/
publication/SeriesM/seriesm_4rev3_1c.pdf.

[537] 林海涛,许骏.基于 TRIZ 理论的技术创新和商业模式协同创新研究
[J].工业技术经济,2019(4):37-43.

[538] 林艳,王宏起.企业应用 TRIZ 理论创新效果评价指标体系研究[J].
现代管理科学,2009(5):97-98+121.

[539] 刘大海,王春娟,王玺媛.自然资源科技创新评价体系与指数构建
[J].中国土地,2019(8):24-26.

[540] 刘建准,梅佳静,孙楚寒,等.研究生科研创新能力提升方案设计与路
径依赖[J].教育教学论坛,2017(1):230-231.

[541] 刘峻,李梅芳,黄秀香.创新方法推广模式研究:组织的视角.东南学
术[J],2015,250(6):124-129.

[542] 刘萍,郭艳,何思.我国技术创新方法研究综述[J].技术与创新管理,
2015(4):48-51.

[543] 鲁玉军,沈佳峰,王春青.基于 TRIZ 专利规避方法研究与应用[J].
工程设计学报,2020,1(2):27-37.

[544] 陆国栋,李拓宇.新工科建设与发展的路径思考[J].高等工程教育研
究,2017(3):26-32.

[545] 路甬祥,王沛民.工业创新和高等工程教育改革[J].高等工程教育研
究,1994(2):7-13.

[546] 路甬祥.创新与未来——面向知识经济时代的国家创新体系[M].北
京:科学出版社.1998:41-42.

[547] 罗良.认知神经科学视角下的创造力研究[J].北京师范大学学报:社
会科学版,2010(1):57-64.

[548] 罗玲玲,王峰.从形成技术创造力的向度解读技术素养[J].科学技术
哲学研究,2009,26(5):56-62.

[549] 马廷奇.高等工程教育转型与工科专业建设的实践逻辑[J].国家教

育行政学院学报,2018(2):36-42.

[550] 门玉英,邓援超,吴德胜.面向湖北重要创新主体的技术创新方法服务功能与模式研究[J].科技进步与对策,2019,19(36):50-58.

[551] 牛占文,徐燕申,林岳等.发明创造的科学方法论 TRIZ[J].中国机械工程,1999,19(1):84-89.

[552] 牛占文,徐燕申.实现产品创新的关键技术——计算机辅助创新技术[J].机械工程学报,2000,36(1):11-14.

[553] 潘慧,黄美庆.广州无线电集团:技术创新驱动创新方法应用[J].广东科技,2017(1):26-30.

[554] 潘云鹤.中国的工程创新与人才对策[C]//国际工程教育大会文集,2009:4-11.

[555] 彭慧娟,成思源,李苏洋.TRIZ 的理论体系研究综述[J].机械设计与制造,2013,22(10):270-272.

[556] 皮成功,别超,侯光明.创新方法的综合评价及应用决策的实证研究[J].中国科技论坛,2011(5):15-20.

[557] 綦菁华.关于学术型和全日制专业型研究生培养模式的思考[J].教育教学论坛,2014(6):195-196.

[558] 冉鸿燕.研究创新方法、推进自主创新、促进科学发展、提升能力建设之多维审视——全国"2010 创新方法与能力建设上海高层论坛"综述[J].自然辩证法研究,2010(10):127-128.

[559] 邵云飞,王思梦,詹坤.TRIZ 理论集成与应用研究综述[J].电子科技大学学报(社科版),2019,4(21):30-41.

[560] 沈汪兵,刘昌,王永娟.艺术创造力的脑神经生理基础[J].心理科学进展,2010,18(10):1520-1528

[561] 施建农,徐凡,周林等.从中德儿童技术创造性跨文化研究结果看性别差异[J].心理学报,1999,31(4):428-434.

[562] 时圣革,常文兵,李祥臣.故障诊断专家系统及发展趋势[J].机械工程师,2006(11):31-33.

[563] 舒朋华,魏夏兰,孙梦圆等.奥尔堡 PBL 模式在大学生科研训练中的应用[J].实验技术与管理,2019,36(1):245-248.

[564] 宋晓辉,施建农.创造力测量手段——同感评估技术(CAT)简介[J].心理科学进展,2005(6):37-42.

[565] 苏敬勤,崔淼.探索性与验证性案例研究访谈问题设计:理论与案例[J].管理学报,2011,8(10):1428-1437.

[566] 孙岩.科学技术社会评估引论[J].科学技术哲学研究,2012,29(2)：92-96.

[567] 檀润华,王庆禹.发明问题解决理论：TRIZ 过程、工具及发展趋势[J].机械设计,2001,18(7)：7-12.

[568] 檀润华.C-TRIZ 及应用——发明过程解决理论[M].北京：高等教育出版社,2020：219-258.

[569] 王海燕.创新方法十年回顾：成效和挑战[C]//2019 年全国创新方法研究和教学研讨会暨首届海峡两岸创新方法论坛.北京,2019.

[570] 王海燕.运用创新方法提升企业创新能力的思考[J].中国国情国力,2016(7)：14-17.

[571] 王军辉,谭宗颖.基于文献计量的科学创造力评价研究综述[J].图书情报工作,2017(3)：131-139.

[572] 王宁.复杂工程问题融入电工学教学的探索[J].教育教学论坛,2019(42)：65.

[573] 王沛民,顾建民.美德两国高等工程教育结构比较与分析[J].学位与研究生教育,1994(5)：67-71.

[574] 王沛民,顾建民,刘伟民.工程教育基础——工程教育理念和实践的研究[M].北京:高等教育出版社,2015：31-38.

[575] 王瑞佳.工程人才创造力构成研究[D].大连:大连理工大学,2018.

[576] 王珊珊,王宏起.产业联盟应用 TRIZ 加速创新的机理与方法研究[J].情报杂志,2012,31(5)：179＋196-201.

[577] 王尚宁,丘东元,张波.基于 TRIZ 理论的单级功率因数校正电路拓扑分析[J].电工电能新技术,2016,35(1)：60-66.

[578] 王伟廉,马凤岐,陈小红.人才培养模式的顶层设计和目标平台建设[J].教育研究,2011(2)：58-63.

[579] 王文娟,雷庆.论中国近代工程教育体系的两种范式[J].高等工程教育研究,2017(6)：192-199.

[580] 王烨,余荣军,周晓林.创造性研究的有效工具——远距离联想测验(RAT)[J].心理科学进展,2005,13(6)：734-738.

[581] 王钰,康妮,刘惠琴.清华大学全日制工程师培养的探索与实践[J].学位与研究生教育,2010(2)：5-7.

[582] 文援朝,胡慧河.波普尔试错法述评[J].求索,2002(2)：87-89.

[583] 吴丹,王雅文,胡羚.广东省科学技术成果奖励评价指标体系研究[J].中国科技论坛,2010(6)：9-12.

[584] 吴岩.新工科：高等工程教育的未来——对高等教育未来的战略思考[J].高等工程教育研究,2018(6)：1-3.

[585] 吴振悦,吴群红,宁宁.基于 TRIZ 理论的医疗卫生创新性研究及案例分析[J].中国卫生资源,2012(6)：95-97.

[586] 谢文强.制造业企业应用 TRIZ 方法的创新效果评价研究[D].北京：北京理工大学,2016.

[587] 徐淑琴.广东加快 TRIZ 等创新方法研究与推广应用的策略研究[J].科技管理研究,2015,11：90-94.

[588] 徐向阳,罗天洪,董绍江等.面向社会需求的卓越工程师创新能力培养模式研究[J].科技资讯,2014,12(16)：177-177.

[589] 徐雪芬,辛涛.创造力测量的研究取向和新进展[J].清华大学教育研究,2013,34(1)：54-63.

[590] 许泽浩,张光宇,黄水芳.颠覆性技术创新潜力评价与选择研究：TRIZ 理论视角[J].工业工程,2019,5(22)：109-120.

[591] 闫妮,钟柏昌.中小学机器人教育的核心理论研究——论发明创造型教学模式[J].电化教育研究,2018,39(4)：66-72.

[592] 严灼,高光发,聂士斌.以创新能力培养为导向的高校考试改革问题思考[J].科技视界,2014(28)：23-23.

[593] 燕京晶.中国研究生创造力考察与培养研究——以现代创造力理论为视角[D].合肥：中国科学技术大学,2010.

[594] 杨春燕,李兴森.可拓创新方法及其应用研究进展[J].工业工程,2012(1)：134-140.

[595] 杨列勋.R&D 项目评估研究综述[J].管理工程学报,2002,16(2)：60-65.

[596] 杨水旸.论科学、技术和工程的相互关系[J].南京理工大学学报(社会科学版),2009,22(3)：84-88.

[597] 杨毅刚,孟斌,王伟楠.基于 OBE 模式的技术创新能力培养[J].高等工程教育研究,2015(6)：24-30.

[598] 杨毅刚,王伟楠,孟斌.技术发明创造与技术创新人才培养方法的差别[J].高等工程教育研究,2016(4)：66-70.

[599] 杨毅刚,王伟楠,孟斌.技术发明创造与技术创新人才培养方法的差别[J].高等工程教育研究,2016(4)：66-70.

[600] 杨毅刚.持续降低产品成本的系统方略[M].北京：人民邮电出版社,2014.

[601] 杨毅刚.企业技术创新的系统方略[M].北京：人民邮电出版社,2015.

[602] 姚威,韩旭.C-K理论视角下的理想化创新方法 CAFE-TRIZ[J].科技管理研究,2018(8)：8-17.

[603] 姚威,韩旭.C-K理论视角下系统性创新方法比较及启示——以经典 TRIZ、USIT、ASIT 为例[J].科技进步与对策,2017,35(12)：7-14.

[604] 姚威,胡顺顺,储昭卫.基于设计综合体学习(DBAL)的创新设计人才培养路径研究[J].高等工程教育研究,2019,175(2)：78-83.

[605] 姚威,胡顺顺.美国新兴工科专业形成机理及对我国新工科建设的启示——以机器人工程专业为例[J].高等工程教育研究,2019(5)：48-53.

[606] 姚威,姚远,韩旭等.工程创造力的理论建构及量表编制[J].高等工程教育研究,2014(6)：20-27.

[607] 姚威,朱凌,韩旭.工程师创新手册：发明问题的系统化解决方案[M].杭州：浙江大学出版社,2015.

[608] 姚威,储昭卫,梁洪力.技术创新综合效益视角下 TRIZ 的效果研究[J].工业技术经济,2020,39(10)：81-89.

[609] 姚威,储昭卫.系统化创新方法研究：理论进展与实践效果评价[J].广东工业大学学报,2021,38(5)：97-107.

[610] 姚威,韩旭,储昭卫.工程师创新手册(进阶)：CAFÉ-TRIZ 方法与知识库应用[M].杭州：浙江大学出版社,2019：54.

[611] 姚威,韩旭,储昭卫.创新之道：TRIZ 理论与实战精要[M].北京：清华大学出版社,2019：1-3.

[612] 姚威,韩旭,储昭卫.工程师创新手册(进阶)：CAFÉ-TRIZ 方法与知识库应用[M].杭州：浙江大学出版社,2019：1-7.

[613] 姚威,韩旭,朱凌.工程师创新手册：发明问题的系统化解解决方案[M].杭州：浙江大学出版社：2015.

[614] 姚威,韩旭.C-K理论视角下系统性创新方法比较及启示——以经典 TRIZ、USIT、ASIT 为例[J].科技进步与对策,2018(12)：7-14.

[615] 姚威,韩旭.C-K理论视角下的理想化创新方法 CAFE-TRIZ.科技管理研究,2018,38(8)：8-17.

[616] 姚威,胡顺顺,储昭卫,韩旭.管理创新手册：管理问题的系统化解决方案[M].杭州：浙江大学出版社,2020.

[617] 姚威,姚远,韩旭.工程创造力的理论建构及量表编制[J].高等工程

教育研究,2014(6)：20-27.

[618] 衣新发,胡卫平.科学创造力与艺术创造力：启动效应及领域影响[J].心理科学进展,2013,21(1)：22-30.

[619] 衣新发,王立雪,李梦.创造力的社会心理学研究：技术、原理与实证——特丽莎·阿马拜尔及其研究述评[J].贵州民族大学学报(哲学社会科学版),2018(2)：103-119.

[620] 游敏惠,刘秀伦,大学生创造力培养与开发[M].北京：人民邮电出版社,2004：1-3.

[621] 俞斌,陈振华.基于 AD 和 TRIZ 的产品优化设计研究与应用[J].现代制造工程,2019(7)：115-120.

[622] 袁晓嘉.基于 TRIZ 的专利信息服务研究[D].合肥：安徽大学,2015.

[623] 张爱琴,陈红.创新方法应用促进自主创新能力提升的路径研究[J].科学学研究,2016(5)：757-764.

[624] 张东生,王文福,孙建广.管理视域下 TRIZ 理论研究趋势探析[J].当代经济管理,2020(1)：14-21.

[625] 张东生,徐曼,袁媛.基于 TRIZ 的管理创新方法研究[J].科学学研究,2005,23(B12)：264-269.

[626] 张洪家,汪玲,张敏.创造性认知风格、创造性人格与创造性思维的关系[J].心理与行为研究,2018,16(1)：51-57.

[627] 张建辉,梁瑞,韩波,等.面向复杂产品的问题流网络构建及求解过程模型.机械工程学报,2018,54(23)：160-173.

[628] 张建辉,檀润华,张争艳.计算机辅助创新技术驱动的产品概念设计与详细设计集成研究.机械工程学报,2016,52(5)：47-57.

[629] 张武城,赵敏,陈劲,等.基于 U-TRIZ 的 SAFC 分析模型[J].技术经济,2014(12)：7-13.

[630] 张忠凯.试论企业技术创新与提高经济效益的关系[J].科技进步与对策,2000,17(11)：73-74.

[631] 赵炬明.打开黑箱：学习与发展的科学基础(下)——美国"以学生为中心"的本科教学改革研究之二[J].高等工程教育研究,2017(4)：35-51.

[632] 赵炬明.助力学习：学习环境与教育技术——美国"以学生为中心"的本科教学改革研究之四[J].高等工程教育研究,2019(2)：7-25.

[633] 赵敏,张武城.TRIZ 进阶及实战：大道至简的发明方法[M].北京：机械工业出版社,2016.

[634] 赵文燕,张换高,韩爱.创新方法培训效果影响因素研究[J].河北工业大学学报：社会科学版,2015(2)：53-59.

[635] 中国新闻网.周济：中国年培养工程师数量相当于美欧日印总和[EB/OL].（2012-11-10）[2019-12-30].http：//www.chinanews.com/gn/2012/11-10/4318346.shtml.

[636] 周丹,施建农.从信息加工的角度看创造力过程[J].心理科学进展,2005,13(6)：721-727.

[637] 周林,查子秀,施建农.五至七年级儿童的图形创造性思维(FGA)测验的比较研究——中德技术创造力跨文化研究结果之一[J].心理发展与教育,1995(11-2)：19-23.

[638] 周林,施建农.技术创造能力测验的结构分析：中德跨文化研究结果之一[J].心理科学,1993(2)：120-121.

[639] 周贤永,陈光.国际主流技术创新方法的比较分析及其启示[J].科学学与科学技术管理,2010,31(12)：78-85.

[640] 周元.制造创新方法链[M].北京:科学出版社,2015.

[641] 朱高峰.创新与工程教育——初议建立创新型国家对高等工程教育的要求.[J].高等工程教育研究,2007(1)：1-5.

[642] 朱高峰.中国工程教育的现状和展望[J].清华大学教育研究,2015(1)：1-4.

[643] 朱霄燕.创新方法培训效果影响因素探究[D].北京:清华大学,2015：26-28.

[644] 朱亚宗,黄松平.中国工程技术的首创性瓶颈与出路——科学思想史家朱亚宗教授访谈录[J].工程研究——跨学科视野中的工程,2013,5(4)：335-343.

[645] 朱煜明,宋小玉.基于TRIZ理论的陕西航空产业升级策略研究[J].科技管理研究,2020(3)：155-163.

[646] 庄寿强.创新与创造之异同[J].中国科技术语,2008,10(5)：36-38.

[647] 邹晓东,李拓宇,张炜.新工业革命驱动下的浙江大学工程教育改革实践[J].高等工程教育研究,2019(1)：41-52.

[648] 邹晓东,姚威,翁默斯.基于设计的工程教育(DBL)模式创新[J].高等工程教育研究,2017(1)：23-29.

[649] 邹枝玲,施建农.创造性人格的研究模式及其问题[J].北京工业大学学报(社会科学版),2003,3(2)：93-96.

附录 工程创造力前测文件

填写要求

1 将后续的正式页面填写完整，详细描述工程问题；

2 第三部分"问题分析"中，系统功能模型图必须要能清晰地画出（组件数量7-15个左右均可）。本部分是判断选题合适与否的关键指标，请认真填写。填写时可参考示例或辅导讲义；

3 每一页中"*本页说明："等红色字样为辅助说明，填写完毕后请删除；

4 填写完毕后，将本文件重新命名，后面替换为个人姓名，方便后续统计及分发，如："TRIZ工程难题收集表-刘军"；

3

2 问题背景及描述

2.1 问题背景描述

2.1.1 规范化表述技术系统实现的功能

技术系统（S）：

施加动作（V）：

作用对象（O）：

作用对象的参数（P）：

因此，本技术系统的功能可以表达为"_____系统（S）+施加动作（V）+作用对象（O）+作用对象的参数（P）"

*本页说明：此处不是描述系统中存在的问题，也不是描述系统的理想化状态，而是规范化描述系统本身要实现的基本功能。

5

286

2 问题背景及描述

2.1 问题背景描述

2.1.2 现有技术系统的工作原理

请学员在此处编辑

*本页说明：要求利用文字描述及示意图，阐述系统的组成部件、基本工作原理等（如空间不够，可复制本页幻灯片，添加页面详细论述）

6

2 问题背景及描述

2.2 问题现状描述

2.2.1 当前技术系统存在的问题

请学员在此处编辑

*本页说明：要求利用文字描述及示意图，阐述目前系统存在的问题，有多个问题的要列举清楚（如空间不够，可复制本页幻灯片，添加页面详细论述）

7

2 问题背景及描述

2.2 问题现状描述

2.2.2 问题出现的条件和时间

请学员在此处编辑

*本页说明：依据上述当前系统存在的问题，阐述以下内容
① 问题是否是在某一特定的时间内发生？
② 问题是否是在某一特殊的条件下发生？
③ 如果该问题不论在什么时间、什么条件下都出现，如实说明。

8

2 问题背景及描述

2.2 问题现状描述

2.2.3 问题或类似问题的现有解决方案及其缺陷

序号	现有方案描述	成本	可行	可靠
1				
2				

*本页说明：① 是否已经尝试了一些方法来解决问题？这些方法有什么优缺点？请列举在上表中 ② 专利中是否有类似问题的解决方法？③ 类似问题在领先企业是如何解决的？
④ 成本、可行性和可靠性三个项目，请以"很高-较高-中-较低-很低"五个级别进行评定。
其中可行性指的是"技术或者工艺可行性"、可靠性指的是"系统的平均无故障工作时间（产品寿命）"

9

2 问题背景及描述

2.3 对新系统的要求

请学员在此处编辑

本页说明：要求利用文字描述及示意图，描述对新系统的要求（即对现有系统的改进效果）。建议以性能参数等定量化指标描述

10

3 问题分析

3.1 系统功能分析

3.1.1 系统组件列表

本系统的功能是：＿＿＿（即SVOP形式的表述）

本系统的作用对象是：＿＿＿（即SVOP中的O）

超系统组件	组件	子组件
		将某组件拆分为相应的子组件，写在本列

11

3 问题分析

3.1 系统功能分析
3.1.2 系统功能模型图

组件

对象

超系统

文本

标准作用

不足作用

过度作用

有害作用

*本页说明：① 请依照本页提供的图例，绘制系统的功能模型图；② 图中"对象"指的是整个系统功能的作用对象；③在功能模型图中，如果把组件分解成若干子组件，则组件本身就不在功能模型图中出现。例如，将汽车分解为发动机、轮胎等子组件，汽车本身就不出现在功能模型图中了。

12